基于算例的科学计算引论

（基础篇）

李元庆　编著

东南大学出版社
·南京·

内容简介

数值计算已经同观察实验、理论分析一起成为了现代科学研究的三大基础手段.无论是数学专业还是各类工科专业的学生,学习一些与数值计算相关的东西都是很有必要的.本系列书分为基础篇和提高篇两部,是编者为了适应时代的发展和实际需要并结合多年教学经验不断积累编写而成.本书是基础篇,内容包括数学和软件基础、科学计算、非线性方程求根、线性方程组的直接法、插值与逼近、数值积分和数值微分等六章.书中加入了丰富的数值算例,通过对这些算例的学习,读者既可以熟悉算法的内容,还能提升自己解决实际问题的能力;同时,大量的数值算例借助于 Mathematica 和 MATLAB 编程完成,通过数学软件进行科学计算学习可以使读者更加关注算法本身,提高学习的效率,并加深对算法的理解.

本书既适合作为理工科类本科生和工科类研究生学习科学计算的入门教材,也可供各类对数值计算感兴趣的读者阅读,甚至可作为一本学习和提升 Mathematica 软件水平的参考书.

图书在版编目(CIP)数据

基于算例的科学计算引论. 基础篇 / 李元庆编著. — 南京：东南大学出版社，2022.2(2024.1重印)

ISBN 978-7-5641-9930-2

Ⅰ.①基… Ⅱ.①李… Ⅲ.①数值计算—Mathematica软件 ②数值计算—MATLAB软件 Ⅳ.①TP317

中国版本图书馆 CIP 数据核字(2021)第 259385 号

责任编辑:吉雄飞　　责任校对:韩小亮　　封面设计:顾晓阳　　责任印制:周荣虎

基于算例的科学计算引论(基础篇) Jiyu Suanli de Kexue Jisuan Yinlun(Jichu Pian)

编　　著	李元庆
出版发行	东南大学出版社
社　　址	南京市四牌楼 2 号(邮编:210096　电话:025-83793330)
经　　销	全国各地新华书店
印　　刷	广东虎彩云印刷有限公司
开　　本	700mm×1000mm　1/16
印　　张	19
字　　数	372 千字
版　　次	2022 年 2 月第 1 版
印　　次	2024 年 1 月第 2 次印刷
书　　号	ISBN 978-7-5641-9930-2
定　　价	50.00 元

本社图书若有印装质量问题,请直接与营销部联系,电话:025-83791830.

前　言

数值计算已经同观察实验、理论分析一起成为了现代科学研究的三大基础手段.无论是数学专业还是各类工科专业的学生,学习一些与数值计算相关的东西都是很有必要的.传统上,本门课程被称为数值分析,但随着学科的发展,它已逐渐被科学计算所取代.数值分析侧重于数值算法的构造和理论分析,而科学计算更关心如何用数值方法解决实际的问题.科学计算既包括如何将复杂的问题分解为容易求解的简单问题,也包括如何使用数值方法高效地求解这些简单问题,以及如何用这些算法合作完成对整个问题的数值求解.要做到这些,需要对基础算法有更深入的理解,而算法构造的数值思想、算法的优缺点、如何高效地使用算法等都是不可缺少的.

为了适应时代的发展和实际需要,笔者编写了《基于算例的科学计算引论》一书.它是笔者在实际的教学过程中不断积累而成,试图为现代科学计算搭建一个更完善和合理的框架.书中没有刻意去堆积概念、公式,而是试图为每一个数值计算问题"讲述"一个完整的数学"故事".当然,限于笔者的水平和经验,这些"故事"可能并不那么完美.全书分为基础篇和提高篇两部,本书是基础篇,主要包括以下六章内容:

第1章介绍了读者需要掌握的微积分和线性代数基础内容,同时对 Mathematica 软件做了系统的介绍.

第2章作为本书的核心,给出了科学计算的简介,包括科学计算的历史、基本流程和基本策略,同时重点介绍了误差的概念、计算机代数、向前误差分析、向后误差分析、条件数以及余量等,最后探讨了算法的稳定性以及一些具体的算法,并给出关于数值计算的一些建议.

第3章探讨非线性方程(组)数值求根的方法,涉及根的搜索、二分法、简单迭代法、迭代方法的加速、牛顿法等内容,还包括算法的收敛性分析、收敛速度分析以及向后误差分析,最后介绍了如何借助数学软件进行方程(组)求根.

第4章讨论求解线性方程组的直接法,并对线性系统的求解进行了简单的误差分析,具体包括高斯消去法、列主元高斯消去法、LU 分解、PLU 分解、特殊类型线性系统的解法,还深入探讨了矩阵的逆.

第5章讨论插值和逼近,这也是科学计算学习中非常重要的两部分内容.插值部分主要讨论了一般插值问题和常用插值算法,包括 Lagrange 插值、Newton 插值、Hermite 插值,并对它们进行了深入的探讨和分析,同时还介绍了高次插值、分段插值等内容,重点是分段 Hermite 插值和三次样条插值;逼近部分主要讨论了最佳一致逼近、近似最佳一致逼近和最佳平方逼近.在本章的最后,还介绍了如何用 Mathematica 和 MATLAB 来完成插值和逼近.

第 6 章讨论数值积分和数值微分,内容包括经典的 Newton-Cotes 公式、复化梯形公式、复化 Simpson 公式、Romberg 求积公式以及各种 Gauss 型求积公式等,最后还简单介绍了数值微分.

学习科学计算,对算法程序的研究是必不可少的.本书的一大特色是加入了丰富的数值算例,通过对这些算例的学习,读者既可以熟悉算法的内容,还能提升自己解决实际问题的能力;同时,大量的数值算例借助于 Mathematica 和 MATLAB 编程完成,通过数学软件进行科学计算学习的优势在于它可以使我们更加关注算法本身,提高学习的效率,并加深对算法的理解.此外,你甚至可以把本书作为一本学习和提升 Mathematica 软件水平的参考书.

本书既适合作为理工科类本科生和工科类研究生学习科学计算的入门教材,也可供各类对数值计算感兴趣的读者阅读.

编著者
2021 年 11 月

目　录

1 准备篇:数学与软件基础

为了学习本书,读者需要掌握微积分和线性代数的基础内容.在 1.1,1.2 两小节中,我们将会罗列课程所需的重要数学概念、公式以及定理,对这部分内容熟悉的读者可以直接跳过;1.3 小节会给出数学软件 Mathematica 的简单介绍,为课程的后续部分做准备.在后续课程中,我们还会使用数学软件 MATLAB,关于它的成熟教材很多,这里不再赘述,请读者自行学习.

1.1 微积分基础

在这一部分中,我们将会默认读者熟悉极限、连续性、导数和积分相关的概念并可以进行基本的微积分运算,只罗列课程会用到的重要概念和定理.

方便起见,用 $C[a,b]$ 表示闭区间 $[a,b]$ 上的连续函数全体;用 $C^n[a,b]$ 表示闭区间 $[a,b]$ 上的 n 阶导数连续的函数全体,简称为函数 n 阶连续可导.

1.1.1 连续函数的性质

连续函数这部分内容,我们着重强调闭区间上连续函数的性质.

定理 1.1(零点定理) 设函数 $f(x) \in C[a,b]$ 且 $f(a) \cdot f(b) < 0$,则至少存在一个 $x^* \in (a,b)$,使得 $f(x^*)=0$.

定理 1.2(最值定理) 设函数 $f(x) \in C[a,b]$,则 $f(x)$ 在 $[a,b]$ 上能取到最大值 M 和最小值 m,即存在 $x_1,x_2 \in [a,b]$,有

$$f(x_1) = \min_{a \leqslant x \leqslant b} f(x) = m, \quad f(x_2) = \max_{a \leqslant x \leqslant b} f(x) = M.$$

定理 1.3(介值定理) 设函数 $f(x) \in C[a,b]$,则 $f(x)$ 能取到最小值 m 和最大值 M 之间的所有值,即闭区间上连续函数的值域是闭区间 $[m,M]$.

1.1.2 可微函数的性质

定理 1.4(Rolle 定理) 设函数 $f(x)$ 在闭区间 $[a,b]$ 上连续,在开区间 (a,b) 内可导,且 $f(a)=f(b)$,则至少存在一点 $\xi \in (a,b)$,满足 $f'(\xi)=0$.

定理 1.5(Lagrange 中值定理) 设函数 $f(x)$ 在闭区间 $[a,b]$ 上连续,在开区间 (a,b) 内可导,则至少存在一点 $\xi \in (a,b)$,满足

$$f(b) - f(a) = f'(\xi)(b-a).$$

Taylor 公式是科学计算中最重要的公式之一,按照**余项**的不同分为:

定理 1.6(Taylor 公式 1) 设函数 $f(x)$ 在点 x_0 处具有 n 阶导数,则存在 x_0 的一个邻域,对于其中任一点 x,有

$$f(x) = \sum_{k=0}^{n} \frac{f^{(k)}(x_0)}{k!}(x - x_0)^k + o((x - x_0)^n).$$

$o((x - x_0)^n)$ 是 $x \to x_0$ 时 $(x - x_0)^n$ 的高阶无穷小,称为 **Peano 余项**.

定理 1.7(Taylor 公式 2) 若函数 $f(x) \in C^n[a, b]$,且在 (a, b) 内 $f^{(n+1)}$ 存在,则对于闭区间 $[a, b]$ 中的任意点 x_0, x,有

$$f(x) = \sum_{k=0}^{n} \frac{f^{(k)}(x_0)}{k!}(x - x_0)^k + \frac{f^{(n+1)}(\xi)}{(n+1)!}(x - x_0)^{n+1},$$

其中 ξ 位于 x_0 和 x 之间.

称 $R_n(x) = \dfrac{f^{(n+1)}(\xi)}{(n+1)!}(x - x_0)^{n+1}$ 为 **Lagrange 余项**,其中 $\xi = \xi(x)$ 不是常数.

定义 1.1 设

$$f(x) = (x - x^*)^m g(x), \quad g(x^*) \neq 0$$

成立.若 $m = 1, x^*$ 称为 $f(x)$ 的**单根**;若 $m \geqslant 2, x^*$ 称为 $f(x)$ 的 m **重根**.

定理 1.8 x^* 是可导函数 $f(x)$ 的单根当且仅当 $f(x^*) = 0, f'(x^*) \neq 0$.

定理 1.9 x^* 是 m 阶可导函数 $f(x)$ 的 m 重根当且仅当

$$f(x^*) = 0, \quad f'(x^*) = 0, \quad \cdots, \quad f^{(m-1)}(x^*) = 0, \quad f^{(m)}(x^*) \neq 0.$$

1.1.3 大 O 和小 o

学习科学计算时,经常要比较序列的收敛速度,而这同无穷小量是相关的.

定义 1.2 若 $\lim X = 0$,则称 X 为该极限过程中的无穷小量,简称无穷小.

两个无穷小的和、差或者积还是无穷小,但两个无穷小的商有多种可能性.

定义 1.3 假设 $\lim X = 0, \lim Y = 0, Y \neq 0$.

- 如果 $\lim \dfrac{X}{Y} = 0$,则称 X 是 Y 的**高阶无穷小**,记为 $X = o(Y)$.相反地,我们说 Y 是 X 的低阶无穷小.

- 如果 $\lim \dfrac{X}{Y} = k \neq 0$,则称 X 和 Y 是**同阶无穷小**,记为 $X = O(Y)$.如果 $k = 1$,则称它们是等价无穷小,记为 $X \sim Y$.

- 若 $\lim\limits_{x \to 0} \dfrac{X}{x^k} = L \neq 0$,则称 $x \to 0$ 时,X 是 x 的 k 阶无穷小.

以上出现了大 O 和小 o.粗略地说,o 表示无穷小,O 表示同阶.

但很多时候,我们说 $f(x) = O(g(x))(x \to x^*)$ 的含义是

$$|f(x)| \leqslant C|g(x)| \quad (x \to x^*).$$

关于小 o,还有一些性质值得关注.比如,当 $x \to x^*$ 时,下列关系成立:

- $o_1(f(x)) \pm o_2(f(x)) = o(f(x))$;
- $o(Cf(x)) = o(f(x))$;
- $o(x^m) + o(x^n) = o(x^l)$, $l = \min\{m, n\}, m, n \in \mathbf{N}_+$;
- $o(x^m)o(x^n) = o(x^{m+n})$, $m, n \in \mathbf{N}_+$.

讨论 $x_n \to a$ 的速度时,并不总能同 $\dfrac{1}{n^k}$ 这种类型的无穷小直接对比.

设有一个序列 $\{x_n\}$ 满足 $\lim\limits_{n \to \infty} x_n = a$,换个写法就是

$$\lim_{n \to \infty} (x_n - a) = 0,$$

即当 $n \to \infty$ 时,$x_n - a$ 是一个**无穷小(量)**.接下来,可以研究极限

$$\lim_{n \to \infty} \frac{|x_{n+1} - a|}{|x_n - a|^p}.$$

如果 $p = 1$,称 $\{x_n\}$ **线性收敛**;如果 $p > 1$,则称 $\{x_n\}$ **超线性收敛**.

1.1.4 积分的性质

定理 1.10(牛顿–莱布尼茨公式) 设函数 $f \in C[a, b]$ 且 $F'(x) = f(x)$,则

$$\int_a^b f(x)\mathrm{d}x = F(b) - F(a).$$

这是微积分中最重要的公式,它联系了微分学和积分学.

定理 1.11 设函数 $f \in C[a, b]$,则 $\dfrac{\mathrm{d}}{\mathrm{d}x}\left(\int_a^x f(t)\mathrm{d}t\right) = f(x), x \in [a, b]$.

定理 1.12(第一积分中值定理) 设函数 $f, g \in C[a, b]$,且当 $x \in [a, b]$ 时,$g(x)$ 保号,则至少存在一点 $\xi \in (a, b)$,有

$$\int_a^b f(x)g(x)\mathrm{d}x = f(\xi)\int_a^b g(x)\mathrm{d}x.$$

使用该公式时,请一定要记得留在积分号里面的函数必须具有**保号性**.

1.1.5 多元函数相关

定理 1.13(二元 Taylor 公式) 设 $z = f(x, y) \in C^{n+1}([a, b] \times [c, d])$,则在该矩形区域内部成立

$$f(x + \Delta x, y + \Delta y) = \sum_{i=0}^n \frac{1}{i!}\left(\Delta x \frac{\partial}{\partial x} + \Delta y \frac{\partial}{\partial y}\right)^i f(x, y) + E_n(\Delta x, \Delta y),$$

其中

$$E_n(\Delta x, \Delta y) = \frac{1}{(n+1)!}\left(\Delta x \frac{\partial}{\partial x} + \Delta y \frac{\partial}{\partial y}\right)^{n+1} f(x + \theta \Delta x, y + \theta \Delta y),$$

$$0 < \theta < 1.$$

实际中,多元函数 Taylor 展开的次数都不会太高,我们通常使用的公式是

$$f(x + \Delta x, y + \Delta y) = f(x, y) + f_x \Delta x + f_y \Delta y$$
$$+ \frac{1}{2!}[f_{xx}(\Delta x)^2 + 2f_{xy}(\Delta x)(\Delta y) + f_{yy}(\Delta y)^2]$$
$$+ \cdots.$$

另外,可微函数 $z = f(x, y)$ 的微分是

$$\mathrm{d}z = f_x \mathrm{d}x + f_y \mathrm{d}y = f_x \Delta x + f_y \Delta y.$$

1.2 线性代数基础

这一部分,我们默认读者熟悉向量、矩阵的概念、性质及相应的基本运算法则,仅仅罗列后续可能会用到的重要概念和结论.

1.2.1 线性空间

线性空间的一般定义中包含了数域的概念,而这里仅仅考虑实或者复的线性空间.所谓线性空间就是定义了**加法和数乘两种运算**并满足一些运算规则的集合,具体请查阅线性代数教材.常见的线性空间有以下几种:

- $V = \mathbf{R}^n$ 或者 $V = \mathbf{C}^n$:n 维实向量或者复向量空间;
- $V = P_n$:次数不超过 n 的多项式全体;
- $V = C^n[a, b]$:闭区间 $[a, b]$ 上的 n 阶连续可导函数全体.

定义 1.4(线性子空间) 设 V 是一个线性空间,W 是 V 的非空子集,若 W 本身也是对应数域上的线性空间,则它被称为是一个线性子空间.

确定一个集合是线性子空间,只需验证它对加法和数乘的封闭性,即

- $x \in W$,则 $\lambda x \in W$;
- $x \in W, y \in W$,则 $x + y \in W$.

由此容易看出,P_n 是连续函数空间 $C[a, b]$ 的一个线性子空间.

定义 1.5 给定一组向量 $\{v_1, \cdots, v_p\}$,其生成子空间或者张成子空间为

$$W = \mathrm{span}\{v_1, \cdots, v_p\} = \{v \mid v = \alpha_1 v_1 + \cdots + \alpha_p v_p\}, \quad \alpha_i \in \mathbf{R} \text{ 或 } \mathbf{C},$$

而 $\{v_1, \cdots, v_p\}$ 称为 W 的生成向量.

定义 1.6 一组向量 $\{v_1, \cdots, v_p\}$ 是**线性无关**的,当且仅当

$$\alpha_1 v_1 + \cdots + \alpha_p v_p = \mathbf{0}$$

只有零解,即 $\alpha_1 = 0, \cdots, \alpha_p = 0$;否则它们是**线性相关**的.

定义 1.7 给定线性空间 V,$\{v_1, \cdots, v_n\}$ 是它的一组**基底(基)** 当且仅当它们线性无关且 $V = \mathrm{span}\{v_1, \cdots, v_n\}$.此时 V 的维数是 n,记 $\dim(V) = n$.

1.2.2　矩阵空间

随后用到的矩阵都来自于 $\mathbf{R}^{m \times n}$ 或 $\mathbf{C}^{m \times n}$，即实或复 $m \times n$ 维矩阵全体.一般用大写字母表示矩阵，小写字母表示向量.设 $\boldsymbol{A} = (a_{ij})_{m \times n}$ 是我们要考虑的矩阵.简单起见，假定读者已经知道矩阵的加减、数乘、乘积等运算的定义.

定义 1.8　设 $\boldsymbol{A}$ 是一个给定矩阵，指标组满足 $1 \leqslant i_1 < i_2 < \cdots < i_k \leqslant m, 1 \leqslant j_1 < j_2 < \cdots < j_l \leqslant n$.把矩阵 $\boldsymbol{S}_{k \times l}$（其元素 $s_{pq} = a_{i_p j_q}$）称为 $\boldsymbol{A}$ 的子矩阵.如果 $k = l$，$i_r = j_r, r = 1, \cdots, k$，则 $\boldsymbol{S}$ 称为 $\boldsymbol{A}$ 的主子式.另外

$$\boldsymbol{S}_r = \begin{bmatrix} a_{11} & a_{12} & \cdots & a_{1r} \\ a_{21} & a_{22} & \cdots & a_{2r} \\ \vdots & \vdots & \ddots & \vdots \\ a_{r1} & a_{r2} & \cdots & a_{rr} \end{bmatrix}$$

称为 $\boldsymbol{A}$ 的 r 阶顺序主子式.

定义 1.9　矩阵 $\boldsymbol{A}$ 的**分块形式**指的是 $\boldsymbol{A}$ 写成了如下形式：

$$\boldsymbol{A} = \begin{bmatrix} \boldsymbol{A}_{11} & \boldsymbol{A}_{12} & \cdots & \boldsymbol{A}_{1l} \\ \boldsymbol{A}_{21} & \boldsymbol{A}_{22} & \cdots & \boldsymbol{A}_{2l} \\ \vdots & \vdots & \ddots & \vdots \\ \boldsymbol{A}_{k1} & \boldsymbol{A}_{k2} & \cdots & \boldsymbol{A}_{kl} \end{bmatrix},$$

其中每一个 $\boldsymbol{A}_{ij}$ 都是 $\boldsymbol{A}$ 的子矩阵.比如说 $\boldsymbol{A} = (\boldsymbol{A}_1, \boldsymbol{A}_2, \cdots, \boldsymbol{A}_n)$ 是列分块.

有时候也写成 $\boldsymbol{A} = \boldsymbol{A}(1:n)$，而 $\boldsymbol{A}(2:5)$ 表示 $\boldsymbol{A}$ 的 $2 \sim 5$ 列.

同 MATLAB 一致，记

$$\boldsymbol{A}(i_1:i_2, j_1:j_2) = (a_{ij}), \quad i_1 \leqslant i \leqslant i_2, j_1 \leqslant j \leqslant j_2,$$

这是一个 $(i_2 - i_1 + 1) \times (j_2 - j_1 + 1)$ 的特殊子矩阵.

关于矩阵的乘法，有一些简单的性质需要熟知：

- $(\boldsymbol{AB})\boldsymbol{C} = \boldsymbol{A}(\boldsymbol{BC}) = \boldsymbol{ABC}$；
- $\boldsymbol{A}(\boldsymbol{B} + \boldsymbol{C}) = \boldsymbol{AB} + \boldsymbol{AC}$.

定义 1.10　如果 $\boldsymbol{AB} = \boldsymbol{BA}$ 成立，我们说 $\boldsymbol{A}, \boldsymbol{B}$ 是可交换矩阵.

大部分的矩阵是不可交换的，可以交换的矩阵之间具有特殊的关系.

除加法、数乘、乘积之外，矩阵的初等变换也很重要，后面再提及.

定义 1.11　设 $\boldsymbol{A}$ 是一个 $n \times n$ 矩阵，$\boldsymbol{I}_n$ 表示 n 阶单位阵.矩阵 $\boldsymbol{A}$ 可逆当且仅当存在一个方阵 $\boldsymbol{B}$，使得 $\boldsymbol{AB} = \boldsymbol{BA} = \boldsymbol{I}_n$ 成立.记 $\boldsymbol{B} = \boldsymbol{A}^{-1}$，它为 $\boldsymbol{A}$ 的逆.

可逆矩阵具有的一些**基本性质**如下：

- $\boldsymbol{A}$ 可逆，当且仅当 $\boldsymbol{A}$ 的列（行）向量线性无关；
- $\boldsymbol{A}$ 可逆，当且仅当 $\boldsymbol{A}$ 的行列式不为 0；
- $\boldsymbol{A}$ 可逆，当且仅当 $\boldsymbol{A}$ 满秩；
- $(\boldsymbol{AB})^{-1} = \boldsymbol{B}^{-1}\boldsymbol{A}^{-1}$.

既然提到了行列式,行列式有两个重要的公式需要大家知道:

- $|AB|=|A|\cdot|B|$;

- $\begin{vmatrix} A & O \\ B & C \end{vmatrix}=|A|\cdot|C|.$

除 A^{-1} 表示 A 的逆矩阵外,A^T 表示 A 的转置,A^H 表示 A 的共轭转置.

定义 1.12 若 $A^T=A$ 且它是正定的,即 $x^T Ax>0$,$\forall x\neq 0$ 成立,则矩阵 A 称为**对称正定阵(SPD)**;若 $A^T=-A$,则矩阵 A 称为**斜对称阵**;若 $A^T A=AA^T=I_n$,则矩阵 A 称为**正交阵**.

定义 1.13 若 $A^H=A$,则 A 称为 **Hermite 阵**;若 $A^H A=AA^H=I_n$,则 A 称为**酉矩阵**;而若 $A^H A=AA^H$,则 A 称为**正规矩阵**.

学习矩阵的相关内容时要谨记:**特殊矩阵的特殊性质一定要利用起来!**

最后我们给出矩阵的分块运算法则:

定理 1.14 给定矩阵 A,B 的分块形式如下:

$$A=\begin{bmatrix} A_{11} & A_{12} & \cdots & A_{1l} \\ A_{21} & A_{22} & \cdots & A_{2l} \\ \vdots & \vdots & \ddots & \vdots \\ A_{k1} & A_{k2} & \cdots & A_{kl} \end{bmatrix}, \quad B=\begin{bmatrix} B_{11} & B_{12} & \cdots & B_{1n} \\ B_{21} & B_{22} & \cdots & B_{2n} \\ \vdots & \vdots & \ddots & \vdots \\ B_{m1} & B_{m2} & \cdots & B_{mn} \end{bmatrix},$$

若可以构成每个乘积 $A_{is}B_{sj}$,$l=m$,$l_s=m_s$,并且设 $C_{ij}=\sum_{s=1}^{l} A_{is}B_{sj}$,则 $C=AB$.

简单来说,所有关于"块"的运算如果都可以进行,那么分块矩阵的乘法和普通矩阵的乘法一致.

1.3 Mathematica 基础

我们将简单介绍一下 Mathematica 的基本操作和编程.基于需要,我们并不打算对软件进行过多的介绍,所有内容都是为随后的数值计算而服务.

1.3.1 Mathematica 简介

Mathematica 是一款由 Stephen Wolfram 创建的 Wolfram Research 公司研制开发的数学软件,同 MATLAB,Maple 一样都具有广泛的用途.Mathematica 1.0 版于 1988 年推出,流传更广的是 Mathematica 4.0 版.经过不断扩充和修改,从 7.0 版开始,它的系统有了较大的改动,最新版更是加大了对中文的支持.

Mathematica 一直都是笔者非常喜欢的数学软件,它非常有特色.而如果要说该软件最吸引人的地方,肯定是其**强大的符号计算能力**.除此之外,Mathematica 的另一个重要特色是**提供任意精度的运算**.下面我们罗列一下该软件的**特点**:

- Mathematica 是非常好的**人机对话式软件**.在它提供的 Notebook 环境输入指令后,系统立即执行并返回结果.Notebook 环境对用户非常友好,用户甚至可以在任意位置进行输入并修改,比我们在普通纸质笔记本上操作还要方便.可以说,它具有**更数学化的交互性**.

- Mathematica 具有**非常突出的符号计算能力**,能够进行通常意义上的数学推导,是数学运算的好帮手.对很多同学来说,它可以是重要的辅助工具.

- Mathematica **能够进行数值计算**,同时还提供了针对**任意精度**类型数据的运算.它对整数运算的结果不受字段长的限制,而对实数的运算则可以按照使用者的需要,给出足够多位的有效数字.

- Mathematica 具有**一流的图形处理系统**,可以绘制各种各样的二维和三维图形,甚至还可以对声音、视频进行处理.

- Mathematica 具有非常方便的**帮助系统**,该系统可以说是目前所有数学类软件中最出色的.它的帮助文档中介绍了各种函数的用法并提供了丰富的实例,而整个帮助文档其实就是该软件最完整的教材.强烈建议大家认真研究它的帮助文档,这对初学者和长期使用者都是有益的.

- Mathematica 本身还是一门高级计算机语言,我们可以编写程序来完成特定的任务.而借助于它丰富的内置函数,编程会更加容易,更加集成化.

基于以上特点,我们建议读者认真学习该软件,并经常使用它.

1.3.2 Mathematica 的基本操作与运算

1) 基本操作

Mathematica 的安装请读者自行网络查询,它不在本书的介绍范围之内.

关于 Mathematica 的使用,以下内容是基本的：

- **启动**：选择任何一种你习惯的方式即可.你可以利用开始菜单中的开始程序,也可以通过快捷图标,或者其它.

- **运行**：当你输入一个指令,比如 $1+1$ 后,可以通过下面两种方式执行：

 —— 可以通过组合键"**Shift + Enter**"来执行；

 —— 也可以直接通过**小键盘上的"Enter"键**来执行(如果你有的话).

- **中止**：有时候指令或者程序运行时间过长,你可能会需要强行中止运算.这时的操作方式有"Alt + ,"和"Alt + ."两种.

- **退出**：选择一种你习惯的方式即可,但要记得退出之前保存重要的内容.

除此之外,**帮助系统的使用**也非常重要.我们介绍两种方式：

- 方式 1：在 Notebook 中,当你输入一条指令,比如

```
Plot[Sin[x],{x,0,2Pi}]
```

你可以通过鼠标的左键选择 Plot 然后右击,再通过选择"获取帮助(G)"的方式进入该指令的帮助文档.

• 方式 2：用鼠标直接点击 **Help 菜单**中的文档中心（Document Center），打开帮助中心，然后查找需要的帮助.

最后，特别强调一下帮助文档中的 **See Also** 选项.比如在 Plot 帮助文档的尾部，你会看到 See Also：ListLinePlot，DiscretePlot，ParametricPlot 等内容.通常来说，我们不可能熟悉 Mathematica 的每一条指令，而通过 See Also，可以很方便地根据某些相关指令精确找到我们应该使用的函数.比如，当我们想求某一个矩阵的特征多项式但又不知道（不记得）相应指令时，可以先查找到 Eigenvalues，在它的 See Also 部分，会发现求特征多项式的对应指令"CharacteristicPolynomial".

Mathematica 还提供了**丰富而方便的面板**（类似于 Word 的公式编辑器）.通过单击菜单栏中**面板(P)** 子菜单中的相应命令，可以打开不同类型的面板.比如，我们打开数学助手面板，找到根号指令 $\sqrt{\blacksquare}$，把鼠标在该指令上停留少许时间，系统会弹出该指令的含义及对应快捷键"Ctrl＋2"；再比如，将鼠标在 π 上停留少许时间，你会看到它的快捷键"Esc＋p＋Esc".熟悉一些常用的快捷键对 Mathematica 的使用很有帮助.

Mathematica 最新版本系统还提供了**自动补齐功能**，你只需要输入部分指令或通过快捷键就可以很快得到想要的结果.比如，你输入 Poly，马上就可以看到以多项式开头的相关指令，如 PolynomialGCD 等.当然，你输入的指令越完整，得到的建议也就越准确.需要指出的是，建议指令只是按照补齐的方式给出，**并不具备自动联想功能**.事实上，Mathematica 也会跟根据你上一次指令的运行结果，预测你下一步的操作.这里请读者运行

```
Expand[(1＋x)^5]
```

自行查看系统的提示.

以上操作，建议大家多做练习和研究.软件的熟练掌握必定是建立在多使用和多钻研的基础之上的，并且 Mathematica 具有很强的"可玩性"，多研究就会有更多有趣的发现.这里向大家推荐丁大正老师编著的《Mathematica 基础与应用》一书，感兴趣的读者可以参阅.

2）常量与变量

Mathematica 中的量如同其它编程语言一样，分为**常量和变量**.

在运算过程中保持不变的量称为**常量**，也称常数.Mathematica 中常见的常数有 Pi(圆周率)，Degree(度)，Infinity(无穷大)，E(自然对数的底)，I(虚数单位).

为了便于计算或者引用某些中间结果，通常要引入**变量.而关于变量**，你需要知道以下一些事情：

• **Mathematica 中变量的命名必须以英文字母开头，后面只能跟字母或者数字，不能使用下划线等标点符号**.比如：x1，datax，Datay 都是合法的，而 x_1，x.1，123x 都是非法的.

- **Mathematica 中的常量和变量都严格区分大小写.** 为避免混淆,一般变量以小写字母开头,而矩阵这样的变量以大写字母开头,以符合数学习惯.
- **Mathematica 中的变量都是即取即用**,不需要事先说明变量的数据类型,系统会根据变量的初值做出正确的处理.
- 默认情况下,**Mathematica 中的变量都是全局变量**.这点读者一定要注意!

3) 第一个运算符:赋值运算

Mathematica 的赋值运算符是" =",可以进行如下的赋值:

    x＝3
    x＝y＝3
    {x,y}＝{2,3}
    {x,y}＝{y,x}

但 Mathematica 不允许使用 x＝3,y＝3 这种形式进行赋值.

不再使用的变量应该被清除掉,可以采用指令"x＝."来完成.这个指令清除的是 x 的值,而 Clear[x] 可以同时清除 x 的定义和值.**要注意的是**,在 Mathematica 系统默认的 Notebook 环境中,没有被定义过的变量以蓝色显示,定义过或者赋值过的变量以黑色显示.

由于变量的全局性,在使用 Mathematica 的时候一定要特别小心,**不再使用的变量一定要清除**.但麻烦的是,Mathematica 并没有直接提供清除全部已经定义变量的指令,只能一个接一个或者一批接一批的清除.若想清除掉所有的变量并开始一次新的数值实验,建议直接关掉 Mathematica,再重新打开.需要注意的是,只关掉当前 Notebook 是不行的,必须完全关闭软件才可以.

4) 算术运算与数据类型

Mathematica 支持"＋,－,×,÷,^,!"等**基本数学运算**,并且完全遵从数学的运算习惯.但要**特别指出的是**,进行数学运算时括号只能用( )来表示,而[ ]和{ }两种括号都有特定的含义,不再表示数学运算中的括号.

Mathematica 支持的**数据类型**主要有两种:

- 第一种是**具有机器精度的实数**,即带小数点并且小数位数(严格来说指的是尾数位数)不超过 16 位的数,也即双精度浮点数;
- 第二种是**具有任意精度的实数**,包含不带小数点的分数、无理数,或者数字位数超过 16 位的小数等.

前者的运算速度要比后者快很多,而后者是 Mathematica 所特有的,是其符号运算的基础数据类型.除此之外,Mathematica 还**直接支持复数运算**.

Mathematica 的两种实数类型可以相互转化.机器精度的实数可以通过函数 SetAccuracy 转化为任意精度,任意精度的实数则可通过函数 N 转为机器精度的实数,再用函数 InputForm 可以把数据完整地显示出来.

N 是我们使用 Mathematica 时会经常用到的一个函数,其基本功能就是把任意精度的实数转为机器精度的实数.对于机器精度的实数来说,无论是否使用 N,均仅显示 6 位数字,但内部依旧以 16 位数字进行存储(这同 MATLAB 类似).要想全部显示,需采用 InputForm;要显示具体多少位,采用 NumberForm.例如:

```
N[1/3]=0.333333
N[1/3,10]=0.3333333333
N[1.0/3]=0.333333
N[1.0/3,10]=0.333333
InputForm[1.0/3]=0.3333333333333333
NumberForm[1.0/3,8]=0.33333333
```

请仔细研究这几个例子并做更多的尝试.另外,把 1/3 改为 1.0/3 也是我们把符号求解改为数值求解的常用手段.

5) Mathematica 中的重要符号

在 Mathematica 中有几个特别重要的运算符,分别说明如下:

- ( ):表示数学上的括号,用于改变运算的优先级.
- [ ]:放在函数名的后面,表示函数.如 Sin[x] 表示 $\sin x$.
- { }:用于列表,粗略地说它是集合的标识符.
- ;:表示运算进行但不显示结果(同 MATLAB),比如 x=3;y=3.
- %:表示上一次输出的结果,还有拓展的指令 %% ,%n,%%%(k) 等.但我们不建议使用这些拓展的指令,一般情况下 % 足够了.
- *内容*:表示注释的符号.在使用 Mathematica 编程时,加入适当的注释可提高程序的可读性.

请读者**务必要搞清楚**这些运算符的含义和用法.

1.3.3 Mathematica 的函数与表达式

1) 函数

Mathematica 所有的操作都通过函数调用来实现.在 Mathematica 中,函数既包含通常数学意义上的函数,也包含一些或一系列操作指令.关于 Mathematica 的函数(暂时只谈论内置函数),读者**要知道以下一些事情**:

- Mathematica 的函数命名**见名知义**.比如,从

$$ArcSin, \quad FindHamiltonCycle$$

等函数的名字上我们很容易知道它们的具体功用.

- 函数名以多个单词组合的方式给出,**每个单词的首字母都大写**.
- 前面已经提到,最新版本的 Mathematica 提供了**自动补齐**功能,键盘输入和鼠标相结合可快速得到我们所需要的函数.一些计算结果出来后,Mathematica 还会自动给出下一步的操作建议.

- 函数的调用方式有很多种.比如计算 $\sin\left(\dfrac{\pi}{3}\right)$,标准调用方式是 Sin[Pi/3],其它调用包括

　　　　Sin@(Pi/3)（注意它同 Sin@Pi/3 的区别）,　Pi/3//Sin.

我们建议大家**尽可能采用标准方式调用函数**.一些特殊情况下,可以偶尔采用其它方式,比如 Sin[Pi/3]//N,Sin@{1,2,3} 等.

- Mathematica 的函数可以按照标准方式输入,同时标准输入可以通过鼠标操作转化为 TraditionalForm.比如 Integrate[Sin[x],{x,0,2Pi}] 这条指令,可以用鼠标左键全部选择,然后再用右键打开,通过"转化为"得到传统模式（数学模式）如下：

$$\int_{0}^{2\pi} \sin x \, \mathrm{d}x \, .$$

- ArcCot[x] 的值域是 $\left(-\dfrac{\pi}{2},0\right)$ 和 $\left(0,\dfrac{\pi}{2}\right)$,而不是我们习惯的 $(0,\pi)$.

- $(-1)^{\frac{1}{3}}$ 应该用 CubeRoot[-1] 得到 -1,否则不输出或输出其它结果.

- 要得到 $x^{1/n}$ 负数对应的部分,应该利用 Surd 函数.请对比如下两条指令：

```
Plot[x^(1/3),{x, -1,1}]
Plot[Surd[x,3],{x, -1,1}]
```

- 希望得到复结果时,请使用含有 Complex 的指令,如 ComplexExpand.

2) 表达式

Mathematica 中表达式种类繁多,数学公式、图形、表等均被视为表达式,其中基本的类型包括算术表达式、关系表达式和逻辑表达式.它的关系运算符有

　　　　==,　!=,　>,　>=,　<,　<=,

逻辑运算符有

　　　　　　　　!,　&&,　∥.

这些运算符的运算规则同常用的编程语言一致,不再赘述.

关于表达式,我们着重介绍**一个非常强大的操作：替换"/."**,请读者运行下例：

```
f = x^2 + y
f/.{x -> 1}
f/.{x -> 1, y -> 3}
f/.{x -> Sin[t], y -> Cos[t]}
Sin[1 - x] + Sin[x]/.Sin -> Cos
```

替换是 Mathematica 特有的一个操作,它可以让我们很方便地进行函数求值、部分函数求值、变量代换及字符的更换等操作.简单来说,替换可以让我们能借助软件很容易地进行一些数学上的符号推理.请读者仔细体会替换的强大和方便之处,并自行设计更多的例子来加深理解.

1.3.4 Mathematica 的表与字符串

1）表

表（list）是 Mathematica 中一种**重要的数据结构**.如果把一些有关联的数据元素视为一个整体,就得到了表.表既可以用来表示数学中的集合、矩阵、向量等内容,也可以有更丰富的内容组合,并且使用方便,功能强大.关于表,读者要了解的一些基本内容如下:

- 表用⟨…⟩表示,它的内容可以随意组合.比如:
        lis={Pi,Sin[x],Integrate[Cos[x],{x,0,t}]}
但我们建议,按照需要生成表,不要建立任何无意义的表.

- 表可以是一重的,也可以是多重的,即表可以嵌套.比如:
        lis={{a},{{1,2,3},{4,5,6}},7,{{{9}}}}

- 可以将元素逐个输入建立表,也可以借助 Mathematica 内置函数,通过循环建立表.常用的建表函数有 Table,Range,Array.要想正确的使用这些函数,就要熟悉 Mathematica 中**关于循环的描述**,具体如表 1-1 所示.

表 1-1　循环描述及说明

循环描述	说明
$\langle i, \min, \max, \text{step} \rangle$	i 从 min 到 max,步长为 step,为标准描述
$\langle i, \min, \max \rangle$	i 从 min 到 max,step = 1
$\langle i, \max \rangle$	i 从 min 到 max,min = 1,step = 1
$\langle \max \rangle$	直接重复 max 次
$\langle i, i_1, i_2, i_s \rangle, \langle j, j_1, j_2, j_s \rangle$	二重循环

建议大家尽可能使用循环描述的标准形式.几个函数的用法如下:

— **Table** 的一般调用方式为
        Table[通项公式,{循环 1},{循环 2},...]
比如 lis = Table[Sin[Pi * i],{i,0,5,2}].再运行一条指令:
        Table[Binomial[i,j],{i,0,8},{j,0,i}]//TableForm

— **Array** 的使用方式为
        Array[函数名,取值范围]
要使用这个函数,我们需要了解**纯函数**.比如,该函数一个调用是
        Array[#^2&,31]
这里的 #^2& 就是一个纯函数.**纯函数没有专门的函数名和变量**,只有函数关系,且以 & 作为函数结束标识,而 # 就是里面的变量（一些内置函数的输出会用 #1,#2,

指第一个变量和第二个变量).请再运行下面指令,加深对纯函数的理解(其中 5 是调用次数,0 是起点,步长为 1):

```
Array[Sin[Pi/4*#]&,5,0]
```

在 MATLAB 中也有类似的函数,但使用起来比 Mathematica 略复杂.

— **Range** 的使用最为简单,调用为 Range[初值,终值,步长].比如:

```
Range[1,10,2]={1,3,5,7,9}
```

- **表中元素的读取**.

学习表的读取方式时,我们可以简单理解为( )已经用于表示数学上的括号,[ ]已经用于表示函数关系,{ }已经用于表示表,那么表的元素就被选择为了[[ ]].很容易理解相应用法,示例如下:

— 设 s = {1,2,3,4,5},则

```
s[[2]]=2, s[[-2]]=4, First[s]=1, Last[s]=5
```

— 设 s = {{1,2,3},{4,5,6},{7,8,9}},则

```
s[[2]]={4,5,6}, s[[3,2]]=8
s[[{1,2}]]={{1,2,3},{4,5,6}}
s[[All,1;;2]]={{1,2},{4,5},{7,8}}
```

示例中一重表表示向量,二重表表示矩阵,可以用 s//MatrixForm 把它们按照常规的矩阵向量形式展示.**注意:矩阵向量形式本身并不能参与运算**,矩阵向量的运算都直接以表的方式进行(详情见后).

- **表的基本操作**.

Mathematica 为表提供了丰富的操作命令,如 Insert,Delete,Sort,Drop,Take,Position,Count,Join,Reverse,Total 等,这些命令**见名知义**,含义清晰,请读者自行查阅帮助文件.**要强调如下几点:**

— 在后面的程序中,经常要增加表的数据,可采用 Append,Prepend 相关指令.但**要注意的是**,直接用这两个指令对表进行元素插入,操作后表本身并没有发生变化.而要使得表随之改变,应使用 AppendTo 和 PrependTo.请运行如下代码并查看结果:

```
s={1,2,3,4};Prepend[s,0];s
s={1,2,3,4};PrependTo[s,0];s
```

— **一个强大的操作:**Map[f,list] 或 f/@list,将函数 f 作用到 list 的每一个元素(更多用法参见帮助文件).比如:

```
s={1,2,3,4};Sin/@s
```

代码的运行结果为

```
{Sin[1],Sin[2],Sin[3],Sin[4]}
```

Mathematica 的强大之处在于一些基本函数本身就可以直接对表进行运算,

上述指令同 Sin[s] 的结果一样.作为 Map 函数的补充,读者可以设计自己所需的特殊函数,然后作用到相应的表上.比如:

```
Map[#^2-Sin[#]&,s]
```

　　— **Flatten 指令**:在为 Mathematica 的一些函数提供数据时,要使用该指令.Flatten[list] 将表展开为一重表,也就是去掉内部所有的{ };Flatten[list,n] 则将表展开到第 n 层.

　　要理解 Flatten 指令,需要先了解层 (**level**) 的概念.假设给定一个表 s 如下:

```
s={1,{2,{3,4}},{5,6,{7,{8}}}}
```

这是一个**多重表或者嵌套表**.用 TreeForm[s] 得到如下示意图(见图 1.1):

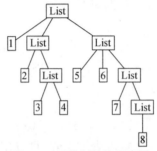

图 1.1　层的树结构示意图

最上面的 List 为第 0 层,接下来{1,List,List} 是第 1 层,接下来的行分别是第 2 层、第 3 层.请依次运行

```
Flatten[s]
Flatten[s,1]
Flatten[s,2]
Flatten[s,3]
```

加深对层概念的理解.

　　在 Mathematica 的使用过程中,一些运算不可避免会产生多重表.要善于利用 Flatten,把数据变成我们需要的形式.比如运行代码:

```
s=Table[{i,j,k},{i,1,2},{j,1,2},{k,1,3}]
```

查看运行结果发现,该结果并不能直接被使用;而运行 s＝Flatten[s,2],得到的结果就可以直接用于三维作图.

　　— **Select 的使用**:Select 函数是从表中选取所需要的数据.比如

```
Select[{1,2,4,7,6,8},EvenQ]={2,4,6,8}
```

　　再看一个复杂点的例子:

```
t=RandomInteger[{5,30},10]
Select[t,Mod[#,3]==0&]
```

代码意为从 5 和 30 之间的 10 个随机数中挑出里面能被 3 整除的数.它的一个运行

结果为

```
{12,19,18,16,5,28,27,23,22,21}
{12,18,27,21}
```

2）字符串

字符串是一种基本的数据类型，偶尔会用到．举例来说，"123"（**英文标点**）是一个字符串，"1"＜＞"2"表示两个字符串的链接．

1.3.5　Mathematica 中常见的数学运算

以下部分需要通过大量的实际操练才能彻底掌握．这里我们仅仅给出一些基本的例子以及函数使用的关键点，建议大家仔细研究对应函数的帮助文件并主动使用 See Also 以获得更多的理解．下面按照数学运算大类——介绍．

1）化简

Mathematica 提供了两个常用的化简函数：Simplify，FullSimplify．这两个函数功能强大，能够应付多数情况下数学化简的需要．简单举例如下：

```
D[Integrate[1/(x^3+1),x],x]
Simplify[%]
```

更多的例子请查阅函数帮助文件．除此之外：

- 最新版本的 Mathematica 可以实现**带条件的化简**，这非常有用．比如：

```
Simplify[Sqrt[x^2],x<0]
```

- 带条件的化简，重要的是**描述清楚约束区域**．可以采用不等式（组）的方式表述，也可采用 $x \in \mathrm{dom}$ 或者 Element[x,dom] 来表述，而 ∈ 这个符号在 Mathematica 中可借助面板或者使用快捷键"Esc ＋ elem ＋ Esc"得到．常用的 dom 有 Integers，Reals，Rationals，Complexs，Primes 等．

- 用于加条件的函数还有 Assuming 和 Refine，比如：

```
Assuming[a>0,{Refine[Sqrt[a^2]],Integrate[x^a,{x,0,1}]}]
```

需要注意的是，这两个命令都是局部的，要想全局设定范围，要用 ＄Assumptions．

2）表达式的基本操作

Mathematica 提供了关于数学表达式，特别是关于一般多项式、有理多项式、三角多项式的一系列基本操作．借助 Mathematica，可以轻易进行诸如多项式的展开、分解、合并等四则运算以及复合运算等操作．举例如下：

- 因式分解（Factor）：

$$\mathrm{Factor[x\char`\^4-1]} = (x-1)(x+1)(x^2+1)$$

- 合并同类项（Collect）：

```
Collect[(1+a+x)^4,x,Simplify]
```

$$= 4(a+1)x^3 + 6(a+1)^2 x^2 + 4(a+1)^3 x + (a+1)^4 + x^4$$

- 表达式展开(Expand,ExpandAll 等):

  $\text{Expand}[(1+\text{x})\text{^}4] = 1 + 4x + 6x^2 + 4x^3 + x^4$

  $\text{ExpandAll}[1/(1+\text{x})\text{^}3 + \text{Sin}[(1+\text{x})\text{^}3]]$

  $= \dfrac{1}{x^3 + 3x^2 + 3x + 1} + \sin(x^3 + 3x^2 + 3x + 1)$

- 三角函数相关(TrigExpand,TrigFactor,TrigToExp 等):

  $\text{TrigExpand}[\text{Sin}[2\text{x}]] = 2\sin(x)\cos(x)$

  $\text{TrigFactor}[\text{Sin}[\text{x}]\text{^}2 + \text{Tan}[\text{x}]\text{^}2] = \dfrac{1}{2}(\cos(2x) + 3)\tan^2(x)$

  $\text{TrigReduce}[2\text{Sin}[\text{x}]\text{Cos}[\text{y}]] = \sin(x - y) + \sin(x + y)$

  $\text{TrigToExp}[\text{Cos}[\text{x}]] = \dfrac{\text{e}^{-\text{i}x}}{2} + \dfrac{\text{e}^{\text{i}x}}{2}$

- Factor 也可以通过加参数 Trig -> True 直接进行三角函数分解:

  $\text{Factor}[\text{Sin}[\text{x}] + \text{Sin}[\text{y}], \text{Trig} \text{->} \text{True}] = 2\sin\left(\dfrac{x}{2} + \dfrac{y}{2}\right)\cos\left(\dfrac{x}{2} - \dfrac{y}{2}\right).$

- 多项式的基本运算除通过 $+, -, \times, \div$ 实现外,还有以 Polynomial 开头的若干命令(PolynomialGCD,PolynomialRemainder 等):

  $\text{PolynomialGCD}[(1+\text{x})\text{^}2(4+\text{x}), (1+\text{x})(3+\text{x})] = (1+x).$

更多的例子请直接查阅帮助文档.

- 编程时会用到的多项式相关命令还有 Exponent,Coefficient 等.

  —— Exponent[expr,form] 返回 form 的最高次数.注意 form 未必是 x^2 这种形式,$\sqrt{x}$ 也是可以的.

  —— CoefficientList[poly,var] 返回多项式关于 var 的系数,并且按升幂排列(这同 MATLAB 不一样).

  —— Coefficient[expr,form,n] 则给出 form^n 的系数.

3) 方程求解相关操作

方程求解有两个基本函数:Solve 和 Reduce.前者是常规指令,后者**可以对参数**进行一些讨论.细节如下:

- Solve 的基础用法示例如下:

  ```
  Solve[x^2-3x+2==0,x]
  ```

代码返回 $\{\{\text{x} \to 1\}, \{\text{x} \to 2\}\}$.解是一个表,以替换表达式的方式呈现.

- Solve **可以在特定范围内求解**,如整数(Integers)、有理数(Rationals)、实数(Reals) 等,甚至可以加不等式条件.比如:

  ```
  Solve[x^4-1==0,x,Reals]
  Solve[{x^4-1==0,x>0}]
  ```

- **解的再处理**.用替换操作可以进行解的再处理,举例如下:
  - 例子 1:

    sol=Solve[x^4-1==0,x]

    $=\{\{x \to -1\},\{x \to -i\},\{x \to i\},\{x \to 1\}\}$

    x/.sol$=\{-1,-i,i,1\}$
  - 例子 2:

    sol=Solve[x^3-1==0,x]

    $=\{\{x \to 1\},\{x \to -(-1)^{1/3}\},\{x \to (-1)^{2/3}\}\}$

    ComplexExpand[x/.sol]$=\left\{1,-\dfrac{1}{2}-\dfrac{i\sqrt{3}}{2},-\dfrac{1}{2}+\dfrac{i\sqrt{3}}{2}\right\}$

- **近似求解**.有两种方法,下面也通过两个例子展示:
  - 例子 1:

    Solve[x^3-1.0==0,x]

    $=\{\{x \to -0.5-0.866025i\},\{x \to -0.5+0.866025i\},\{x \to 1.\}\}$

由于方程中含有机器精度实数 1.0,精确求解转化为数值求解.

  - 例子 2:

    NSolve[x^3-1==0,x]

    $=\{\{x \to -0.5-0.866025i\},\{x \to -0.5+0.866025i\},\{x \to 1.\}\}$

NSolve 是 Mathematica 提供的数值求解方程根的函数.

后面介绍非线性方程求解时会涉及更多细节和 FindRoot 函数.

- 要**消去某些变量**时,使用 Eliminate 函数.例如:

  Eliminate[{x==2+y,y==z},y] $\Rightarrow 2+z==x$

- 还可以对**方程组求根**.也举两个例子:
  - 例子 1:

    Solve[a x+y==7&&b x-y==1,{x,y}]

    $=\left\{\left\{x \to \dfrac{8}{a+b},y \to -\dfrac{a-7b}{a+b}\right\}\right\}$
  - 例子 2:

    Reduce[a x+y==7&&b x-y==1,{x,y}]

    $\Rightarrow a+b \neq 0\&\&x == \dfrac{8}{a+b}\&\&y == bx-1$

可以看出,Solve 和 Reduce 的一个区别在于后者对参数进行了讨论.同时,**解的形式也不一样,一个是替换结构的表,一个是逻辑表达式**.

- Reduce 的分析特性使得它**能够求解不等式**.例如:

  Reduce[Abs[x-1]<2,x,Reals]

```
Reduce[{x^2+y^2<1,x<y},{x,y}]
Reduce[x^2+y^2<1&&x<y,{x,y}]
```

- **递归方程**的求解用函数 RSolve.举例如下:

```
RSolve[{a[n+1]-2a[n]==1,a[0]==1},a[n],n]
```

$=\{\{a(n)\to 2^{n+1}-1\}\}$

4) 微积分相关操作

Mathematica 能够处理微积分中的大部分运算,且使用非常方便.现罗列如下:

- **数列**相关的函数为

        Sum, Product, Limit, NSum, NProduct

等等.举例如下:

```
Sum[1/n^2,{n,1,Infinity}]
Product[1-1/i^4,{i,2,Infinity}]
Limit[(1+x/n)^n,n->Infinity]
NSum[(-5)^i/i!,{i,0,Infinity}]
NProduct[(1+1/i^2),{i,1,Infinity}]
```

请读者自行运行代码并体会用法.Mathematica 也支持并行运算,比如:

```
ParallelSum[i^2,{i,1000}]
```

- **函数**相关:求极限用 Limit,版本不同结果会有所差别,但均可加入方向直接求单侧极限,选项为 Direction,选"−1"为右极限,选"1"为左极限;而 Minimize,Maximize 用来求函数的最小值和最大值,可加约束条件.举例如下:

```
Limit[Sin[x]/x,x->0]
Maximize[-2x^2-3x+5,x]
Minimize[{x-2y,x^2+y^2<=1},{x,y}]
```

更多的函数和例子请查阅它们的帮助文件以及 See Also.

- **微分**有 D 和 Dt 两个指令,前者用来求导,后者用来求全微分,它们甚至可以用来求隐函数的导数.举例如下:

```
D[Sin[x]^10,{x,4}]
```

$=280\sin^{10}(x)+5040\sin^6(x)\cos^4(x)-4680\sin^8(x)\cos^2(x)$

```
eqn=z[x,y]^3+4z[x,y]==y Sin[x];
```

$\text{Solve[D[eqn,y],D[z[x,y],y]]}=\left\{z^{(0,1)}(x,y)\to\dfrac{\sin(x)}{3z^2(x,y)+4}\right\}$

更多例子请查询帮助文件.

- **积分**指令 Integrate 可以求不定积分、定积分、二重积分和多重积分.例如:

```
Integrate[1/(x^3+1),x]
Integrate[1/(x^3+1),{x,0,1}]
Integrate[Sin[x y],{x,0,1},{y,0,x}]
```

```
Integrate[Exp[-c x^2],{x,-Infinity,Infinity}]
Integrate[x^n,{x,0,1},Assumptions->n>0]
Integrate[1/x,{x,-1,2},PrincipalValue->True]
```

请运行这些例子，体会 Integrate 的强大之处.

- **级数**指令 Series 是一个非常强大的函数.先看基本使用：

```
Series[Exp[x],{x,0,5}]
```

$$= 1 + x + \frac{x^2}{2} + \frac{x^3}{6} + \frac{x^4}{24} + \frac{x^5}{120} + O(x^6)$$

```
Normal[%]
```

$$= 1 + x + \frac{x^2}{2} + \frac{x^3}{6} + \frac{x^4}{24} + \frac{x^5}{120}$$

Normal 用来提取 Taylor 展开多项式.此外，Mathematica 还支持级数的四则运算、求导、求积分、复合、反演等，具体函数或者一般函数均可.例子如下：

```
ComposeSeries[x+2x^2+O[x]^12,3x+4x^2+O[x]^10]
InverseSeries[Series[Sin[x],{x,0,10}]]
s1=Series[ArcSin[x],{x,0,10}];D[s1,x]
s2=Series[f[x],{x,a,3}];Integrate[s2,x]
Series[Sqrt[x^4+x^5],{x,0,6},Assumptions->x>0]
```

- **求解微分方程**用 DSolve.举例如下：
  — 例子 1：

  ```
  ds=DSolve[y'[x]+y[x]==1,y[x],x]
  ```

  $$= \{\{y(x) \rightarrow c_1 e^{-x} + 1\}\}$$

  ```
  y[x]+2y'[x]/.ds = {c_1 e^{-x} + 2y'(x) + 1}
  ```

你会发现，替换的时候只有 $y(x)$ 被换掉了，而 $y'(x)$ 保持不变.

  — 例子 2：

  ```
  dsnew=DSolve[y'[x]+y[x]==1,y,x]
  ```

  $$= \{\{y \rightarrow \text{Function}[\{x\}, 1 + e^{-x}c[1]]\}\}$$

  ```
  y[x]+2y'[x]/.dsnew = {1 - c_1 e^{-x}}
  ```

这里全部替换掉了.

即 DSolve 有两种不同的调用方式，调用时看函数用的是 $y[x]$ 还是 y，前者返回一个替换表达式，后者返回一个函数，适用于不同的场合.读者可以设计更多的例子.

- **Fourier** 相关：FourierSeries 等，要注意这个函数默认 $x \in (-\pi, \pi)$.它的一个调用例子为

  ```
  FourierSeries[t/2,t,3]
  ```

  $$= \frac{1}{2}ie^{-it} - \frac{1}{2}ie^{it} - \frac{1}{4}ie^{-2it} + \frac{1}{4}ie^{2it} + \frac{1}{6}ie^{-3it} - \frac{1}{6}ie^{3it}$$

需要指出的是,这里 x 的取值范围可以修改.在 See Also,还有 FourierCoefficient,FourierSinSeries,FourierTransform 等函数,具体用法请自行查阅帮助文档并获取更多的例子.

5) 线性代数相关操作

如果只进行矩阵相关的数值运算,强烈建议大家直接使用 MATLAB.但关于矩阵的一些**符号运算**是不可避免的,Mathematica 在这方面有很大的优势.另外,一些程序也会用到矩阵向量的相关内容.同前,我们**罗列要点**如下:

- **矩阵与向量**.例如,{1,2,3}是向量,{{1,2,3}}与{{1},{2},{3}}则是矩阵.简单来说,向量是一重表,矩阵是二重表,都是特殊的表.
- 向量可以直接输入,也可以用命令生成.比如:

  ```
  A=Table[x^(i+j),{i,0,2},{j,0,4}]
  B=Array[x^(#1+#2)&,{3,5}]
  ```

- **Mathematica 不区别行向量和列向量**,软件会根据向量所处环境选择合理的解释.矩阵 A 可以通过 A//MatrixForm 转化为矩阵形式.但是,**这种矩阵形式不能直接参与运算**,若强行运算,系统会报错.
- **特殊矩阵**的生成指令如表 1-2 所示:

表 1-2　特殊矩阵的生成指令

矩阵	生成函数
单位阵	IdentityMatrix[n], n,维数
对角阵	DiagonalMatrix[list], list,对角元素
常数阵	ConstantArray[a,{m,n}], m,n,维数
Hilbert 矩阵	HilbertMatrix[n], n,维数
稀疏矩阵	SparseArray[lis,{m,n}], lis,非零元信息

下面给出一个稀疏矩阵的调用例子,请运行查看结果.

```
A=Normal[SparseArray[{{1,3} -> a,{3,2} -> b},{3,4}]]
A//MatrixForm
```

- **矩阵和向量元素的使用**.假设 v 是向量,M 是矩阵,则
— v[[i]] 表示 v 的第 i 个分量;
— M[[i]] 表示 M 的第 i 行;
— M[[All,j]] 表示 M 的第 j 列;
— M[[i,j]] 表示 M 的第 i 行、第 j 列元素;
— Tr[M] 表示 M 的迹;
— Dimensions[M] 表示 M 的维数;

— Drop[M,{i},{j}] 表示去掉 **M** 的第 i 行和第 j 列;

— Drop[M,{},{j}] 表示去掉 **M** 的第 j 列.

- **矩阵的运算.**

    — 加法与数乘:a + b,2a;

    — 矩阵乘法(或内积):A.B(为了同数乘有所区别,须尤其注意);

    — 叉积:Cross[a,b],即 $a \times b$;

    — 外积:Outer[Times,a,b],即 $a \otimes b$;

    — 转置:Transpose[A],这个指令在数据处理时很有用;

    — 其它基本运算 1:Det[A],Inverse[A],MatrixPower[A];

    — 其它基本运算 2:MatrixRank[A],EigenValues[A] 等;

    — Mathematica 还可以进行 Jordan 分解等更复杂的运算(略).

- **线性方程组相关**的一些指令.举例如下:

    — 求解:LinearSolve[A,b],NullSpace[A];

    — 正交化:Orthogonalize[{{1,0,1},{1,1,1}}],标准正交化;

    — 单位化:Normalize[{1,5,1}];

    — 投影:Projection[{5,6,7},{1,1,1}];

    — 范数:Norm[expr,p],p 范数.

1.3.6 Mathematica 图形操作

Mathematica 图形处理功能十分强大,能够绘出各种各样的图形.因为这部分内容的操作性很强,同时也属于大多数同学愿意主动研究的内容,故我们不准备做太多介绍,仅给出一个脉络梳理,细节留给大家自学.

学习 Mathematica 图形操作,**基本线有如下三个**:

- 图形是**二维的还是三维的**;
- 图形是**连续的还是离散的**;
- 图形**参数是改变图形质量的还是不改变图形质量的**.

下面我们将第一条线作为主线.

1) 二维图形 1:连续图形

平面上的二维连续图形,在数学上表达方式有如下三种:

- **显式函数表达式**,即 $y = f(x)$ 这种形式;
- **参数方程表达式**,分为一般参数方程、极坐标方程两种;
- **隐函数表达式**,也就是方程的形式.

Mathematica 对以上每种方式都可以作图,具体如下:

- Plot(**基本作图函数,显函数作图**),是最常用的作图函数.例如:

    ```
    Plot[Sin[x],{x,0,6Pi}]
    ```

- ParametricPlot(**参数作图**),要给出具体参数方程方可作图.例如:

```
ParametricPlot[{Sin[u],Sin[2u]},{u,0,2Pi}]
```

- PolarPlot(**极坐标作图**),给出极坐标方程,然后作图.例如:

```
PolarPlot[{1,1+1/10Sin[10t]},{t,0,2Pi}]
```

- ContourPlot,主要功能是画等高线,但**可用于隐函数作图**.例如:

```
ContourPlot[Cos[x]+Sin[y]==1,{x,0,Pi},{y,0,Pi}]
```

- 除此之外,Mathematica 还能进行区域绘图.例如:

```
RegionPlot[x^2+y^3 < 2,{x,-2,2},{y,-2,2}]
```

Mathematica 作图时可以单张作图,也可以**把不同的图形放在一起**.例如:

```
Plot[{Sin[x],Sin[2x],Sin[3x]},{x,0,2Pi}]
```

其中{ }把函数表达式变成了表,**Mathematica 可以直接对表作图**.画出来的多个图形还可以用函数 GraphicsGrid 进行**排列组合**.例如:

```
p1=Plot[Sin[x],{x,0,Pi}];
p2=Plot[Sin[2x],{x,0,Pi}];
p3=Plot[Sin[3x],{x,0,Pi}];
p4=Plot[Sin[4x],{x,0,Pi}];
GraphicsGrid[{{p1,p2},{p3,p4}}]
```

2) 可选参数

Mathematica 的作图函数都配备了**可选参数**.可选参数分成**两类**:

- **第一类参数能改变输出图形的外观**,但不影响图形的质量.这包括 PlotRange,AspectRatio,Axes,PlotLabel 等.

　　— PlotRange,**指定作图的范围**.例如:

```
Plot[Tan[x],{x,-3,3},PlotRange-> {-10,10}]
```

请运行代码并与去掉 PlotRange 后的图形进行对比.

　　— AspectRatio,指定作图时的宽高比.对比如下例子:

```
Plot[Sqrt[1-x^2],{x,0,1}]
Plot[Sqrt[1-x^2],{x,0,1},AspectRatio-> Automatic]
```

Plot 默认的纵横比为 0.618,Automatic 将它修改为了 1.

　　— Axes 相关的指令,可以控制坐标轴的显示、原点的位置、如何标记以及做标注刻度等(请参考 Plot 帮助文档中 Options 中的示例).

　　— PlotLabel 用于图形的**标注**.这里仅给出一个例子:

```
Plot[Exp[x],{x,0,3},PlotLabel-> "exponential function"]
```

- **第二类参数则影响图形的质量**.主要是 PlotStyle,通过这个参数可以控制图形的颜色、线条宽度、线条样式等.示例如下(请仔细研究):

```
Plot[Sin[x^2]/(x+1),{x,0,2Pi},PlotStyle-> {Red,Thick},
AxesStyle-> Thickness[0.005],BaseStyle-> {Blue,Medium}]
```

3）二维图形 2：离散图形

我们将会反复使用 ListPlot，这是二维离散绘图的基本函数.用法如下：

```
ListPlot[Table[{Sin[n],Sin[2n]},{n,50}]]
```

ListPlot 一样有很多的选项，常用的是 Joined.比如：

```
data1=Range[20];
data2=Table[Prime[n],{n,20}];
ListPlot[{data1,data2},Joined-> {True,False}]
```

两组数据一个使用 Joined-> True 变成了直线，另一个则直接绘出离散点.

Joined 会把离散点直接覆盖掉，不够直观，经常要配合 Mesh 使用.对比：

```
data=Table[{Cos[t],Sin[2t]},{t,0,2Pi,Pi/20}];
p1=ListPlot[data]
p2=ListPlot[data,Joined-> True]
p3=ListPlot[data,Joined-> True,Mesh-> All]
```

除此之外，Mathematica 还支持统计作图、向量场作图等.

4）三维作图

三维作图和二维作图相似，**关键点都是要清楚地描述图形**.函数如下：

- Plot3D，基本三维作图函数，显函数作图；
- ParametricPlot3D，三维参数作图；
- ListPlot3D，三维离散作图；
- ContourPlot3D，三维隐函数作图；
- SphericalPlot3D，三维球面坐标系作图；
- RevolutionPlot3D，三维旋转面作图；
- RegionPlot3D，三维区域作图.

我们不再给出例子，详情请读者查阅帮助文件.

1.3.7　Mathematica 编程

1）局部变量与全局变量

Mathematica 的**所有变量都被默认为是全局变量**.这意味着在清除掉这些变量之前，它们的值或者定义都是一直存在的.同时，它们也很容易被改变.如此将会给我们的使用带来困扰，也会使编出的程序不具有通用性.

Mathematica 提供了两种方式实现局部变量，分别为 Module 和 Block.二者具有一定的差别，但是功能类似，建议大家选择其中一种方式使用即可.为方便起见，以后我们统一采用 Module 来定义局部变量.

Module 的基本用法如表 1 - 3 所示：

表 1 - 3　Module 的基本用法

模块的一般形式	说明
Module[{x,y,...},body]	具有局部变量 $x,y,\cdots$ 的模块
Module[{x = x0,y = y0,...},body]	具有给定初值的局部变量模块

Module 的**工作原理**非常简单.每当使用模块时,就**产生一个新的符号来表示它的每一个局部变量**,每个新产生的符号具有唯一的名字且互不冲突.因此,这种方式可以有效地保护模块内外每个变量的作用范围.

声明好局部变量后,body 由合法的一个或多个 Mathematica 语句构成.注意,当有多个语句时,**语句之间必须用";"(分号必须是英文标点)隔开,最后一个表达式的值则作为Module 函数的值(请注意这个特点)**.例如:

$$t = 3; u = 5; \text{Module}[\{t\}, \text{Expand}[(1+t)\verb|^|3+u]]$$
$$= 6 + 3t \$5907 + 3t \$5907^2 + t \$5907^3$$

可见全部变量 $t = 3$ 并没有传递到模块之内.在模块内部,局部变量 t 被一个临时变量 $t \$5907$ 代替了,而另一个全局变量 u 则直接传递到了模块内部.此外,**不同的人运行该程序得到的临时变量名称是不一样的.**

最后需要指出的是,在模块内部,分号";"被用来分隔语句,但分号还有一个作用,是使代码只运行而不输出结果.这种冲突导致了在 Module 中**要想输出某个中间结果,必须要借助 Print 函数才能完成**.后面有很多这样的例子.

2) 自定义函数

尽管 Mathematica 已经提供了非常多的内置函数,但还是远远不够的.事实上,Mathematica 也允许自定义函数来实现特殊的功能.一个定义如下:

$$f[x\_] := x\verb|^|2 + y$$

这个定义中有两点需要特别注意:

- 在函数符号体里面,只能用 x_,而不能用 x,否则只能得到一个表达式.另外,这也是和变量命名时只允许用英文字母与数字关联的.
- := 是**延迟赋值**,而 = 是**立即赋值**,二者有很大的区别.下面通过例子来说明.
- 例子 1:

$$x = 3; f[x\_] = 2x; g[x\_] := 2x;$$
$$\Rightarrow f[2] = 6, g[2] = 4$$

也就是说,当变量 x 前面已经赋值时,定义函数 f 的结果是 $f \equiv 6$.

- 例子 2:

$$f[x\_] = \text{Integrate}[(x+1)\verb|^|2, x];$$
$$g[x\_] := \text{Integrate}[(x+1)\verb|^|2, x];$$
$$\Rightarrow f[3] = 21, g[3] = \int 16 \mathrm{d}3, \text{报错}$$

第一条程序定义没有问题，它先进行积分运算，f 得到了具体的表达式，求值时再代入 $x=3$，因此运算无误.第二条程序则是采用了延迟定义，计算 $g[3]$ 时，$x=3$ 先代入，再计算积分，从而导致了**关于 3 的积分运算**，而这是不合法的，因此程序报错.

从以上两个例子可以看出延迟赋值和立即赋值的区别，同时也提醒读者：**定义函数时应具体问题具体分析**，不要一味地只使用延迟定义.

刚才的例子中定义的是一元函数，我们也可以定义多元函数.比如：

```
f[x_,y_]:=x^2+Sin[y]+Tan[x y]
```

3）由多个表达式定义的函数

前面的函数定义都是单一表达式的.事实上，Mathematica 还可以通过**多个表达式来定义函数**.比如：

```
f[0]=1;
f[n_]:=n*f[n-1]
```

这里实现了一个**递归函数**.该函数计算自然数的阶乘没有问题，但计算 $f[0.5]$ 时会报错.Mathematica 还可以指定变量的定义域.比如，将上述程序修改为

```
f[0]=1;
f[n_Integer?Positive]:=n f[n-1]
```

请再次输入 $f[0.5]$ 对比一下结果.

4）参数不确定的函数

给出一个例子：

```
f[x_,y_:0]=x^2+y^2
```

$\Rightarrow f[3]=9, f[3,4]=25$

定义中第二个变量 y 赋予了一个默认值，MATLAB 中也有类似的功能.这是最简单的情况，当有多个可选参数时该方案不再适用.而 Mathematica 也为此提供了解决方案，相应内容称为**模式**.这里就不再介绍了，有兴趣的读者可以参阅丁大正编著的《Mathematica 基础与应用》一书的第五章.

5）纯函数

简单来说，纯函数就是没有名字的函数，对应 MATLAB 中的**匿名函数**.

纯函数的**定义方式有下面两种**：

- 第一种是 Function[自变量，表达式]，在 DSolve 的应用中遇到过一次.
- 第二种表示采用缩写形式，指形如

```
f=Sin[#1]Cos[#2]&
```

这样的方式.它实现起来非常方便，后面我们主要使用这个定义方式.

6）程序的控制 1：条件结构

编写程序时，程序的语句结构主要分为顺序结构、条件结构和循环结构.其中，

顺序结构自上而下执行,无需多言.Mathematica 的条件结构有**三个基本的类型**,即 If 结构、Which 结构、Switch 结构,下面逐个讨论.

- If **结构**.该结构主要有如下三种格式:

```
If[test,then]
If[test,then,else]
If[test,then,else,unknown]
```

— 例子 1:

```
f[x_]:=If[x>0,x,-x]
```

这里通过 If 结构定义了一个分段函数即绝对值函数 $f(x) = |x|$.可以对这个函数进行各种运算.请分别运行

```
f[2]
f[-5]
f[0]
Integrate[f[x],x]
Integrate[f[x],{x,-1,1}]
D[f[x],x]
```

并查看结果.其中,不定积分运算和求导运算的结果都是分段函数.

— 例子 2:

```
f[x_]:=If[x>0,1,If[x==0,0,-1]]
```

这个函数实现了符号函数.本例也说明了 If 结构是可以嵌套的.

— If 结构也可以用来写多元函数.比如:

```
f[x_,y_]:=If[x>0&&y>0,x+y,x-y]
```

- Which **结构**.使用这种方式定义分段函数比 If 结构要方便,其格式如下:

```
Which[test1,value1,test2,value2,...]
```

例子如下:

```
f[x_]:=Which[x<0,-x,0<=x<1,x,x>=1,1]
```

请分别运行

```
f[-Pi]
f[0.5]
f[Pi]
Plot[f[x],{x,-2,2}]
D[f[x],x]
```

并查看结果.

- Switch **结构**.这种结构用的不多,多数情况下使用前两种就足够了.下面仅举一例:

```
f[x_]:=Switch[x,1,Plot[t^2,{t,0,1}],2,Plot[t^3,{t,-1,1}]]
```

输入 f[2] 得到一个图形,因为 $x = 2$ 匹配第二个图形;如果输入 f[0],则不能匹配.

此外,Mathematica 还提供了一个专门的函数 Piecewise,该函数可以**直接生成分段函数**,其用法也更符合数学习惯.具体如下:

```
Piecewise[{{val1,cond1},{val2,cond2},...}]
```

一个使用的例子为

```
Plot[Piecewise[{{x^2,x<0},{x,x>0}}],{x,-2,2}]
```

7) 程序的控制 2:循环结构

Mathematica **支持三种类型的循环**,即 For 循环、Do 循环、While 循环.

• **For 循环**.格式如下:

```
For[循环变量初值,结束条件,循环变量改变方式,循环体]
```

先给出一个示例:

```
t=Table[0,{i,4}];For[i=1,i<5,i++,t[[i]]=2i]
```

关于 For 循环,**我们一定要知道如下内容**:

— For **循环没有直接的输出**,这同 If 结构不一样.

— 循环体中可以有多个语句,语句之间用";"连接.

— **表 t 必须要先建立再使用**,上述程序去掉 t 的初始设定会报错.

— t 的初值可以写到循环中.程序可以写成

```
For[i=1;t=Table[0,{i,4}],i<5,i++,t[[i]]=2i]
```

也就是说,初值部分可以写多个语句.

— 可以在上述循环后输入 t 来显示表的最新数据:

```
For[i=1;t=Table[0,{i,4}],i<5,i++,t[[i]]=2i];t
```

— 如果想看中间过程,应该用 Print 来实现:

```
For[i=1;t=Table[0,{i,4}],i<5,i++,t[[i]]=2i;Print[t]]
```

看到的结果是

$$\{2,0,0,0\}$$
$$\{2,4,0,0\}$$
$$\{2,4,6,0\}$$
$$\{2,4,6,8\}$$

— i++ 可以不放在标准位置,但不建议这么做.

— For **循环允许嵌套**.研究如下例子:

```
A=Table[0,{i,2},{j,3}];
For[i=1,i<=2,i++,For[j=1,j<=3,j++,
A[[i,j]]=x^i y^j]];
A//MatrixForm
```

请运行该程序并查看结果.

- Do **循环**.格式如下：

```
Do[body,{i,m,n,di}]
```

当循环次数已知时，该格式是很方便的.比如，上个例子可以改为

```
A=Table[0,{i,2},{j,3}];
Do[A[[i,j]]=x^i y^j,{i,2},{j,3}]
A//MatrixForm
```

Do 循环同样**没有返回值**.对于简单一点的循环，Do 循环比 For 循环实现起来要略微方便一些.但是对于复杂一些的例子，由于 For 循环允许使用复杂的终止条件，此时 For 循环反而会更为方便一些.

一个例子：编写一个用于显示不超过正整数 n 的全部素数的函数.

— 实现 1(采用 For 循环)：

```
f[n_Integer?Positive]:=
For[i=1,i<=n,i++,If[PrimeQ[i],Print[i]]]
```

— 实现 2(采用 Do 循环)：

```
g[n_Integer?Positive]:=
Do[If[PrimeQ[i],Print[i]],{i,2,n}]
```

- While **循环**.

有些应用中，我们**事前无法知道具体需要循环多少次**，此时采用 While 循环会比较方便.While 循环语句更加简单，也可以加入复杂的终止条件.其格式如下：

```
While[test,body]
```

将上面的例子直接改为 While 循环如下：

```
h[n_Integer?Positive]:=Module[{i=0},
While[i=i+1;i<=n,If[PrimeQ[i],Print[i]]]]
```

这里为了写成一个函数，把初值**通过 Module 进行封装**.我们后面还有不少的程序采用类似的技术，请大家仔细研究这种做法.

8）程序的控制 3：跳转与输入输出

个别时候，需要对循环进行特殊的控制，常见的流程控制函数如下：

$$Break[],\quad Continue[],\quad Return[expr].$$

其含义同一般编程语言类似，不再赘述.

Mathematica 的输入函数有如下几个：

- <<：调入一个文件；
- Read：从文件读入数据；
- Input：等待键盘进行输入；
- Import：该函数功能强大，可以从文件读入文本、数据、图形、声音、动画等.

关于输出，显示中间结果用 Print，保存用 Export，或者用鼠标操作.

9）Mathematica 编程练习

假设你有面值100元,50元,20元,10元的人民币若干,购买一件价值160元的商品时有多少种付钱的方式？试编写 Mathematica 程序给出结果.

参考答案如下：

```
num=0;For[i=0,i<=1,i++,For[j=0,j<=3,j++,
For[k=0,k<=8,k++,For[p=0,p<=16,p++,
If[100*i+50*j+20*k+10*p==160,num=num+1;
Print[{num,{i,j,k,p}}]]]]]
```

你能把它改成一个关于商品价值的函数吗？请感兴趣的读者自行完成.

1.3.8　Mathematica 系统的补充说明

Mathematica 系统还有其它的一些细节值得我们注意,现罗列如下：

- 关于 Notebook 的一些说明：

— NoteBook 使用起来最方便,建议大家使用.

— 鼠标双击可以打开或者关闭单元组,而方括号底端箭头显示打开或者关闭的状态,请大家仔细观察一下.

— **要善于利用单元组的分割和合并**.在编写程序的开始阶段,经常要边写边调试,此时语句最好是一句接一句进行输入.而当程序调试成功之后,中间过程就不那么重要了,此时我们可以用鼠标选择多条指令,再点击鼠标的右键**选择合并单元**,这样多条指令就可以直接合并在一起执行.类似的,也可以把一个整体指令进行拆分.

— 由于 Mathematica 高度的集成性,其多数的程序代码会比其它语言相应的代码精简得多.但这也会给我们的编程带来一些困扰,建议在程序编写阶段多注重中间过程,利用";"和"Print"进行辅助.

- 特殊函数 Timing 可用于查看程序运行时间.

总之,作为这部分的结束,笔者想说的是,**对 Mathematica 的各种特性,尽量去适应就好**,它会有很大帮助的.

2　科学计算

计算数学是**一座桥梁**,它连接了传统数学与计算机科学.计算数学要借助于传统数学和计算机,但又有着与之不同的特点,我们会详细分析这些特点.

本章的第一部分给出科学计算的简介,涉及科学计算的历史、基本流程和基本策略;第二部分介绍误差的基本概念、计算机代数、向前误差分析、向后误差分析、条件数以及余量等;第三部分则介绍算法,重点探讨算法的稳定性;最后一部分介绍一些具体的算法,同时给出关于数值计算的建议.我们会给出一些具体的算例和程序,但强烈建议读者自己重新编写这些程序.

这一章是科学计算中最重要的一章.在学习过程中,请读者认真思考:**什么是计算? 如何进行计算? 如何科学地进行计算?**

在此,把我国计算数学的奠基人**冯康先生**关于计算的一句名言送给大家:

It is natural to look forward to those discrete systems which preserve as much as possible intrinsic properties of the continuous system.

2.1　科学计算简介

2.1.1　数值分析

通常来说,本书的主题被称为**数值分析**(**Numerical Analysis**),它的简化版被称为**计算方法**.其研究内容主要是对很多领域(如科学研究、工程应用、经济等)中所提出的数学问题提供数值解法并对算法进行分析.简而言之,它就是**研究算法的设计与分析**.近年来,数值分析也往往被称为**科学计算**(**Scientific Computing**),而这一称谓实际更符合现代计算数学的发展.特别是对各类工科本科生和研究生来说,如何科学地进行计算才是学习的重点.

科学计算不同于传统数学:

· 传统数学更期望得到问题的精确解,而在得不到精确解时,也会通过各种数学手段(如求极限、积分、级数求和等)建立一套理论上的求解方案.

· 但科学计算并非如此,科学计算的**一个特点就是强调近似效果**.我们的求解技术通常都是近似的,而求解本身也是近似的.因此,

如何快速高效地找到问题足够精确的解将是科学计算的基本任务.

科学计算当然需要借助于计算机,但也和计算机科学不一样:

• 现代科学计算的**发展契机就是现代计算机的诞生**.一般都认为现代科学计算起源于 20 世纪 40 年代末 50 年代初,伴随着现代计算机的发展,计算数学作为数学一个独立分支开始登上历史舞台.

• 但科学计算与计算机科学的大部分内容都有区别:**科学计算处理的量依旧是连续量**,而大部分计算机科学处理的量都是离散量.

从某种程度上来说,**科学计算是传统数学和计算机科学之间的一座桥梁**!

科学计算和计算机之间的关系是复杂的.这表现在:

• 从诞生之初,科学计算的使命就是借助于计算机近似地求解数学问题,这也是**科学计算的基本功用**.计算机硬件的发展大大推动了科学计算的发展,从最开始研究几十个变量的线性系统,到如今可以轻松求解几十万个、几百万个变量的线性系统,计算机硬件的发展绝对是功不可没的.

• 但这并不是科学计算发展的全部助力.计算机能力的提升,导致人们对计算的要求也越来越高,提出了越来越困难的计算问题.为了应对这一现状,计算科学家们必须要**提出新的算法**,同时还要**对算法进行理论分析**,从数学上保证算法的精确度和稳定性.

• 计算能力的提升,反过来也推动了计算机硬件的发展.

科学计算正是在这种**相互影响**中不断前进的,现如今我们已经能够实现各种各样的复杂计算.而从某种程度上来说,现代科技竞争力的关键就在于计算能力.越来越多的人同意了如下观点:

数值计算已同观察实验、理论研究一起成为科学研究的三大手段!

尽管如此,**计算的基本策略和基本技巧依旧是不变的**:

• 实际应用导出的数学问题,通常而言很难找到一个确定的公式解,除非问题来自于一些特殊情况或者简化过的模型.因此,科学计算的第一个策略就是**先将复杂的问题简单化**(比如线性化),构造相应的数值算法,再把得到的求解方法、思想应用于非约化问题.

• 实际中,即便是简化的问题也有可能依旧无法直接求解.我们需要先**将简化问题分解成若干个子问题**,对子问题采用**通用而简单的基本策略**,再把这些策略"合理"地组合起来,便是科学计算最常用的技术手段.每一本《数值分析》教材都分为若干个章节,每个章节对应不同的子问题,不同的子问题可能有不同的解决方法.我们的教材也是如此.

在考虑算法设计或者问题解决方案时,

"如何分,如何合"将是关键.

2.1.2 计算机模拟

下面要说的第一个问题是:**为什么我们需要科学计算**?

- 理由 1:**很多连续的数学问题没有办法精确求解**.例如,积分

$$\int_0^1 e^{-x^2} dx$$

无法精确计算.但该积分同概率中的正态分布有关,非常重要.实际上,由于要处理的实际问题越来越复杂,理论求解的可能性正变得越来越低.

- 理由 2:理论求解往往通过一个无限的过程来完成.**因此,理论求解可能不具有实际操作性**!例如,分析迭代序列

$$x_{k+1} = \varphi(x_k)$$

的极限是否存在时,我们通常会取极限.但这个数学上的操作在实际中不具有直接的可操作性.我们经常使用的求导、求积分、级数求和等数学操作在实际中也都会遇到各种各样的困难.

- 理由 3:随着科技的发展,问题的规模越来越大,理论求解往往无能为力,通常都会**借助计算机完成某些研究**.而一旦借助计算机计算,由于浮点系统的原因,**误差将永远不可避免**,必须要进行数值计算.

我们还可以罗列更多的理由,但以上已经足以说明科学计算的必要性.

利用计算机来实现或者模拟物理系统(过程)的行为被称为**计算机模拟**.计算机模拟的基本工具就是计算机,因此**了解关于计算机的基本知识很有必要**.比如,计算机在计算时用到的数据在 CPU 自带的高速缓存中访问速度最快,在内存中次之,在硬盘中最慢,了解这一点对数据的使用方式会有所帮助.

对物理系统来说,传统的研究方案为理论研究、观察、实验.**计算机模拟则在两个方面更具优势**:

- 某些物理过程通过理论、观察、实验等**很难研究或不可能在实验室里实现**.例如,天体物理学中两个黑洞的碰撞就极其复杂,它不能从理论上确定,不能直接观察,也没法在实验室呈现,只能借助于计算机模拟.

- 即便对一些常规物理过程,计算机模拟往往会提供**更快、更经济、更安全的解决方案**.比如说,在计算机上进行汽车的碰撞实验比实际碰撞要更经济、更安全,也更容易得到精确的设计参数.

计算机模拟的一般过程如下:

- 建立关于物理现象或者所研究系统的数学模型,即**数学建模**.数学模型一般都是通过某种类型的方程来表示,如代数方程、非线性方程、常(偏)微分方程等.这一步骤并非数值分析或者科学计算所关注的内容,但是

正确合理的数学建模制约着后面的整个计算过程!

因此,计算之前务必要正确理解对应的物理问题,建立恰当、合理的数学模型.

- **设计**相应数学模型的**数值计算方法**,这也是我们课程所关注的部分.
- 在计算机上**实现算法**.你可以直接编程,也可以借助数学软件,但需要注意的是,一定要给算法**一个"好"的实现**.对同一个算法,实现水平的差别对计算结果的影响还是比较大的.在信息界广泛流传着这么一句话:

90% 的程序执行时间是花在 10% 的程序代码里!

关键代码实现的好坏会影响到对算法的"评价".

- 在计算机上运行你的程序,对数学问题进行**数值模拟**.
- 用容易理解或者直观的方式**表示计算结果**,如图形、动画等.
- **解释并确认结果,如果需要,重复某些或者全部步骤.**

这些**步骤**之间是相互影响的,特别是第一步,它非常关键.

物理规律都有其适用范围,换到数学模型中,就是方程都有成立的前提.同时,各个参数也都有相应的实际范围.而如果不考虑这些问题,纯粹的数学求解往往是没有价值的.数值计算时,要谨记这句话:

只有正确的理解问题,正确的描述问题,才能构建合理的算法.

在实际应用中,情况会更加复杂.即使我们进行了恰当的、合理的数学建模,对实际计算来说,结果也未必就是完全合理的.当我们进行数值计算时,**问题本身也分为"好的"(适定的) 问题和"坏的"(不适定的) 问题.**

如果一个问题**解存在、唯一且对数据具有连续依赖性**,则称这个问题是**"好的"或者适定的**.所谓对数据的**连续依赖性**,通俗来讲就是,数据的微小改变不会引起结果急剧的或者大幅不规则的变化.这个性质对数值计算非常重要,因为在实际的数值计算中微小程度的扰动通常都是不可避免的.

一个"坏的"或者不适定的问题则不具有这一特点.但同时要指出的是,我们不能简单地期望一个"坏的"或者不适定的问题通过算法就变成"好的"或适定的问题.更多的时候,我们要**将问题本身的表示进行转化**才能做到这一点,比如将方程进行同解变形或者进行各种等价形式的转化.

下面给出一个非常常见,但又"好坏"明显的例子:

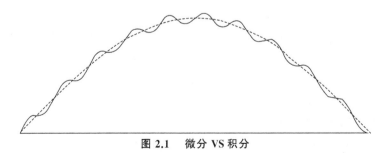

图 2.1 微分 VS 积分

从图 2.1 中可以看出,实曲线和虚曲线同坐标轴所围区域的面积基本上是一致的,但二者的导数却有很大的差别.从数学上来说,求导是一个**局部(local) 运算**,导数值的大小受到数据变化的巨大影响;积分则是一个**全局(global) 运算**,是一个累积效应,个别地方的差异可能不会对结果有太大的影响.

2.1.3　一般策略

下面我们假定要求解的数学问题都是适定的.即使如此,由于算法的原因,最后的计算结果依然可能对数据的扰动非常敏感.总而言之,

科学计算就是问题和算法的"有机结合".

对于算法,我们也提出**几个基本的要求**:

• 对数值计算来说,**精确性是第一原则**.如果算法无法给出具有一定精确程度的结果,它将是无法接受的.也就是说,**算法应该具有精确性**.

• 算法应该**"快速地"**给出计算结果,过于缓慢的算法不会获得认可.

• 算法应该**对数据的扰动具有相对不敏感性**,或者说是**稳定(stable) 的**.

在这三个要求的基础上,我们可能还会希望算法的实现不太复杂,同时算法具有一定的可移植性且不受限于某个具体的问题.

除了这些,冯康先生的那句话也值得考虑:It is natural to look forward to those discrete systems which **preserve** as much as possible **intrinsic properties** of the continuous system.即无论你如何去做数值计算,**一个系统最核心的东西必须要保留下来**.

在进行算法的设计时,所用的一般策略是**替换(replacing)**.也就是说,把一个复杂的问题用**一个或者多个相对简单的问题替换**.比如说,你可以把

• 无限维空间的问题转化为有限维空间的问题;

• 无限的过程变成有限的过程;

• 微分方程用代数方程代替;

• 非线性问题简化为线性问题;

• 高维问题变成低维问题;

• 复杂函数用简单函数替代;

• 一般矩阵问题化为特殊矩阵问题.

我们的方法包括但不仅限于此,甚至可以包括一系列这样操作的组合.如

非线性微分方程 → 非线性代数方程 → 线性代数方程
→ 特殊形式的线性系统

注意:方式并不唯一.

这样的操作并不是随意的.在替换或者变换过程中,每一次的替换都应该**保证解没有发生改变,或者在某种能够容忍的误差范围内发生改变,或者发生了某种可**

控的改变(如平移).

要想做到合理的替换,你需要考虑两点:

- 一个或者一类容易求解的问题,也就是替换(转化)问题;
- 将问题转化为替换问题的**数学变换**,该变换能保持解不变等.

最后需要指出的是,一切都要**具体问题具体分析**.

2.2 误差与分析

2.2.1 误差的来源

科学计算中最重要的概念非误差莫属,算法都应该有自己的误差分析.

误差按照其来源,分为**计算开始前的误差**和**计算误差**.

计算开始前的误差包括:

- **建模误差**:几乎所有的数学模型都建立于简化的基础上,因此建模误差几乎不可避免.而要改进这一点,只能采用更精确的数学模型.
- **测量误差**:实验设备的精度都是有限的,测量误差不可避免.
- **预计算误差**:输入的数据可能由之前的某些运算产生,其结果必然是近似的;再加上计算机舍入误差的原因,输入的数据必然会带有误差.

计算误差包括:

- **截断误差**(或离散误差):简单地说,这是算法所导致的误差.当把数学上**无限的过程截断**就产生了这种误差,比如用有限差分代替导数或者用部分和代替级数和.我们可以通过选择合适的算法减少这种误差.
- **舍入误差**:由于计算机都采用了浮点数系统(一种有限精度系统),由此产生的误差就是舍入误差.**舍入误差不可避免**,只能尽可能地去改善.

在讨论误差时,还有种不能称为误差的东西也可能会是关键的问题.或者说,这是一种错误 —— **人为或者机器的错误**.我们讲**两个小故事**:

- 美国第一个金星探测器因疏忽导致的程序错误而丢失.在 Fortran 程序中一条语句 DO 3 I=1,3 被不小心写成了 DO 3 I=1.3,其中错误的标点符号将预期的**循环语句变成了赋值语句**.同时,由于数据类型的差异,导致 I 获得了一个很大的值,从而引发了灾难.
- 奔腾 FDIV Bug(浮点除错误)是在 1994 年发现的,它存在于早期的奔腾处理器当中.这个错误会影响 CPU 的浮点单元(FPU),可能导致一些运算出现错误,例如计算除法的时候得到一个错误的结果.尽管英特尔解释这是一个普通用户很少会遇到的错误,但依然引起了广泛的关注,并最终被修正.

人为类型的错误在实际中经常会遇到,几乎不可避免.尽管我们并不专门讲如何编写程序,但依然要**强调程序的正确性**.

最终计算结果的精确程度可能受到误差来源的一个或多个因素的影响,同时由于问题自身的原因或者算法的原因,误差可能会被放大.

关于误差或者近似对数值算法精确度和稳定性影响的研究称为**误差分析**.进行误差分析,有助于分析结果的可信程度,也有助于对算法的进一步改进.

一个例子:地球的表面积可以通过公式 $S = 4\pi r^2$ 计算,这时的误差包括

- 将地球视为球体,有建模误差;
- 半径 $r \approx 6370$ km,具有测量误差和预计算误差;
- π 的值用有理数代替,有截断误差;
- 如果随后在计算机上进行计算,则有舍入误差.

2.2.2 绝对误差和相对误差

首先要明确,**误差的意义与其度量或者计算的量的大小有关**.比如:

- 人口普查时的误差 1 的意义要远远小于房间里人数的误差 1 的意义;
- 地球到月球距离误差 1 km 的意义也远小于房间长度误差 1 m 的意义.

设 x 是 x^* 的某个近似值,则用 x 代替 x^* 时的**绝对误差**为

$$e = x^* - x,$$

这里采用了真实值减去近似值的定义方式.当 $x^* \neq 0$ 时,**相对误差**则为

$$e_r = \frac{e}{x^*}.$$

关于误差,几点说明如下:

- **误差可正可负**.在前面的定义中,我们用真实值减去近似值定义误差,也有人用近似值减去真实值来定义.这并不重要,只要定义方式统一即可.
- 真实值通常都是未知的.因此,大部分情况下讨论误差的具体值为多少是没意义的.我们通常会估算误差的大概范围,也就是求**误差限**.
- 如果 $|e| \leqslant \varepsilon$,则 ε 称为绝对误差 e 的一个**绝对误差限**.
- 同样的,有相对误差的**相对误差限**,即 $|e_r| \leqslant \varepsilon_r$.
- 我们总是期望误差限越小越好.但这通常很难做到,**基本上所有的误差估计都是"悲观"估计**!
- 另外,如果精确值为 0,那就只有绝对误差,没有相对误差.

第一个误差分析:

- 假如得到了一个绝对误差限 ε,要计算对应的相对误差限,通常会用

$$\bar{e}_r = \frac{e}{x} \approx e_r,$$

这样做是否合理?

• 分析如下：

$$e_r - \bar{e}_r = \frac{x^* - x}{x^*} - \frac{x^* - x}{x} = -\frac{(x^* - x)^2}{xx^*} = -\frac{e_r^2}{1 - e_r}.$$

从上面的关系式可以看出：

——当 $|e_r|$ 较小时，用 $\bar{e}_r$ 代替 e_r 产生的误差和 e_r^2 差不多，是合理的.

——当 $|e_r|$ 较大甚至 e_r 接近于 1 时，这样的替换就是不合理的.但是，此时相对误差已经很大，再谈用谁来计算并没有太大的价值.

在进一步分析误差之前，我们先介绍一些**计算机代数**相关的内容.

2.2.3 计算机代数

要想对科学计算有更深入的理解，关于计算机浮点系统的知识必不可少.但是，我们并不准备在这一部分进行太多的理论性介绍，所涉及的都是对随后的算法分析有帮助的内容.

1) 浮点系统

在计算机里，数学里的**实数都是用浮点数来表示或者近似表示的**，其基本思想**类似于科学计数法**.如 2347 和 0.0007396 写成 2.347×10^3，7.396×10^{-4}，即把一个实数写成一个小数部分和一个指数部分乘积的形式.在这种格式下，**小数点随着 10 的幂次的变化而移动或浮动**，这也是浮点系统名称的来由.

一般来说，计算机的浮点系统有 **4 个整数**：

• β：**基数或者底数**.简单来说，就是数是用几进制来表示的.

• p：**精度**.简单来说，就是用多长的数字来表示数.

• L，U：**指数的范围**，确定指数的下限和上限.

由上，一个浮点数表示为（不同书上的定义可能略有差别）

$$x = \pm \left(d_0 + \frac{d_1}{\beta} + \cdots + \frac{d_{p-1}}{\beta^{p-1}} \right) \beta^E, \quad 0 \leqslant d_i \leqslant \beta - 1, \ L \leqslant E \leqslant U.$$

β 进制数 $d_0.d_1 \cdots d_{p-1}$ 称为**尾数或者有效数字**，E 则称为**指数**.应用时，正负号、尾数、指数分别存储在计算机上相应的单元.通常来说，我们现在使用的计算机都采用二进制，也就是 $\beta = 2$.迄今为止，**IEEE 标准单精度和双精度系统**是最常用的，几乎所有的计算机都采用该标准.

一个浮点系统通常还需要进行**正规化**.也就是说，除非表示的数为 0，否则要求其首位数字 $d_0 \neq 0$，这样可以保证**数的表示是唯一的**.特别是在二进制系统中，首位只能为 1，这可以使得精度最大化.

2) 浮点系统的性质

关于浮点系统，**一些基本的性质**是读者应该了解的：

• 根据浮点系统的构造方式，容易得到**精确浮点数的总个数**为

$$2(\beta - 1)\beta^{p-1}(U - L + 1) + 1.$$

该结论可以通过加法原理和乘法原理得到.这意味着

浮点系统是一个有限的离散系统.

- 如果只考虑正的部分,则会有一个**最大的正数** $OFL = \beta^{U+1}(1 - \beta^{-p})$.如果需要表示的数超过了这个值,计算机就会出现**上溢出(overflow)**.同样的,也会有**下溢出(underflow)** 现象,其中 $UFL = \beta^{L}$ 是最小的正数.

- 浮点数的分布并不均匀,但在 β 的相同幂次间均匀分布（如图 2.2 所示）.

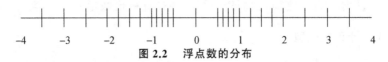

图 2.2　浮点数的分布

精确的浮点数或者被称为**机器数**的数只有有限多个,如果 x 不是机器数,则只能由其附近的某个浮点数近似表示,记为 $\mathrm{fl}(x)$.而我们知道任意长度的区间上实数都有无穷多个,那么实数和浮点数之间必然不是一一对应关系.

如何将实数用浮点数表示出来? 也就是问,近似的规则是什么?

- 历史上有过**向零舍入**规则,将 x 的 β 制展开的 $p - 1$ 位后的部分舍去.

- 目前通用的规则是**四舍五入(Round to Nearest)**,也就是说,$\mathrm{fl}(x)$ 选为离 x 最近的浮点数.如果 x 离两边最近的浮点数一样远,这时一般选择最后的存储位为偶数的那个,这又称为**偶数舍入(Round to Even)**.

3）机器精度

一个浮点系统的精度可以用机器精度来刻画.

定义 2.1　所谓机器精度,为 1 同其后面最近一个浮点数之间的距离.

按照四舍五入的方式,就是满足

$$\mathrm{fl}(1 + \varepsilon/2) > 1$$

最小的正 ε.我们**选择这个定义是为了同 MATLAB 中 eps 函数保持一致.**

在 MATLAB 中,输入 eps,你会得到

$$\mathrm{eps} = 2.2204\mathrm{e}{-16} \approx 2^{-52}.$$

在一些浮点系统的介绍中,会把这个距离的一半作为机器精度.即双精度条件下,机器精度的值为 2^{-53}.但这无所谓,**都是对浮点数系统颗粒性的度量.**

浮点数和实数之间是有限多个和无穷多个的对应关系.因此,必然会出现**无穷多个实数与同一个机器数对应**的情况.粗略地说,满足

$$\left| \frac{\mathrm{fl}(x) - x}{x} \right| \leqslant \frac{\varepsilon}{2}$$

的 x 将被视为同一个数.换个角度讲,若两个数之间的相对误差比 $\varepsilon/2$ 还小,计算机就会把它们识别为同一个数.在 MATLAB 中进行如下数值实验:

```
eps
1+0.3* eps==1
1+0.5* eps==1
1+0.7* eps==1
1.5+eps==1.5
2+eps==2
3+eps==3
```

看看结果都是什么,以加深对机器精度和 eps 函数的理解.

4) 浮点数的运算

关于浮点运算,我们先简单说一下浮点运算的运行(执行)方式.

- **加减**:两个浮点数相加减时,
  — 先要使它们的指数相匹配,然后再将其尾数进行加减.
  — 如果指数不匹配,必须将某个数的尾数移动以使指数匹配.
  — 进行尾数移动时,后面位数上的某些数会被移出尾数域.这就导致**浮点系统并不能精确地表示出正确的加减运算结果!**
  — 事实上,**如果进行运算的两个数的值相差非常大**,值小数的尾数可能会被完全地移出尾数域,导致计算结果仅是较大的操作数.换句话说,如果两个尾数和(或差)的精确值超过了 p 位数字,则将结果舍入成 p 位时,超出的位数将会被丢失掉.最坏的情形下,较小的那个数会完全丢失,这个时候也就出现所谓**大数吃小数**的情况.

假设有一个 5 位十进制系统,考虑 $12345+0.4$ 的运算,过程如下:

$$12345+0.4$$
$$=0.12345 \times 10^5 + 0.4 \times 10^0$$
$$=0.12345 \times 10^5 + 0.000004 \times 10^5$$
$$=0.12345 \times 10^5 + 0 \times 10^5$$
$$=0.12345 \times 10^5$$
$$=12345.$$

注 为了方便起见,模拟系统采用了 0.12345×10^5 的表示式,后面类似.

- **乘**:两个浮点数相乘不需要匹配指数,只要简单地将指数相加、尾数相乘即可.但一般来说,两个 p 位尾数的乘积有 $2p$ 位数字,所以
  乘法运算的结果并不能用浮点数精确表示,必须进行舍入.
- **除**:浮点数相除的结果一般也不能用浮点数精确表示.比如说,1 和 10 都可以用二进制浮点数精确表示,但
  1/10 对二进制来说则是一个无穷小数,必须进行截断.

从上面的分析可以看出,对于浮点运算来说,加、减、乘、除这四种基础运算都**不再精确!** 所以,进行浮点运算时的**标准模型**是

$$\mathrm{fl}(x \text{ op } y) = (x \text{ op } y)(1+\delta).$$

对这个模型我们不做深入探讨.重要的是,你要知道浮点数的每一次运算都可能有误差.除此之外,浮点数的运算律和实数也不太一样,一些熟知的结论可能不再成立,比如**加法的结合律不再成立**!

随后的部分我们还会对浮点系统的误差做进一步的分析.

2.2.4　如何进行数据误差分析

1）有效数字

在浮点数的定义中,我们提到的尾数又可以称为有效数字,这发生在把实数表示成为浮点数的场景中.更多的时候,我们要直接处理一些具有某种误差的数据,也就是近似数.为了应对这种情形,**需要给出有效数字新的定义**.

定义 2.2　　如果近似值 x 的**绝对误差限**是其某一位的半个单位,且该位直到 x 的第 1 位非零数字共有 n 位（含小数点两边）,则称 x 具有 n 位**有效数字**,由这 n 位有效数字表示的近似数称为**有效数**.

这个定义适合通过例子来理解.几个简单的例子如下：

- 例子 1：如果 π 的近似值取 $x_1 = 3.14$,则

$$|\pi - 3.14| = 0.0015926\cdots < 0.005 = \frac{1}{2} \times 10^{-2},$$

所以 x_1 有 3 位有效数字.

- 例子 2：如果 π 的近似值取 $x_2 = 3.1416$,则

$$|\pi - 3.1416| = 0.000007\cdots < 0.00005 = \frac{1}{2} \times 10^{-4},$$

所以 x_2 有 5 位有效数字.

- 例子 3：如果 π 的近似值取 $x_3 = 3.1415$,则

$$|\pi - 3.1415| = 0.00009\cdots < 0.0005 = \frac{1}{2} \times 10^{-3},$$

所以 x_3 只有 4 位有效数字.

- 例子 4：设 $x^* = -0.045113, x = -0.04518$,问 x^* 具有几位有效数字?

因为

$$\frac{1}{2} \times 10^{-4} < |x^* - x| = 0.000067 < \frac{1}{2} \times 10^{-3},$$

所以 x^* 具有 2 位有效数字.

在进一步讨论之前,要明确：在数值计算中,

精度和精确度（或者准确度）是两个不一样的概念.

前者与所表示的数的数字个数有关,后者与近似某个量时的**有效数字的个数**有关.

例如 3.25603764689720 是一个精度很高的数字,但将其作为 π 的近似值时显然是很不准确的.所以,

当用给定精度去计算一个量时,绝对不能说明结果可以达到那个精确度!

但是,后面不讨论舍入误差时,我们将不再区分精度和精确度这两个词.

2) 计算误差

计算机带来的舍入误差是不可避免的.但是,为方便起见,除个别情形外,我们将**不再直接分析舍入误差**.

先考虑一个简单的数学问题:给定一个函数

$$y = f(x), \quad f : \mathbf{R} \to \mathbf{R},$$

我们要计算函数 f 在 x 处的取值 y.

- 从数学上来说,这是一个非常简单的函数求值问题;
- 但从计算的角度上看,你可能会发现 x 的精确值会无法取到,同时对应的函数关系也无法直接通过计算机实现.

事实上,如果 $x^* \approx x, f^* \approx f$,那么误差为

$$e = f(x) - f^*(x^*) = f(x) - f(x^*) + f(x^*) - f^*(x^*).$$

- $f(x^*) - f^*(x^*)$ 称为**计算误差**(Computational Error);
- $f(x) - f(x^*)$ 称为**遗传误差**(Propagated Error);
- **要减少误差,必须从这两方面入手**,减少每个部分的误差.

我们暂不考虑遗传误差,尽管它在实际的计算中可能会对结果产生关键影响.

计算误差是用函数 f^* 代替 f 而产生的,这是**由算法引起的误差**.实际中,分析计算误差时主要考虑的是**截断误差**(Truncation Error)—— **真实结果与给定算法经精确计算所得结果之差**.

例 1　分析用有限差分格式

$$\frac{f(x+h) - f(x)}{h}$$

代替 $f'(x)$ 所产生的误差并估计绝对误差限.

解　利用 Taylor 展开分析如下:

$$f(x+h) = f(x) + f'(x)h + \frac{f''(\theta)}{2}h^2,$$

$$\left| \frac{f(x+h) - f(x)}{h} - f'(x) \right| = \frac{|f''(\theta)|}{2}h \leq \frac{Mh}{2},$$

其中 M 是 $f(x)$ 的 2 阶导数在 x 附近的一个界,即 $|f''(x)| \leqslant M$.

3) 向前误差分析

回到函数值计算问题中.

定义 2.3　假设要计算 $y = f(x)$,但由于某种原因,实际计算得到 $\hat{y} \approx y$.那

么，$\Delta y = y - \hat{y}$ 称为**向前误差**(Forward Error).

· 从定义可以看出，向前误差 Δy 其实就是前面定义的一般误差.

· 分析 Δy 的大小，从而对计算结果的质量进行判别就是**向前误差分析**.

· 这种做法简单与否依赖于具体问题.**但一般来说，分析误差的向前传播是困难的**.大部分情况下，我们都缺乏真实值的一个可靠估计.此外，浮点运算不满足实数的某些定律也是造成向前误差分析困难的一个原因.

从学习的角度来说，向前误差分析是一种重要的分析方式.为此，先研究如下问题：

问题 设 x_1^*, x_2^* 为准确值，要计算 $y^* = f(x_1^*, x_2^*)$.而 x_1, x_2 为 x_1^*, x_2^* 对应的近似值，求得 $y = f(x_1, x_2)$，分析二元函数的误差 $e(y)$.

分析的工具来自于多元函数 Taylor 展开或者说来自于全微分，即

$$e(y) = y^* - y = f(x_1^*, x_2^*) - f(x_1, x_2)$$

$$\approx \frac{\partial f(x_1, x_2)}{\partial x_1}(x_1^* - x_1) + \frac{\partial f(x_1, x_2)}{\partial x_2}(x_2^* - x_2)$$

$$= \frac{\partial f(x_1, x_2)}{\partial x_1}e(x_1) + \frac{\partial f(x_1, x_2)}{\partial x_2}e(x_2),$$

相对误差则是

$$e_r(y) \approx \frac{e(y)}{y}$$

$$\approx \frac{\partial f(x_1, x_2)}{\partial x_1}\frac{e(x_1)}{y} + \frac{\partial f(x_1, x_2)}{\partial x_2}\frac{e(x_2)}{y}$$

$$\approx \frac{\partial f(x_1, x_2)}{\partial x_1}\frac{x_1}{f(x_1, x_2)}e_r(x_1) + \frac{\partial f(x_1, x_2)}{\partial x_2}\frac{x_2}{f(x_1, x_2)}e_r(x_2).$$

利用上述两个关系式，可以得到和、差、积、商的绝对误差关系式如下：

$$e(x_1 + x_2) = e(x_1) + e(x_2),$$

$$e(x_1 - x_2) = e(x_1) - e(x_2),$$

$$e(x_1 x_2) \approx x_2 e(x_1) + x_1 e(x_2),$$

$$e\left(\frac{x_1}{x_2}\right) \approx \frac{1}{x_2}e(x_1) - \frac{x_1}{x_2^2}e(x_2),$$

和、差、积、商的相对误差关系式如下：

$$e_r(x_1 + x_2) \approx \frac{x_1}{x_1 + x_2}e_r(x_1) + \frac{x_2}{x_1 + x_2}e_r(x_2),$$

$$e_r(x_1 - x_2) \approx \frac{x_1}{x_1 - x_2}e_r(x_1) - \frac{x_2}{x_1 - x_2}e_r(x_2),$$

$$e_r(x_1 x_2) \approx e_r(x_1) + e_r(x_2),$$

$$e_r\left(\frac{x_1}{x_2}\right) \approx e_r(x_1) - e_r(x_2).$$

这些关系式不需要专门去记忆,掌握如下**核心公式**即可:

$$e(y) \approx \frac{\partial f(x_1, x_2)}{\partial x_1} e(x_1) + \frac{\partial f(x_1, x_2)}{\partial x_2} e(x_2).$$

例 2　设 $x_1^* = \sqrt{2001}$, $x_2^* = \sqrt{1999}$, $x_1 = 44.7325$, $x_2 = 44.7102$, 且 x_1, x_2 分别是 x_1^*, x_2^* 的具有 6 位有效数字的近似值. 要计算 $\sqrt{2001} - \sqrt{1999}$, 现有两种算法:

方法 1: $x_1^* - x_2^* \approx x_1 - x_2 = 44.7325 - 44.7102 = 0.0223$;

方法 2:

$$x_1^* - x_2^* = \frac{2}{x_1^* + x_2^*} \approx \frac{2}{x_1 + x_2} = \frac{2}{44.7325 + 44.7102}$$

$$\approx 0.0223606845\cdots.$$

试分析上述两种算法所得结果的有效数字.

分析　此题分析向前误差,为此我们既要掌握数据误差分析的核心公式,还要熟悉有效数字的概念.本题中,**写出两个数据正确的误差限是关键**.

解　已知 x_1, x_2 分别具有 6 位有效数字,但它们小数点之前有 2 位数字,因此**最后一位有效数字所在的位置**是小数点后第 4 位,由此可得

$$|e(x_1)| \leqslant \frac{1}{2} \times 10^{-4}, \quad |e(x_2)| \leqslant \frac{1}{2} \times 10^{-4}.$$

对第 1 种方法,由误差公式得

$$|e(x_1 - x_2)| = |e(x_1) - e(x_2)| \leqslant |e(x_1)| + |e(x_2)|$$

$$\leqslant \frac{1}{2} \times 10^{-4} + \frac{1}{2} \times 10^{-4} = 10^{-4} < \frac{1}{2} \times 10^{-3},$$

因此,按方法 1 所得结果至少具有 2 位有效数字.

对第 2 种方法,误差分析如下:

$$\left| e\left(\frac{2}{x_1 + x_2} \right) \right| \approx \left| -\frac{2}{(x_1 + x_2)^2} e(x_1 + x_2) \right|$$

$$= \left| -\frac{2}{(x_1 + x_2)^2} [e(x_1) + e(x_2)] \right|$$

$$\leqslant \frac{2}{(x_1 + x_2)^2} [|e(x_1)| + |e(x_2)|]$$

$$\lessapprox \frac{2}{(44.7325 + 44.7102)^2} \times \left(\frac{1}{2} \times 10^{-4} \times 2 \right)$$

$$\approx 0.25 \times 10^{-7} < \frac{1}{2} \times 10^{-7},$$

因此,按方法 2 得到的结果至少具有 6 位有效数字.

已知数据具有 6 位有效数字,但是方法 1 的结果只有 2 位有效数字,方法 2 的结果则具有 6 位有效数字.从直观上说,有效数字多的结果肯定更好.直接对比

如下：

$$\sqrt{2001} - \sqrt{1999} \approx 0.022360680473767,$$

$$e_1 \approx 0.022360680473767 - 0.0223 \approx 6.1 \times 10^{-5},$$

$$e_2 \approx 0.022360680473767 - 0.0223606845 \approx -4.0 \times 10^{-9},$$

这意味着，从真实误差对比上来看，方法2也优于方法1.

我们接下来说明**有效数字位数的多少同误差之间的关系**.

假设

$$x = \pm x_1 \cdots x_m . x_{m+1} \cdots x_n, \quad x_1 \neq 0,$$

它具有 n 位有效数字，但在小数点之前具有有 m 个数字.根据有效数字的含义，它的绝对误差限为 $0.5 \times 10^{m-n}$.由此，可以看出：

绝对误差同有效数字位数之间的关系是不确定的.

如果考虑相对误差，则有

$$\left| \frac{e(x)}{x} \right| \leqslant \frac{1}{2} \times \frac{10^{m-n}}{x_1 \cdots x_m . x_{m+1} \cdots x_n} \leqslant \frac{1}{2 x_1} \times 10^{-n+1}.$$

由此来看，有效数字的位数同数据的相对误差之间具有一定的相关性.

粗略地说，

有效数字越多，数据的相对误差越小！

上面的方法1出现了我们极不愿意遇到的一种情况：过度**抵消(cancellation)**.即两个相近的数做减法运算时，由于结果前面的部分出现了大量的0，必然会导致其有效数字位数减少.而有效数字位数减少，意味着数据的相对误差增大.就像例2中我们看到的那样，抵消现象会导致结果不精确.

关于抵消，**更详细的分析**如下：

- 考虑计算 $y = x_1 - x_2$,其中

$$\hat{x}_1 = x_1 - \Delta x_1, \quad \hat{x}_2 = x_2 - \Delta x_2, \quad \Delta y = \Delta x_1 - \Delta x_2.$$

- 因为误差可正可负，则最坏的情况可能是

$$|\Delta y| = |\Delta x_1| + |\Delta x_2|, \quad \left| \frac{\Delta y}{y} \right| = \frac{|\Delta x_1| + |\Delta x_2|}{|x_1 - x_2|},$$

由于分母接近于0，这会导致相对误差变得非常糟糕.

- 抵消是非常糟糕的，但我们很难避开它，甚至很难得到一个警告，这是因为在实际计算时很难控制个别计算.同时，抵消还可以通过多种运算传播.

- **一个问题**：抵消应该被避免，但确有一些情形下我们根本无法避开它，同时也没有时间去建立一个更好的求解方案，那应该怎么办？

- 此时，一个可以尝试的方案是**提高计算的精度**(如果可能的话).

4) 向后误差分析

向前误差分析有其方便之处，但也有难以分析之时.粗略地说，这是因为我们

并不知道精确值 y.同时,向前误差分析容易变成过于悲观的误差分析.后面的很多算法都提供了向前误差分析,多数情况下都属于悲观型误差分析.

向后误差(Backward Error) 分析有时要方便得多,且更便于实际操作.所有的一切,都基于一种观念的改变:

- 在向前误差分析中,$\hat{y}$ 不是精确值,而被视为 y 的近似值;
- 向前误差分析直接探讨 $\hat{y}$ 和 y 的差别;
- 但向后误差分析时,$\hat{y}$ 被视为某一个修正问题的精确值;
- 向后误差分析探讨修正问题同原问题之间的差别.

我们以 $y=f(x)$ 这个求值问题为例.先给出一个图形(见图 2.3):

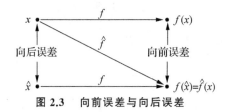

图 2.3 向前误差与向后误差

该问题的输入为 f 和 x,因此其**向后误差**有两个.

定义 2.4 对于函数求值问题 $y=f(x)$:

- 设 $\hat{y}=\hat{f}(x)$,则 $\Delta f=f-\hat{f}$ 是一种向后误差;
- 设 $\hat{y}=f(x-\Delta x)$,则 Δx 是一种向后误差.

由于对初值的分析更为方便一些,因此实际中常把

$$f(\hat{x})=\hat{y}, \quad \Delta x=x-\hat{x}$$

作为**向后误差**的定义.另外,还有**余量**这种类型的向后误差,随后再讨论.

例 3 考虑 $y=\cos x$ 在 $x=1$ 处的取值,假设 $\hat{y}$ 通过 2 次 Taylor 展开多项式

$$\hat{f}=1-\frac{x^2}{2}$$

得到,分析向前误差和向后误差.

解 数值计算的结果如下:

$$x=1.0, \quad y=\cos 1.0=0.540302,$$

$$\hat{y}=1-\left.\frac{x^2}{2}\right|_{x=1.0}=0.5, \quad \Delta y=y-\hat{y}=0.0403023,$$

$$\hat{x}=\arccos 0.5=1.0472, \quad \Delta x=x-\hat{x}=-0.0471976.$$

注 输出值接近预期结果,从向前误差分析角度来说,精度还可以.同时,由于初值只需要进行很小的扰动(Δx)就能得到精确的输出值 $\hat{y}$,因此从向后误差分析的角度看,精度也还可以.

5) 向前误差与向后误差的关系 —— 条件数

接下来分析向前误差和向后误差的关系.首先,一个不精确解的出现:

并不一定是源自一个不好的算法,也很有可能源自问题本身.

有一些问题,即使计算完全精确,解对数据的扰动也可能高度敏感.也即,**较小的数据误差就会造成解不可信的现实.**事实上,

- 如果一个问题输入数据的相对变化对输出解的相对变化影响比较适中,我们称这是一个**不敏感的或良态的(Well-Conditioned)**问题;

- 反之,如果一个问题解的相对变化远远超过输入数据的相对变化,我们称这是一个**敏感的或病态的(Ill-Conditioned)**问题.

衡量一个问题是病态的还是良态的工具是误差的**放大因子**,也即**条件数**.同时,条件数也是联系向前误差和向后误差的一个量.

对函数求值问题 $y = f(x)$,它的**相对条件数**为

$$K_{\text{rel}} \approx \frac{\left| \dfrac{f(x) - f(\hat{x})}{f(x)} \right|}{\left| \dfrac{x - \hat{x}}{x} \right|} = \frac{\left| \dfrac{\Delta y}{y} \right|}{\left| \dfrac{\Delta x}{x} \right|}.$$

这是一个粗糙的定义,严格的定义应当用上极限 sup 给出.

条件数可以看成输出数据的相对误差同输入数据的相对误差的比值,即

$$| \text{相对向前误差} | \approx \text{条件数} \times | \text{相对向后误差} |.$$

进一步的,估算过程如下:

$$\Delta y \approx f'(x) \Delta x,$$

$$\left| \frac{\dfrac{\Delta y}{y}}{\dfrac{\Delta x}{x}} \right| \approx \frac{x f'(x)}{f(x)},$$

$$K_{\text{rel}} \approx \left| \frac{x f'(x)}{f(x)} \right|.$$

如果一个问题条件数适中,一般来说该问题是良性的;如果条件数过大,则问题通常是病态的.需要注意的是,**条件性是问题本身的性质**,即使采用了非常好的算法,最后的结果从向前误差分析的角度看,依旧可能非常糟糕.

上面定义的条件数是相对条件数,如果 $x = 0$ 或者 $y = 0$,则只能定义**绝对条件数**为

$$K_{\text{abs}} = \left| \frac{\Delta y}{\Delta x} \right|.$$

例 4 考虑 $y = \tan x$.根据条件数公式得到

$$K_{\text{rel}} \approx \left| \frac{x f'(x)}{f(x)} \right| = \left| \frac{x(1 + \tan^2 x)}{\tan x} \right| = \left| x \left(\tan x + \frac{1}{\tan x} \right) \right|,$$

当 x 接近 $\dfrac{\pi}{2}$ 时,$y = \tan x$ 高度敏感,条件数非常大.

比如当 $x=1.57079$ 时,条件数大约为 2.48276×10^5.若计算函数值,可得
$$\tan 1.57079 \approx 1.58058 \times 10^5, \quad \tan 1.57078 \approx 6.12490 \times 10^4,$$
它们区别非常大.但是,$y=\arctan x$ 的条件性非常好,请自行验证.

6) 余量

定义 2.5 假设给定一个方程求根问题:$\varphi(x,y)=0$,其中 x 是给定参数,如果通过某种方式得到根的一个近似值 $\hat{y}$,则该问题的**余量**为 $r=\varphi(x,\hat{y})$.

可以设一个新的方程为
$$\hat{\varphi}(x,\hat{y})=\varphi(x,\hat{y})-r=0,$$
那么 φ 同 $\hat{\varphi}$ 之间的差别就是余量 r.换句话说,**余量就是一种向后误差**.

余量在线性系统求解以及常微分方程初值问题中都会扮演重要的角色.利用余量进行向后误差分析的**一般流程**如下:

- 对问题 $\varphi(x,y)=0$ 通过某种方法得到近似解 $\hat{y}$;
- 计算余量 $r=\varphi(x,\hat{y})$;
- 利用 r 和 φ 估计 Δx,有时候也直接用 r;
- 如果不需要向前误差的限制,只要向后误差足够小,则接受近似解;
- 如果需要向前误差的限制,则估计问题的条件数,通过条件数和向后误差的**乘积**判断结果是否可以接受.

以上具体分析过程会在后续章节的讨论中涉及.

2.3 算法与分析

一个不精确结果的出现,可能是问题本身引起的,也可能是算法引起的. 在这一部分,我们通过算例仔细地研究算法对问题结果的影响.算法的分析包括两部分内容,一个是**关于算法的稳定性**,另一个则是**关于算法的复杂度**.前者考虑数据或者系统受到扰动时,计算结果是否依旧可靠的问题;后者分析算法要通过多少次运算才能给出计算结果,也就是计算速度相关的内容.

2.3.1 算法的稳定性

算法的稳定性同问题的条件性基于相似的考虑.

问题可以**分解为**输入数据、运算系统和输出结果,也就是
$$x \xmapsto{\varphi} y$$
的形式.算法也是如此,**区别在于** φ,一个是问题,一个是一系列计算操作.

粗略地讲,一个算法称为**稳定的(stable)**,指的是它的

　　　　　结果对计算过程中所产生的近似扰动相对不敏感;

反之,算法就是不稳定的(unstable).

按照向后误差分析,如果产生的结果是某一个临近问题的精确解,即计算过程中的扰动影响没有超过给定问题输入数据受到的扰动影响,或**退一步讲,给定问题输入数据受到的扰动影响在计算过程中没有被过分放大**,那么,这个结果就是可以接受的.

问题的计算结果同真实解之间的接近程度被称为**精确度**.即使是稳定的算法也不一定能保证计算结果就是精确的.精确度不仅和算法的稳定性有关,也和问题的条件性有关.**稳定性只能保证结果对于相邻问题是精确的**,但相邻问题的解并不一定就接近原问题的解,除非问题本身是良态的.通常认为:

只有良态的问题加上稳定的算法才能得到精确的解.

而对于病态问题,即使采用稳定的算法进行计算,结果依旧可能是不可靠的.

前面例 2 表明,对于同一个问题,采用不同的计算方法,最后结果的有效数字个数有着明显的区别.有时候**方法对结果的影响更多,我们甚至会完全失去真实解.**

例 5 建立计算积分

$$I_n = \int_0^1 x^n e^{x-1} dx \quad (n = 0, 1, \cdots, 25)$$

的递推公式,并研究其误差传播.

解 首先给出递归关系式,并进行理论分析.利用分部积分法得到

$$I_n = \int_0^1 x^n e^{x-1} dx = \int_0^1 x^n de^{x-1}$$

$$= x^n e^{x-1} \Big|_0^1 - \int_0^1 e^{x-1} dx^n$$

$$= 1 - n \int_0^1 x^{n-1} e^{x-1} dx$$

$$= 1 - nI_{n-1},$$

则可以得到算法:

$$I_0 = 1 - e^{-1}, \quad I_n = 1 - nI_{n-1} \quad (n = 1, 2, \cdots, 25).$$

对于目标积分 $I_n = \int_0^1 x^n e^{x-1} dx$,很容易验证:

$$I_n > I_{n+1}, \quad \lim_{n \to \infty} I_n = 0.$$

为了看实际计算效果,我们给出 Mathematica 版本的程序如下:

```
n=25;
h[i_,int_]:=1-i* int;(*递推公式 * )
g[i_]:=Exp[-1] NIntegrate[x^i Exp[x],{x,0,1}];
int=1-Exp[-1]//N;
t0={0,int,1-Exp[-1],1-Exp[-1]-int};
t=Table[{i,int=h[i,int],iac=g[i],iac-int},{i,1,n}];
PrependTo[t,t0];
```

```
PrependTo[t,{"次数","向前递推解","精确解","误差"}];
Grid[t,Frame->All]
```

部分运算结果如下:

次数	向前递推解	精确解	误差
0	0.632121	$1-\mathrm{e}^{-1}$	0
1	0.367879	0.367879	4.996×10^{-16}
9	0.0916123	0.0916123	-4.50995×10^{-12}
17	0.0571919	0.0527711	-0.00442075
18	-0.0294537	0.05011991	0.0795735
25	1.92785×10^{8}	0.0370862	-1.92785×10^{8}

计算结果出了问题:在第18次迭代的时候,积分值变成了负数,这与理论分析是不符的.同时,从这一项开始,计算结果开始正负交替,误差值也变得越来越大.到了第25次迭代时,误差更是达到了惊人的10^{8}级别.

数值结果同理论结果之间出现巨大差异的原因在哪里? 分析如下:

$$\textbf{期望公式}\quad I_n=1-nI_{n-1},$$

$$\textbf{实际公式}\quad \hat{I}_n=1-n\hat{I}_{n-1},$$

$$\textbf{误差公式}\quad e_n=(-n)e_{n-1}=(-1)^n n!\,e_0.$$

在程序中,I_0的误差显示为0,暂且不提.但e_1并不真的为0,而是一个非常接近于0的小数,随着迭代的进行,**误差按照阶乘的方式增长**,最终完全失控.

注 这是一个典型的算例.它告诉我们:

在数学上正确的事情,在数值上未必就是正确的!

误差无限制增长的原因在于递归公式中I_{n-1}的系数$(-n)$,如果系数的绝对值小于1,则结果应该正好相反.这就提示我们,**也许不需要逐次计算**

$$I_0,\ I_1,\ I_2,\ \cdots,\ I_{25},$$

或可以按照$I_{25},I_{24},\cdots,I_1$的方式来计算,但**新的问题出现**:I_{25}不知道.

为得到I_{25},可以再往后一些.比如说,先估算I_{30},再递归计算前面的部分,I_{25}的结果可能就会精确一些.很容易得到如下估计:

$$\frac{1}{\mathrm{e}}\,\frac{1}{n+1}<I_n=\int_0^1 x^n\mathrm{e}^{x-1}\mathrm{d}x<\frac{1}{n+1},$$

取I_n上下限的平均值作为近似值即可.

在 Mathematica 中运行如下程序:

```
n=30;
hnew[i_,int_]:=(1-int)/i;  (*递推公式*)
gnew[i_]:=Exp[-1] NIntegrate[x^i Exp[x],{x,0,1}];(*精确解*)
int=(1+E^-1)/(2(n+1))//N;
```

```
t0={n,int,gnew[n],gnew[n]-int};
t=Table[{i-1,int=hnew[i,int],iac=gnew[i-1],iac-int},
{i,n,1,-1}];PrependTo[t,t0];
PrependTo[t,{"次数","向后递推解","精确解","误差"}];
Grid[t,Frame->All]
```

运行程序,得到的部分结果如下:

n	30	25	18	1
e_n	0.0092	-5.4×10^{-10}	1.2×10^{-16}	5.0×10^{-16}

可以看出,数据误差得到了很好的控制.完整表格可通过程序得到,你会发现所有的积分值都是正的,和实际吻合,并且所有的误差都得到了控制.

上面两种方法都源于同一种数学方法(分部积分法).但是,不同的实现方式,导致了不同的数值表现.这种例子在数值计算中十分常见.前面我们已经讨论了关于 $\sqrt{2001}-\sqrt{1999}$ 的计算问题,不妨再做一个类似的探讨.

例6 已知

$$\frac{\sqrt{1+t}-1}{t}=\frac{1}{\sqrt{1+t}+1}\to\frac{1}{2}\quad(t\to0),$$

选择不同的 t,研究两个公式在 $t\to0$ 时候的表现.

解 对于这个问题,我们同样借助 Mathematica 来完成,程序如下:

```
f[t_]:=(Sqrt[1+t]-1)/t;
g[t_]:=1/(Sqrt[1+t]+1);
t=Table[10^(-2i),{i,1,8}]//N;
res=Transpose[{t,f/@t,1/2-f/@t,g/@t,1/2-g/@t}];
PrependTo[res,{"t","f(t)","f 的误差","g(t)","g 的误差"}];
Grid[res,Frame->All]
```

这里计算函数值时采用了 f/@ 的方案,你也可以用其它的方案来实现.另外,请注意程序中 Transpose 的用途.运行程序,得到的计算结果如下:

t	$f(t)$	f 的误差	$g(t)$	g 的误差
0.01	0.498756	0.00124379	0.498756	0.00124379
0.0001	0.499988	0.0000124994	0.499988	0.0000124994
$1.\times10^{-6}$	0.5	1.24941×10^{-7}	0.5	1.25×10^{-7}
$1.\times10^{-8}$	0.5	3.03874×10^{-9}	0.5	1.25×10^{-9}
$1.\times10^{-10}$	0.5	-4.13702×10^{-8}	0.5	1.25×10^{-11}
$1.\times10^{-12}$	0.500044	-0.0000444503	0.5	1.25011×10^{-13}
$1.\times10^{-14}$	0.488498	0.0115019	0.5	1.22125×10^{-15}
$1.\times10^{-16}$	0.	0.5	0.5	0.

从计算结果来看,当 t 值在 10^{-8} 之前时,两种方法的误差都是逐步减小的,而且值也比较接近.但是当 t 值取 10^{-10} 及更小的情况下,前者的误差开始变得越来越大,后者的误差则一直控制得比较好.当 t 值取 10^{-16} 时,前者的绝对误差达到了 0.5,相对误差则为 100%,已经完全不具有可信度,但后者的误差控制在了 10^{-15} 的级别.

注 表格中显示的数据不是精确结果,而是按照 6 位有效数字舍入的结果.

通过这两个例子,我们可以总结出数值计算中那句非常著名的话了:

数学上的等价并不意味着数值上的等价!

最后给出一个算法向后稳定(Backward Stable)的定义:

定义 2.6 一个算法被称为是向后稳定的,如果它对于数据 a 的计算结果 $\bar{w}$ 是另一个数据 $\bar{a}$ 的精确计算结果,且按照某个范数成立如下关系:

$$\frac{\|\bar{a}-a\|}{\|a\|} \leqslant c_1 u,$$

其中 c_1 是一个不太大的常数,u 是计算机的单位舍入(Unit Roundoff).

2.3.2 算法的复杂度

很多时候我们还要给出算法工作量的简单估计.数值算法的计算成本或者说**复杂性(复杂度)**一般是**通过其所需的代数运算次数来衡量的**.

在早期的复杂度分析中,通常只统计乘法(以及必要的除法)的次数.这是因为乘法通常比加法和减法更费时,并且在大多数算法中,乘法的次数往往与加法的次数相近(如计算两个向量的内积).但近年来,加法和乘法的耗时已经相差甚微,所以在很多算法的分析中开始考虑估计所有的运算次数.我们在做一些算法分析的时候,通常会单独列出乘除需要的工作量是多少、加减需要的工作量是多少.

分析算法工作量的精确数值并没有什么实际意义,我们主要关心当问题的规模或者说变量个数 n 变大时算法的性态.这时候,经常会使用大 O 符号.如果存在一个正的常数 C,使得对充分大的 n 成立

$$|f(n)| \leqslant C \cdot |g(n)|,$$

记为 $f(n) = O(g(n))$.特别地,

$$\lim_{n \to \infty} \frac{f(n)}{g(n)} = A \neq 0, \quad f(n) = O(g(n)).$$

比如说,一个算法的工作量为

$$1 + 2 + \cdots + n = \frac{n(n+1)}{2} = O\left(\frac{n^2}{2}\right) = O(n^2).$$

关于大 O,请验证当 $n \to \infty$ 时,

$$\frac{n+1}{n^2} = O\left(\frac{1}{n}\right), \quad \frac{5}{n} + \mathrm{e}^{-n} = O\left(\frac{1}{n}\right).$$

此外,对于函数我们也经常使用大 O,比如:

$$\sin x = x - \frac{x^3}{6} + O(x^5) \quad (x \to 0).$$

很多时候,分析一个算法的运算量非常复杂.因此,人们经常会通过计算机程序的**执行时间**来衡量算法的计算效率.后面的学习中,这两种方式都有可能使用.但是,对比执行时间必须在公平的情况下比较才有意义,因为执行时间受到硬件水平、编程水平、算法等多个因素的制约.

最后指出的是,MATLAB 提供了 **Profiler 工具**来分析程序的运行时间,根据对运行时间的估算,我们可以知道程序中耗时多的部分在哪并进行适当地修正.有兴趣的读者请自行研究.

2.4　基本算法与建议

2.4.1　基本算法

在本小节中,我们会给出一些基本的数值算法,它们中蕴含了数值计算的常用策略,并且大部分内容以案例的形式介绍,不做太多的理论探讨.

1) 迭代(iteration)

迭代在数值计算中非常常见.所谓迭代,就是指某种类型的操作或者某个过程的**重复**,其目的在于把问题的一个**粗略的解改善为精确解**.

和迭代相关的一个重要案例是**不动点(定点)迭代方法**.简述如下:

- 考虑非线性方程: $x = F(x)$,其中 $F(x)$ 可微、可求值.
- 给定初始近似值 x_0,计算迭代序列:

$$x_1 = F(x_0), \quad x_2 = F(x_1), \quad x_3 = F(x_2), \quad \cdots.$$

- 每一次计算 $x_{n+1} = F(x_n)$ 被称为一次定点迭代.
- 如果得到的序列 $\{x_n\}$ 收敛于 α,可得到

$$\alpha = \lim_{n \to \infty} x_{n+1} = \lim_{n \to \infty} F(x_n) = F(\alpha),$$

这样,α 就是满足方程 $x = F(x)$ 的不动点.

- 迭代在期望精度满足时可以停止,这样就得到一个数值计算迭代方法.
- 迭代算法的**两个基本问题**如下:(1) 迭代什么时候收敛;(2) 收敛速度快慢如何.

对于这种方法,详细的分析放到非线性方程求根问题中进行.

一般来说,数学问题并不是按照这种定点的形式给出的.因此在实际中,你需要把 $f(x) = 0$ 的问题转化为 $x = F(x)$ 的形式.此时,

选择什么样的等价形式将会影响到收敛性与收敛速度!

我们先用数值算例来验证这一点,借助 Mathematica 中的 FixedPointList 函数进行下面的**数值实验**:考虑计算目标方程 $x^2-x-2=0$ 正根的迭代算法.

FixedPointList 的标准用法是

FixedPointList[函数,初值,最大步数]

- **测试 1** 考虑定点问题 $x=x^2-2$,输入指令:

FixedPointList[#^2-2&,1.5,20]

部分运算结果为

1.5, 0.25, $-$1.9375, 1.75391, $\cdots$, $-$1.8274, 1.33939, $-$0.206031.

经过 20 次运算,并没有得到期望的 2.0,同时可以看出,**算法不收敛**.

- **测试 2** 考虑定点问题 $x=\sqrt{x+2}$,输入指令:

FixedPointList[Sqrt[#+2]&,1.5,10]

部分计算结果如下:

1.5, 1.87083, 1.96744, $\cdots$, 1.99997, 1.99999, 2., 2.

从结果可以看出,经过不超过 10 次的运算,计算结果已经接近 2.0.

- **测试 3** 考虑定点问题 $x=1+\dfrac{2}{x}$,输入指令:

FixedPointList[1+2/#&,1.5,10]

部分计算结果如下:

1.5, 2.33333, 1.85714, $\cdots$, 1.99766, 2.00117, 1.99941.

虽然算法收敛,但结果呈振荡性,**收敛速度明显要比上一方法慢**.

- **测试 4** 考虑定点问题 $x=\dfrac{x^2+2}{2x-1}$,输入指令:

FixedPointList[(2+#^2)/(2#-1)&,1.5,10]

计算结果如下:

1.5, 2.125, 2.00481, 2.00001, 2., 2., 2.

从结果看,序列很快收敛到 2.0.在所有测试中,**这个方法最快**.

可以看出,如果选择的迭代格式合适,定点迭代方法可能有很好的效果;而如果选择不当,方法可能不收敛,也可能收敛的速度比较慢.

另外,请读者修改指令中的初值,研究初值对计算结果的影响.

2) 线性化(linearization)

把一个非线性问题用一个线性问题局部代替是一种常见策略.通常我们都会在某个点附近用一个线性函数代替复杂函数,这就是一种局部化(local)的操作.

回到求解 $f(x)=0$ 的问题上,从几何上讲,就是求函数 $y=f(x)$ 同 x 轴的交点.如果我们选定根的初始近似值为 x_0,用该点处的切线代替原曲线,切线交 x 轴于 x_1,再把 x_1 作为新的近似值并**重复上述过程**,就得到了所谓的 **Newton** 法(整个过程如图 2.4 所示).

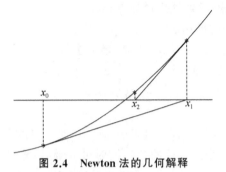

图 2.4 Newton 法的几何解释

前面的数值实验中第 4 个测试就是牛顿法,它具有非常快的收敛速度.

再看一个例子:考虑定积分 $\int_a^b f(x)\,dx$ 的数值计算方法.先看如图 2.5 所示的直观图形:

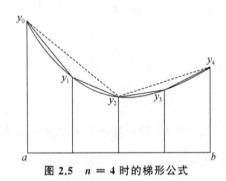

图 2.5 $n = 4$ 时的梯形公式

根据图形,可以构造出被称为**梯形公式**或者**复化梯形公式**的方法:

$$\int_a^b f(x)\,dx \approx \frac{h}{2} \sum_{i=0}^{n-1} (y_i + y_{i+1}) = T(h), \quad \text{其中 } h = \frac{b-a}{n}.$$

这是一个非常简单的方法,但有的时候却具有非常不错的效果.下面我们利用 Mathematica 完成一个数值实验:

```
f[x_]:=12+4* Sin[2x]* Exp[x/10];
a=0;b=11;
int=Integrate[f[x],{x,a,b}]//N;
nint[n_]:=(b-a)/(2n) Sum[f[a+(b-a)/n* i]
+f[a+(b-a)/n* (i+1)],{i,0,n-1}];
data=Table[{i,Abs[(nint[i]-int)/int]},{i,4,50}];
ListPlot[data,Joined-> True,Mesh-> All,
PlotStyle-> Black,PlotRange-> All,
AspectRatio-> 1/2,Frame-> True]
```

运行程序后输出的图形如图 2.6 所示：

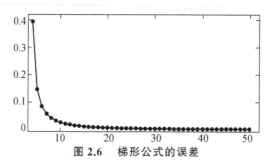

图 2.6   梯形公式的误差

从图形来看，相对误差（竖轴）随着 n（水平轴）的增加（或者 h 的减小）一直在减少.检查 data 中的数据会发现，$n=50$ 时相对误差接近于 0.1%.

尽管该方法只是一种非常简单的策略，实际的计算效果还算差强人意.原则上，选择充分小的 h，可以得到精度很高的结果.但同时，h 越小，**要计算的函数值也越多，工作量会加大**——精确度和速度是一对矛盾.而最后，随着 h 的减小，计算机舍入误差的影响也会逐步加大，实际中不可能得到任意精度的结果.

3）外插（extrapolation）

如果知道了误差的近似值，一种被称为**外插**（或者**误差修正**）的方法可以**改善计算效果**.后面会证明上述梯形公式的误差是 $O(h^2)$，由此很容易得到

$$I-T(h)\approx Ch^2,\quad I-T\left(\frac{h}{2}\right)\approx C\left(\frac{h}{2}\right)^2,$$

因此 $Ch^2\approx\dfrac{4}{3}\left(T\left(\dfrac{h}{2}\right)-T(h)\right)$，接着可以得到

$$I\approx T\left(\frac{h}{2}\right)+\frac{T\left(\dfrac{h}{2}\right)-T(h)}{3}=\frac{4T\left(\dfrac{h}{2}\right)}{3}-\frac{T(h)}{3},$$

即把误差的近似值加到 $T\left(\dfrac{h}{2}\right)$ 上.有理由相信新的公式将比原公式的精度更高.

事实上，新公式就是**复化 Simpson** 公式.直接实现它，并进行如下**数值验证**：

```
f[x_]:=12+4* Sin[2x]* Exp[x/10];
a=0;b=11;
int=Integrate[f[x],{x,a,b}]//N;
nint[n_]:=(b-a)/(6n)Sum[f[a+(b-a)/n* i]+
f[a+(b-a)/n*(i+1)]+4* f[a+(b-a)/n* (i+1/2)],
{i,0,n-1}];
data=Table[{i,Abs[(nint[i]-int)/int]},{i,4,50}];
ListPlot[data,Joined-> True,Mesh-> All,PlotStyle-> Black,
PlotRange-> All,AspectRatio-> 1/2,Frame-> True]
```

运行程序后输出的图形如图 2.7 所示：

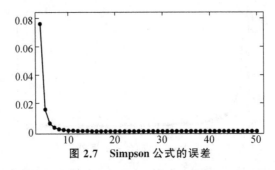

图 2.7　Simpson 公式的误差

从上图可以看出，Simpson 公式具有更高的精确度.同样，检查 data 中的数据可以发现，$n=30$ 时的相对误差已经是 5.8×10^{-6} 了.这说明我们的方法非常成功.继续下去，还可以得到数值求积分的 **Romberg 公式**.

4）递归（recursion）

递归是数值计算中非常重要的一种策略，它既可以**使算法以简洁的方式呈现**，又能**减少计算量**.

在进行多项式求值时，递归显得极其有效.考虑多项式

$$p_n(x) = a_0 + a_1 x + \cdots + a_n x^n = \sum_{j=0}^{n} a_j x^j$$

在 x 处的取值.若直接计算，需要 $1 + 2 + \cdots + n = \dfrac{n(n+1)}{2}$ 次乘法运算，以及 n 次加法运算.

通常来说，n 的值并不会很大，因此需要的工作量也不会太多，单独来看可以接受.但作为计算机的基础运算（很多算法都会涉及和多项式求值相关的内容，因为多项式是计算机能够"精确"处理的为数不多的一类数学函数），提高该问题的计算效率还是很有必要的.

我们首先**将多项式改写为**

$$\begin{aligned}
p_n(x) &= a_0 + a_1 x + a_2 x^2 + \cdots + a_n x^n \\
&= a_0 + x(a_1 + a_2 x + \cdots + a_n x^{n-1}) \\
&= a_0 + x \cdot p_{n-1}(x),
\end{aligned}$$

其中 $p_n(x)$ 是 n 次多项式，$p_{n-1}(x)$ 是 $n-1$ 次多项式.若知道了 $p_{n-1}(x)$ 的值，只需 1 次乘法和 1 次加法就可以计算出 $p_n(x)$ 的值.继续下去，也就是

$$\begin{aligned}
p_n(x) &= a_0 + x \cdot p_{n-1}(x) \\
&= a_0 + x(a_1 + x p_{n-2}(x)) \\
&= a_0 + x(a_1 + x(a_2 + x p_{n-3}(x))) \\
&= \cdots,
\end{aligned}$$

即得到了所谓的 **Horner 算法**：

$$b_n = a_n,$$
$$b_k = b_{k+1}x + a_k, \quad k = n-1:-1:0,$$
$$b_0 = p_n(x).$$

它总共需要 n 次乘法和 n 次加法.同直接计算比,效率要高很多.

　　关于 Horner 算法,要说的故事很多,我们逐一讲来.

　　（1）Horner 算法的一般形式

　　• 上述算法考虑的是中心在 0 处的多项式求值问题.对于一般多项式

$$f(x) = \sum_{j=0}^{n} a_j (x-a)^j,$$

要计算它在 x^* 处的函数值 $f(x^*)$,即考虑**中心在 a 处的多项式求值**问题.

　　• 利用 Horner 算法,它可以按照下面的方式进行计算：

$$b_n = a_n,$$
$$b_k = b_{k+1}(x^* - a) + a_k, \quad k = n-1:-1:0,$$
$$b_0 = f(x^*).$$

这种实现方式需要**提供两个数组**,一个存储$\{a_k\}$,一个存储$\{b_k\}$.

　　• 算法也可以采用**覆盖(overwrite)** 的方式给出,以求节省存储.即

$$s = a_n,$$
$$s = s(x^* - a) + a_k, \quad k = n-1:-1:0,$$
$$s = f(x^*).$$

输出只有 $s = f(x^*)$（多项式的值).它的 Mathematica 实现如下：

```
Horner[p_,x_,a_]:=Module[{pnew=p,xnew=x},
n=Length[p];For[i=n-1,i>=1,i--,
pnew[[i]]=pnew[[i+1]]*(xnew-a)+pnew[[i]]];
Print[pnew[[1]]]]
```

程序说明如下：

　　— p 是多项式的系数数组（表）,按照**升幂排列,如果缺项,则需要补 0.**

　　— x 是要计算的目标点,a 是输入多项式的展开中心.

　　— 由于采用了延迟定义,需要用 **Module 进行封装**.输入的三个参数只给随后的局部变量提供初值（Mathematica 自身的原因,Module **不能修改传入的参数.**只能这样做,**否则程序无法运行**,请测试).

　　— Print 函数用于给出自定义函数 Horner 的输出结果.

　　— 最后,给出数值验证如下：

　　运行:p={1,2,3,4,5};Horner[p,2,1]

　　结果:15.

该代码用于计算如下多项式在 2 处的值:
$$p(x) = 1 + 2(x-1) + 3(x-1)^2 + 4(x-1)^3 + 5(x-1)^4.$$

- 也可以**换一种覆盖的实现方式**,即
$$a_k = (x^* - a)a_{k+1} + a_k, \quad k = n-1 : -1 : 0.$$

最终输出是一个数组,且数组的第 1 个元素就是多项式的值.而要做到这点,只需要修改前面 Horner 算法程序的最后一句为

```
Print[pnew]
```

数值实验如下:

    运行:p={1,2,3,4,5};Horner[p,3,1]
    结果:{129,64,31,14,5}.

- 对比两种实现,前者只给出对应点处的函数值,后者则**保留了计算过程中的中间数据**.正因为此,后面一个算法**有了后续发展的可能性**.

(2) Horner 算法的拓展 1

接下来讨论多项式求值的第 1 个拓展:**求多项式在一点处的导数值**.

- 利用多项式的**综合除法**,有如下结果:
$$f(x) = (x - x^*)p(x) + f(x^*), \quad p(x) = \sum_{j=0}^{n-1} p_j(x-a)^j.$$

- **对比系数**,可以发现
$$p_{n-1} = a_n, \quad p_{j-1} = p_j(x^* - a) + a_j, \quad j = n-1 : -1 : 0.$$

与 Horner 算法比较,可以得到
$$b_n = p_{n-1}, \quad \cdots, \quad b_2 = p_1, \quad b_1 = p_0,$$

即 **Horner 算法中的 $b_1, b_2, \cdots, b_n$ 就是商多项式 $p(x)$ 的系数**.

可以通过前面的程序来验证:

```
f[x_]=1+2x+3x^2+4x^3+5x^4;
PolynomialQuotient[f[x],x-2,x]
```

结果:$64 + 31x + 14x^2 + 5x^3$.

系数 $64, 31, 14, 5$(升幂)同 Horner[p,3,1] 中的结果一致.

- 在 $f(x) = (x-x^*)p(x) + f(x^*)$ 两边关于 x 求导,得到
$$f'(x) = p(x) + (x - x^*)p'(x) \Rightarrow f'(x^*) = p(x^*),$$

这意味着 $f'(x^*)$ 就是 $p(x)$ 在 x^* 处的取值 $p(x^*)$.

- 也就是说,可通过对 $p(x)$ **再用一次 Horner 算法得到** $f(x)$ 导数值.

下面通过一道例题加深大家对 Horner 算法及其拓展的理解.

例 7 设
$$f(x) = 2 + (x-1)^2 + 2(x-1)^3 + 9(x-1)^4 + 7(x-1)^5,$$

用 Horner 算法计算 $f(3), f'(3)$.

解　$x^* = 3, a = 1, a_0 = 2, a_1 = 0, a_2 = 1, a_3 = 2, a_4 = 9, a_5 = 7$, 则

$$b_5 = a_5 = 7,$$
$$b_4 = (x^* - a) \times b_5 + a_4 = 2 \times 7 + 9 = 23,$$
$$b_3 = (x^* - a) \times b_4 + a_3 = 2 \times 23 + 2 = 48,$$
$$b_2 = (x^* - a) \times b_3 + a_2 = 2 \times 48 + 1 = 97,$$
$$b_1 = (x^* - a) \times b_2 + a_1 = 2 \times 97 + 0 = 194,$$
$$b_0 = (x^* - a) \times b_1 + a_0 = 2 \times 194 + 2 = 390.$$

根据计算, 得到 $f(3) = 390$, 且商多项式为

$$p(x) = 194 + 97(x - 1) + 48(x - 1)^2 + 23(x - 1)^3 + 7(x - 1)^4.$$

因此, $x^* = 3, a = 1, p_0 = 194, p_1 = 97, p_2 = 48, p_3 = 23, p_4 = 7$, 则

$$c_4 = p_4 = 7,$$
$$c_3 = (x^* - a) \times c_4 + p_3 = 2 \times 7 + 23 = 37,$$
$$c_2 = (x^* - a) \times c_3 + p_2 = 2 \times 37 + 48 = 122,$$
$$c_1 = (x^* - a) \times c_2 + p_1 = 2 \times 122 + 97 = 341,$$
$$c_0 = (x^* - a) \times c_1 + p_0 = 2 \times 341 + 194 = 876 = p(3) = f'(3).$$

注　本题可以通过列表的方式计算, 但**系数一定要降幂排列**. 具体如下所示:

	7	9	2	1	0	2
$x^* - a = 2$		14	46	96	194	388
	7	23	48	97	194	**390** $= f(3)$
$x^* - a = 2$		14	74	244	682	
	7	37	122	341	**876** $= f'(3)$	

继续讨论高阶导数如下:

- 如果记 $f_n(x) = f(x), f_{n-1}(x) = p(x)$, 继续用综合除法, 得到关系式
$$f_n(x) = (x - x^*) f_{n-1}(x) + f_n(x^*)$$
$$= (x - x^*)^2 f_{n-2}(x) + (x - x^*) f_{n-1}(x^*) + f_n(x^*).$$
- 求 2 阶导数得到 $f''(x^*) = 2! f_{n-2}(x^*)$.
- 重复这样的过程, 得到 $f^{(k)}(x^*) = k! f_{n-k}(x^*)$.
- 事实上, 可以得到这样一个表格:

f_0^0	f_1^0	f_2^0	f_3^0	$\cdots$	f_{n-1}^0	f_n^0
$f(x^*)$	f_1^1	f_2^1	f_3^1	$\cdots$	f_{n-1}^1	f_n^1
$f(x^*)$	$f'(x^*)$	f_2^2	f_3^2	$\cdots$	f_{n-1}^2	f_n^3
$f(x^*)$	$f'(x^*)$	$2! f''(x^*)$	f_3^3	$\cdots$	f_{n-1}^3	f_n^3
$\vdots$	$\vdots$	$\vdots$	$\vdots$	$\vdots$	$\vdots$	$\vdots$

其中, f_k^m 表示调用 m 次 Horner 算法后, 商多项式中 $(x - x^*)^{k-m}$ 的系数.

- 假如我们采用覆盖的方式编写程序,算法如下:

> **Algorithm 1**:Horner 算法的实现
>
>   **输入**:系数 $a_0,\cdots,a_n$,中心 a,目标点 x^*,k 个数值
>
>   **输出**:函数和导数值 $a_{0;k}$
>
> 1 **for** $j=0$ to k **do**
> 2   **for** $i=n-1$ to j **do**
> 3 $a_i=(x^*-a)a_{i+1}+a_i$
> 4   **end**
> 5 $a_j=a_j*j!$
> 6 **end**

最后输出 $a_{0;k}$,得到 $f(x^*),f'(x^*),f''(x^*),\cdots,f^{(k)}(x^*)$.

- 程序的 Mathematica 实现如下:

```
Horner1[p_,x_,a_,k_]:=Module[{pnew=p,xnew=x,
anew=a,knew=k},n=Length[p];For[j=1,j<=knew,j++,
For[i=n-1,i>=j,i--,
pnew[[i]]=(xnew-anew)*pnew[[i+1]]+pnew[[i]]];
pnew[[j]]=pnew[[j]]*(j-1)!];Print[pnew[[1;;knew]]]]]
```

程序的数值验证,请运行如下两条指令:

```
Horner1[{1,2,3,4,5},2,0,5]
Table[D[1+2x+3x^2+4x^3+5x^4,{x,k}]/.x->2,{k,0,4}]
```

结果都是$\{129,222,294,264,120\}$;再运行指令:

```
Horner1[{1,2,3,4,5},2,1,5]
Table[D[1+2x+3x^2+4x^3+5x^4,{x,k}]/.x->1,{k,0,4}]
```

结果都是$\{15,40,90,144,120\}$.

- 由于算法采用了覆盖的实现方式,因此**无所谓按行或者按列实现**.
- 如果考虑把函数

$$f(x)=\sum_{j=0}^{n}a_j(x-a)^j$$

变为

$$f(x)=\sum_{j=0}^{k}b_j(x-b)^j+o((x-b)^k),\quad k\leqslant n,$$

其理论答案是

$$b_j=\frac{f^{(j)}(b^*)}{j!},\quad j=0;k.$$

此问题可以通过修改前面的算法来解决,请自行完成.

数值实验 2.1 请用 Mathematica 外任何一种编程语言,如 MATLAB,C++,Fortran,Python 等实现第一个拓展算法,并通过数值算例等验证你的程序.在提交

的数值实验报告中,请给出算法的严格理论分析以及工作量分析.

(3) Horner 算法的拓展 2

- 前面的算法基于多项式的单项式基底或者平移单项式基底.
- 多项式的表示也可以用 **Newton 型基底**,具体为

$$1, \quad x - x_0, \quad (x - x_0)(x - x_1), \quad \cdots, \quad (x - x_0)(x - x_1) \cdots (x - x_{n-1}).$$

本书第 5 章中插值部分用到的 **Newton 型插值多项式**就用这组基底给出,因此有必要探讨**这种表示下的多项式求值和求导问题**.

- 设有如下形式的多项式:

$$f(x) = a_0 + \sum_{j=1}^{n} a_j (x - x_0) \cdots (x - x_{j-1}).$$

- 函数求值的 Horner 算法可以直接推广为

$$b_n = a_n,$$
$$b_k = b_{k+1}(x^* - x_k) + a_k, \quad k = n-1 : -1 : 0,$$
$$b_0 = f(x^*).$$

请验证推广的正确性.此外,程序的实现只需要简单修改下原代码即可.

- 这种表示的多项式求导数值时,也可以用前面类似的方法.为此,设

$$f(x) = (x - x^*)p(x) + f(x^*),$$

$$p(x) = s_1 + \sum_{j=2}^{n} s_j (x - x_0) \cdots (x - x_{j-2}).$$

- 对比最高次项系数得到 $s_n = a_n$.
- 把 $p(x)$ 代入,并将 $s_n(x - x^*)$ 拆分为

$$s_n(x - x_{n-1}) + s_n(x_{n-1} - x^*),$$

进而得到关系式:

$$f(x) = a_0 + \sum_{j=1}^{n} a_j (x - x_0) \cdots (x - x_{j-1})$$
$$= (x - x^*)\Big(s_1 + \sum_{j=2}^{n-1} s_j (x - x_0) \cdots (x - x_{j-2}) \Big)$$
$$+ s_n(x - x_{n-1})(x - x_0) \cdots (x - x_{n-2})$$
$$+ s_n(x_{n-1} - x^*)(x - x_0) \cdots (x - x_{n-2}) + f(x^*),$$

利用 $s_n = a_n$,两边先消去 $s_n(x - x_0) \cdots (x - x_{n-2})(x - x_{n-1})$ 的项,再次对比最高次项系数得

$$a_{n-1} = s_n \times (x_{n-1} - x^*) + s_{n-1}, \quad s_{n-1} = s_n \times (x^* - x_{n-1}) + a_{n-1}.$$

这个过程继续下去,最终,**商多项式 $p(x)$ 在这组基底下的系数还是**

$$b_1, \quad b_2, \quad \cdots, \quad b_n.$$

- 同样,$f'(x^*) = p(x^*)$,即计算导数值需要两次 Horner 过程.

● **区别**:第一次 Horner 过程参与的节点组是

$$x_0, \quad x_1, \quad \cdots, \quad x_{n-1},$$

第二次则是

$$x_0, \quad x_1, \quad \cdots, \quad x_{n-2}.$$

例 8 利用 Horner 算法计算

$$f(x) = 1 + 9(x-1) + 8(x-1)(x-2) + 4(x-1)(x-2)(x-3)$$

在 -1 处的函数值和导数值.

解 将 $f(x)$ 改写为

$$f(x) = 1 + (x-1)(9 + (x-2)(8 + 4(x-3))),$$

设 $x_0 = 1, x_1 = 2, x_2 = 3, a_0 = 1, a_1 = 9, a_2 = 8, a_3 = 4$,则

$$b_3 = a_3 = 4,$$
$$b_2 = (x - x_2) \times b_3 + a_2 = (-1 - 3) \times 4 + 8 = -8,$$
$$b_1 = (x - x_1) \times b_2 + a_1 = (-1 - 2) \times (-8) + 9 = 33,$$
$$b_0 = (x - x_0) \times b_1 + a_0 = (-1 - 1) \times 33 + 1 = -65,$$

则 $f(-1) = -65$,且

$$p(x) = 33 - 8(x-1) + 4(x-1)(x-2).$$

而求导数时要用的数据为

$$x_0 = 1, \quad x_1 = 2, \quad a_0 = 33, \quad a_1 = -8, \quad a_2 = 4,$$

则

$$b_2 = a_2 = 4,$$
$$b_1 = (x - x_1) \times b_2 + a_1 = (-1 - 2) \times 4 - 8 = -20,$$
$$b_0 = (x - x_0) \times b_1 + a_0 = (-1 - 1) \times (-20) + 33 = 73,$$

最后得到 $f'(-1) = p(-1) = 73$.

注 考虑**更高阶导数**时,可以采用类似的方案.最终的算法是

$$a_i = (x^* - x_{i-j}) a_{i+1} + a_i, \quad i = n-1 : -1 : j,$$
$$a_j = a_j \times j!, \quad j = 0 : k.$$

算法输出 $a_{0,k}$,得到 $f(x^*), f'(x^*), f''(x^*), \cdots$.

这样就**解决了 Newton 型插值多项式的求值和求导数值问题**.

数值实验 2.2 请补充完整第 2 个拓展中关于商多项式的证明,并实现算法;给出一些 Newton 型多项式(需要提供节点组和系数),验证程序的正确性;分析用直接方法进行 Newton 型多项式的相应计算所需的工作量以及这种方法需要的工作量,并通过程序验证你的论断.

不限定编程语言,MATLAB,Mathematica,C++,Fortran,Python 等均可.

5) 分而治之(Divide-and-Conquer)

对**大规模问题**进行数值求解,**分而治之**都是一个值得尝试的策略.

- 其思想是将一个高维问题**分解**为几个低维子问题,然后每个子问题再分解为若干个更低维的子问题,**直到得到一系列容易求解的低维问题**.
- 得到低维问题的解后,把结果**按照层次进行反推**,就得到了原问题的解.

分而治之是一种**先分后合**的方法,它的一个著名例子是**快速排序法**.下面,我们通过一个更简单的例子来说明这种方法.例子如下:

- 求和问题 $s = \sum_{i=1}^{n} a_i$ 的**通常做法**是

$$s_0 = 0, \quad s_i = s_{i-1} + a_i, \quad i = 1:n.$$

- 另一个方法如图 2.8 所示,其中 $s_{i,j} = a_i + \cdots + a_j$(选取 $n = 8$ 为例).

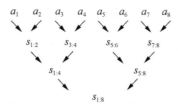

图 2.8　分而治之示例

- 这个方法可以将 $n = 2^k$ 个数的求和问题通过 k 次分解解决.
- 两种方法需要进行相同数目的加法运算,但后者的优势在于它**可并行化**.
- 此外,对于大规模问题来说,第二种求和**很有可能比传统方法更为精确**.
- 算法的一种表示方式如下:
  - sum $=$ sum(i,j);
  - if $j = i + 1$ then sum $= a_i + a_j$;
  - else $k = [(i+j)/2]$; sum $=$ sum$(i,k) + s(k+1,j)$;end.

请读者编写程序实现该算法,并同直接计算方法进行比对.

2.4.2　关于数值计算的建议

接下来,我们给出一些关于数值计算的建议.也许,你并不需要严格遵循它们,但遵循它们会给你带来降低风险的可能.

我们给出如下的**几个原则**:

1) 原则 1:避免相邻的数相减

两个相邻的数相减会引发(过度)抵消现象,其直接后果是导致有效数字丢失,从而影响数据的准确性.除前面的例子外,一个重要的例子来自于方程求根.

- 求解一元二次方程 $ax^2 + bx + c = 0(a \neq 0)$ 时,一个教科书式的方法是

$$x_{1,2} = \frac{-b \pm \sqrt{b^2 - 4ac}}{2a}.$$

- 但进行数值计算时,比如对方程 $x^2 - 56x + 1 = 0$,我们得到

$$x_1 = 28 + \sqrt{783} \approx 28 + 27.982 = 55.982 \pm \frac{1}{2} \times 10^{-3},$$

$$x_2 = 28 - \sqrt{783} \approx 28 - 27.982 = 0.018 \pm \frac{1}{2} \times 10^{-3}.$$

尽管开根号时采用了 5 位有效数字，但**第 2 个根只有 2 位有效数字**. 相反地，第 1 个根的相对误差则不超过 10^{-5}.

- 抵消带来的不精确在数值计算中很常见.
- 实际的计算中，**一定要主动避免抵消的发生**. 比如对 x_2 采用

$$x_2 = 28 - \sqrt{783} = \frac{1}{28 + \sqrt{783}} \approx \frac{1}{55.982} = 0.0178629 \pm 0.0000002,$$

效果就好得多，这个结果具有 5 位有效数字.

要减少抵消的发生，从算法层面上说，很多时候要**依赖于数学公式的变形或者某种近似**. 比如当 $|x|$ 很小时，可以进行如下变形：

$$\frac{1 - \cos x}{\sin x} = \frac{\sin x}{1 + \cos x} = \tan \frac{x}{2};$$

也可以考虑如下的近似：

$$x - \sin x = \frac{x^3}{3!} - \frac{x^5}{5!} + \frac{x^7}{7!} + \cdots \approx \frac{x^3}{6}\left(1 - \frac{x^2}{20}\left(1 - \frac{x^2}{42}\right)\right).$$

用 $\frac{x^3}{6}\left(1 - \frac{x^2}{20}\left(1 - \frac{x^2}{42}\right)\right)$ 代替 $x - \sin x$，4 位十进制系统**模拟结果**如下：

$x = 0.1234$,

$x - \sin x = 0.0003129417886237329$ （目标精确值），

$\sin x = 0.1231$ （4 位有效数字结果），

$x - \sin x = 0.0003$ （目标近似结果），

$e = 0.129 \cdot 10^{-4}$ （直接计算的绝对误差），

$y = \frac{x^3}{6}\left(1 - \frac{x^2}{20}\left(1 - \frac{x^2}{42}\right)\right) = 0.0003129$ （近似多项式计算结果），

$e(y) = 0.4 \cdot 10^{-7}$ （近似多项式的绝对误差）.

实际计算时精度还会更高.

2）原则 2：避免小数做除数

理论解释：从除法的误差公式

$$e\left(\frac{x_1}{x_2}\right) \approx \frac{1}{x_2}e(x_1) - \frac{x_1}{x_2^2}e(x_2)$$

可以看出，当 x_2 很小，而 x_1 是一个相对适中或者较大的数时，x_2 的误差将会被除法运算放大. 实际中，我们应该尽可能避免类似的除法运算.

例如，采用 4 位十进制系统求解方程组：

$$0.00001x_1 + x_2 = 1,$$
$$2x_1 + x_2 = 2.$$

- 若用消去第 2 个方程中 x_1 的系数的办法,则结果严重失真.
- 首先将方程组用 4 位十进制改写为

$$10^{-4} \cdot 0.1000x_1 + 10^1 \cdot 0.1000x_2 = 10^1 \cdot 0.1000,$$
$$10^1 \cdot 0.2000x_1 + 10^1 \cdot 0.1000x_2 = 10^1 \cdot 0.2000.$$

- 如果用 $\frac{1}{2}(10^{-4} \cdot 0.1000)$ 去除第 1 个方程,消去后得到

$$10^{-4} \cdot 0.1000x_1 + 10^1 \cdot 0.1000x_2 = 10^1 \cdot 0.1000,$$
$$10^6 \cdot 0.2000x_2 = 10^6 \cdot 0.2000.$$

- 求解这个系统得到 $x_1 = 0, x_2 = 1$,这同真实解

$$x_1 = 0.5000025, \quad x_2 = 0.999994999975 \approx 1.0$$

相去甚远.

- 反过来,如果消去第 1 个方程中 x_1 的系数,则得到较好的近似:

$$x_1 = 0.5, \quad x_2 = 1.$$

这个结果请读者仿照前面自行验证.

虽然这是一个极端的例子,但由于数值计算往往会牵涉大量的运算,如果能够避免小数做除数的发生,必然会**对提升算法的精确性有所帮助**.

3) 原则 3:避免大数吃小数

前面已经介绍过浮点数加法的运算方式,里面提到了**大数吃小数**的情况.

再看一个更为复杂的例子:在 5 位十进制机器上计算

$$A = 52492 + \sum_{i=1}^{1000} \delta_i, \quad 0.1 < \delta_i \leqslant 0.4.$$

- 如果从前往后逐次做加法,得到结果为 0.52492×10^5;
- 如果先做后面的求和,效果会好很多.

关于大数吃小数,另一个**著名的例子**是调和级数:

$$\sum_{n=1}^{\infty} \frac{1}{n} \approx \ln n + \gamma = +\infty, \quad \gamma \approx 0.577216(称为欧拉常数).$$

这个级数在数学上毫无疑问是发散的.但如果你在计算机上实现算法:

$$s_1 = 1, \quad s_n = s_{n-1} + \frac{1}{n}, \quad n = 2, 3, \cdots,$$

你甚至得不到一个超过 100 的数.不建议大家直接实现它,因为太耗时.

但还是可以借助 Mathematica 进行如下研究:

- 首先借助 Mathematica 的函数计算出来一个近似值:

```
s1=NSum[1.0/k,{k,1,2.82* 10^14}]=33.85014385153264.
```

NSum 经过优化,可以很快给出数值结果.请忽略 2.82×10^{14} 的来源问题,实际上,它可以通过对浮点系统舍入机制分析后估算得到.

- 接下来运行指令:

```
nums[n_]:=Module[{s=s1,i},
Do[s=s+1.0/i,{i,2.82*10^14+1,n}];s]
result=Table[nums[i],
{i,2.82*10^14+1,2.82*10^14+10}];
result//InputForm
```

- 得到的结果为

$$\{33.85014385153264, 33.85014385153264, \cdots, 33.85014385153264\}.$$

对比前面 s_1 的值,发现结果没有任何改变.难道程序出了问题?

- 如果把初值只设定到 10^{14},修改后运行程序,结果是改变的.
- 因此前面的数值实验中,不是程序出错了,而是**和确实不再增加了**.

这是一个很有意思的例子,它揭示了**数学计算和数值计算的巨大差别**.

4)原则 4:避免上溢和下溢

我们已经知道,存在一个最大的正浮点数,也存在一个最小的正浮点数.

- 如果要表示的正数超过了最大的正浮点数,会发生**上溢(overflow)**.
- 如果要表示的正数小于最小的正浮点数,会发生**下溢(underflow)**.
- 下溢带来的危害通常会小一些.但不管怎样,都要尽可能地避免上下溢.

比如,对

$$c = \sqrt{a^2 + b^2}$$

来说,如果直接计算,那么平方带来的上下溢风险就会影响计算的精确度.

一个**改进方案**:

- 如果 $a = b = 0$,则 $c = 0$;
- 否则,令 $p = \max\{|a|, |b|\}, q = \min\{|a|, |b|\}$;
- 计算

$$\rho = \frac{q}{p}, \quad c = p\sqrt{1 + \rho^2}.$$

再比如,考虑**复数的除法运算**:

$$\frac{a + \mathrm{i}b}{c + \mathrm{i}d} = \frac{ac + bd}{c^2 + d^2} + \mathrm{i}\frac{bc - ad}{c^2 + d^2},$$

我们也不建议大家使用这个公式.

事实上,为了避免上溢,如果 $|c| > |d|$,应该使用

$$\frac{a + \mathrm{i}b}{c + \mathrm{i}d} = \frac{a + be}{r} + \mathrm{i}\frac{b - ae}{r}, \quad \text{其中 } e = \frac{d}{c}, r = c + de.$$

更多的例子请参考 *What Every Computer Scientist Should Know About Floating-Point Arithmetic* 一文.我们强烈建议大家阅读一下它.

5）原则 5：简化运算，减少计算次数

减少计算工作量可以使算法的效率得到提升，同时也可能降低舍入误差对计算结果造成的伤害.前面介绍的 Horner 算法就是非常典型的例子.

在矩阵计算时，我们更要注意选择合适的方案以求减少计算量.例如：

设 $A \in \mathbf{R}^{m \times p}$，$B \in \mathbf{R}^{p \times n}$，$C \in \mathbf{R}^{n \times q}$，考虑计算 $D = ABC \in \mathbf{R}^{m \times q}$.

- $(AB)C$ 需要 $mn(p+q)$ 次乘法运算.
- $A(BC)$ 需要 $pq(m+n)$ 次乘法运算.
- 这种差别可能是巨大的！
- 如果 A，B 是方阵，x 是 n 维列向量.
- $(AB)x$ 需要 $n^2(n+1) = n^3 + n^2$ 次乘法运算.
- 而 $A(Bx)$ 只需 $2n^2$ 次乘法运算.
- 当 $n \gg 1$ 时，这种差别非常明显.

类似的例子还有很多.事实上，

数值计算的目的之一就是用更少的代价做更好的事情！

对实际的问题，如果某一个方法能够简化运算，减少运算次数，请使用它，除非它有更致命的风险.

6）原则 6：不要忽略舍入误差的影响

最后提醒一下大家：为简单起见，常见算法的误差分析都忽略掉了舍入误差的影响，但在实际的运算中，舍入误差的影响是不可低估的.

前面已经讨论过有限差分近似，且已经知道用

$$\frac{f(x+h) - f(x)}{h}$$

代替 $f'(x)$ 的误差限是 $\dfrac{Mh}{2}$，其中 M 是 $f(x)$ 的 2 阶导数在 x 附近的一个界.

再多做如下一点分析：

- 假设函数值的计算也是有误差的，误差限设为 ε，则差分公式的误差为

$$\left| e\left(\frac{f(x+h) - f(x)}{h} \right) \right| \leqslant \frac{2\varepsilon}{h}.$$

- 总的误差就不超过

$$e = \frac{Mh}{2} + \frac{2\varepsilon}{h}.$$

- 误差限的前半部分随 h 的减小而减小，但后半部分随之增加，且

$$\frac{\mathrm{d}e}{\mathrm{d}h} = \frac{M}{2} - \frac{2\varepsilon}{h^2},$$

容易验证 $h = 2\sqrt{\dfrac{\varepsilon}{M}}$ 时 e 最小.

数值验证:考虑 $y = \arctan x$,求其在 $x = \sqrt{2}$ 处的导数.

运行如下 Mathematica 程序:

```
x=.(*方便大家修改函数 *)
f[x_]:=ArcTan[x];
df[x_]=D[f[x],x];
x=Sqrt[2];(*可修改 *)
h=Table[10^(-i),{i,1,14}];
a=1.0/h;
b=f[x+h]-f[x]//N;
err=a*b-df[x];
data=Transpose[{Log10[h],Abs[err]}];
ListLogPlot[data,
Joined->True,
AxesOrigin->{-14,0},
Mesh->All,PlotStyle->Black,
Frame->True,AspectRatio->1/2]
```

程序的输出图形如图 2.9 所示:

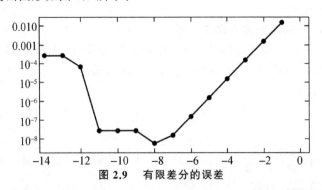

图 2.9   有限差分的误差

该图形中横轴数据 -12 对应 $h = 10^{-12}$,其它类似.由图形可知误差在 $h = 10^{-8}$ 时最小,然后随着 h 的减小反而开始增加.要想获取更多细节,请直接研究程序中的数据.

最后指出的是,一个好的数值算法既要有理论上的保证(收敛性、稳定性等),还要在实际中有好的效果,经受得起舍入误差的检验.即

理论和实际相结合,我们才能评判一个算法的优劣!

2.5 习题

1. 已知积分 $\int_0^1 \dfrac{\sin x}{x} \mathrm{d}x$ 的精确值为 0.946083070367183，现在通过

$$\int_0^1 \frac{\sin x}{x} \mathrm{d}x \approx \int_0^1 \left(1 - \frac{x^2}{6} + \frac{x^4}{120} - \frac{x^6}{5040}\right) \mathrm{d}x$$

计算积分的近似值.请指出计算过程中都会出现哪种类型的误差,完成计算并分析结果具有几位有效数字.

2. 设 $a = 3.65, b = 0.120, c = 54.7$ 均是 3 位有效数,试计算 $a + bc$ 的值,分析结果具有几位有效数字并估算相对误差限.

3. 设 $x = 2.430, y = 0.09612$ 均具有 4 位有效数字,给定函数

$$z = \sqrt{xy} + \sin(x + y),$$

试分析计算 z 的绝对误差限、相对误差限和有效数字.

4. 设 $y = \ln x$,若 $x > 0$ 且具有相对误差限 δ,试计算 y 的相对误差限.

5. 使用 $S = 4\pi R^2$ 计算某一近似球体的表面积,这一过程中出现的误差都有哪些?要使 S 的相对误差不超过 1%,R 允许的相对误差是多少?

6. 当 x 接近于 0 时,下列各式如何计算才会比较准确?

(1) $\dfrac{1}{x} - \dfrac{\cos x}{x}$;　　　　　　　　(2) $\dfrac{1 - x}{1 + x} - \dfrac{1}{3x + 1}$;

(3) $\sqrt{\dfrac{1}{x} + x} - \sqrt{\dfrac{1}{x} - x}$;　　　　(4) $\tan x - \sin x$.

7. 试求当 $x = 0.001$ 时函数

$$y = \frac{1 + x - \mathrm{e}^x}{x^2}$$

的近似值 y^*,要求结果具有 6 位有效数字.

8. 推导出求积分

$$I_n = \int_0^1 \frac{x^n}{10 + x^2} \mathrm{d}x, \quad n = 0, 1, \cdots, 10$$

的递推公式,并分析这个计算过程是否稳定.如果不稳定,试构造一个稳定的递归公式.如果需要初值,请给出初值的解决方案.

9. 设序列 $\{y_n\}$ 满足递推关系:

$$\begin{cases} y_n = 5y_{n-1} - 5, & n = 1, 2, \cdots, \\ y_0 = 1.732, \end{cases}$$

若 y_0 是有效数,试估计 y_{10} 的绝对误差限和相对误差限.

10. 设 $f(x)=1+2x+3x^2+5x^4+6x^7$,用 Horner 算法求 $f(-1),f'(-1)$.

11. 设 $f(x)=1+3(x-2)+4(x-2)(x-1)+5(x-2)(x-1)(x-7)$,用 Horner 算法求 $f(-1),f'(-1)$.

12. (上机题目)计算 ln2 的近似值,有如下 3 种方法:

(1) 将 $\ln(1+x)$ 在 $x=0$ 处进行 Taylor 展开到第 11 项,令 $x=1$;

(2) 将 $-\ln(1+x)$ 在 $x=0$ 处进行 Taylor 展开到第 11 项,令 $x=-\dfrac{1}{2}$;

(3) 将 $\ln\left(\dfrac{1+x}{1-x}\right)$ 在 $x=0$ 处进行 Taylor 展开到第 11 项,令 $x=\dfrac{1}{3}$.

要求:比较上述 3 种方法的计算精度,并**给出你的解释**.对于后两种方法,编写一段循环程序,使用累加和的方法求出 ln2 的近似值,**循环结束的条件**是累加和不再变化.请使用**双精度**进行计算,统计累加次数并比较精度.

3 非线性方程求根

这一章将探讨非线性方程数值求根的方法.方程(组)求根是一个古老的课题,我们暂且不考虑更容易求解的线性方程组,而是直接对非线性方程(组)展开讨论,内容涉及根的搜索、二分法、简单迭代法、迭代方法的加速、牛顿法等,还包括算法的收敛性分析、收敛速度分析以及向后误差分析.本章最后,将介绍如何借助数学软件进行方程(组)求根.

3.1 非线性问题

3.1.1 非线性

自然界中存在着线性的关系,但更多的是非线性的关系.很多时候,我们谈论的**线性关系其实是对实际状况的一种简化**.如中学物理中学到的方程:

$$pV = nRT,$$

这一方程被称为理想气体状态方程.它只是**对实际现象的一种粗略近似,因为它忽略掉了一些重要的物理效应**,如气体分子的大小、分子间的引力等.只有在特定的条件下这一方程才会成立,此时压强和温度之间具有线性关系.如果考虑更真实的状况,应选择 van der Waals 状态方程:

$$\left(p + \frac{n^2 a}{V^2}\right)(V - nb) = nRT,$$

这是一个非线性关系的方程.当我们在物理上考虑得越多,得到的关系式(方程)的非线性程度就会越高.另外,即使在 $pV = nRT$ 中,变量 p 与 V 的关系也是非线性的.可以说,**非线性是自然界更深刻的一种表现形式**.

3.1.2 非线性关系的一般表述方式

我们在谈论线性关系时,通常都会用矩阵语言给出关系式 $Ax = b$.在表述非线性关系时可以用类似的方法,我们将非线性关系写成

$$f(x) = y, \quad x \in \mathbf{R}^n, \quad y \in \mathbf{R}^m, \quad f: \mathbf{R}^n \mapsto \mathbf{R}^m.$$

这是非线性关系的一般表述方式,其中 f 是一个向量值函数.

关于非线性问题,实际上有两种:

- 给定 f 和 x,计算 y,这是**函数求值问题**;

- 给定 f 和 y，计算 x，这是**方程求根问题**.

函数求值问题在第 2 章已经简单讨论过，现在来看方程求根问题.

- 如果 $m > n$，即方程的个数多于未知数的个数，系统被称为**超定系统**.超定系统可能没有根.处理这种问题，通常会求某种最优解.如求使得

$$\| y - f(x) \|_2$$

最小的 x，这是一个优化类问题.

- 如果 $m < n$，即方程的个数少于未知数的个数，系统被称为**欠定系统**.方程通常会有无穷多个解.选取解时，通常会求某种约束下的最优解.如求解

$$\min_{x : f(x) = y} \| x \|,$$

这也是一个优化类问题.

- 如果 $m = n$，这是我们这一章要考虑的问题.对于方程求根问题，严格来说应该研究方程组求根，为方便起见，先研究 $m = n = 1$ 的情形.一维问题的很多求根格式可以平移到高维问题中，这也是我们先考虑这种情况的原因.

3.1.3 求值问题再述

给定 f 和 x，求 $y = f(x)$ 的值，数学上来说，这是一个很简单的问题.但是，**对计算机来说，这个问题并不平凡**.同时，由于很多算法都要进行大量的求值运算，这就对求值提出了更高的要求.也就是说，求值运算在**计算速度和计算精度**上都比一般问题的要求要高.

如果 f 是可微的，前面已经得到了一个近似关系：

$$\frac{\Delta y}{y} \approx \frac{x f'(x)}{f(x)} \cdot \frac{\Delta x}{x},$$

即在函数求值问题中，条件数 $K_{rel} \approx \left| \dfrac{x f'(x)}{f(x)} \right|$.

我们看几个具体的例子：

- 考虑 $y = e^x$，$K_{rel} \approx | x |$，仅当 $| x |$ 很大时，$y = e^x$ 的条件性才会变坏.
- 考虑 $y = \ln x$，它的条件数为

$$K_{rel} \approx \left| \frac{1}{\ln x} \right|,$$

当 x 接近于 1 时，条件数很大，此时求值是一个坏问题.

- 为解决上述函数在 $x = 1$ 附近计算的条件性问题，考虑函数 $y = \ln(1+x)$，x 接近于 0 时的计算同上述问题等价.计算一下它的条件数为

$$K_{rel} \approx \left| \frac{x}{(1+x)\ln(1+x)} \right|,$$

从形式上来说，这是一个待定型.但**当 $x \to 0$ 时，条件数接近于 1**.即若采用这个函数

计算 $x \to 0, 1 + x \to 1$ 时的值, 精度会远超上一个.

- 考虑 $y = \sqrt{x}$, $K_{\mathrm{rel}} \approx 1/2$, 它在任意点处的条件性都很好.
- 考虑 $y = \sin wx$, 它的条件数为

$$K_{\mathrm{rel}} \approx \left| \frac{wx \cos wx}{\sin wx} \right|,$$

在 0 处, 函数的条件性很好, 但在 $\pm \pi, \pm 2\pi, \cdots$ 处, 函数的条件性很糟糕.

通过这些例子可以看出, 函数求值时进行适当的条件性分析是很有必要的. 同时, 一些计算策略的改变甚至会大幅改变问题的条件性. 最后要指出的一点是, **对于复值函数, 情况会更复杂:**

$$w = f(z), \quad w = u(x, y) + \mathrm{i}v(x, y),$$

这两种复值函数的常见表示方式的实际计算效果可能有很大的差别.

3.1.4　求根问题的解

简单说一下求根问题的解. 对于求根问题, 我们总是期望其**解是存在的、唯一的**. 然而, 对非线性问题来说, 事情要复杂得多.

1) 解的存在性

对线性方程组 $Ax = b$ 来说, 通过对

$$A, \quad (A, b)$$

的秩进行分析, 其解的存在与否以及解的个数都是一清二楚的.

但对非线性问题来说, 我们很难分析方程组解的存在性, 甚至仅有很少的数学定理可以提供帮助.

在一维问题中, 可使用**零点定理或介值定理**来分析根的存在性. 定理表明: 若

$$f \in C[a, b], \quad f(a) \cdot f(b) < 0,$$

则 $[a, b]$ 是一个有根区间. **但是**

- 这只能保证有根区间内至少有一个根, 区间内可能会有多个根;
- 定理充分非必要, 当端点值的符号相同时, 区间内会不会有根无从可知;
- 理论上该方法可以推广到高维, 但通常而言, 这是不切实际的.

除了零点定理, 我们可以利用的工具还有

- **隐函数存在定理**. 但这个定理是局部化的, 不是全局化的判别工具.
- **压缩映射原理**. 该定理在后续探讨简单迭代法时再介绍.

除此之外, 很难再有合适的判别定理. 所以说, 在进行非线性方程求解时, 都是在特定的条件下进行求解, 尽可能避免对解存在性的分析.

2) 解的数目

对于线性问题 $Ax = b$ 来说, 它的解只有不存在、唯一、无穷多这三种可能. 对非线性问题来说, **解的个数只能说依赖于具体的问题**. 而事实上, 非线性问题解的数

目遍布于 $0,1,2,\cdots$.

关于解的数目,研究如下几个例子:

- $e^x + 1 = 0$,方程没有实根;
- $e^{-x} - x = 0$,方程有 1 个实根;
- $x^2 - 4\sin x = 0$,方程有 2 个实根;
- $x^3 + 6x^2 + 11x + 6 = 0$,方程有 3 个实根;
- $\sin x = 0$,方程有无穷多个实根.

因此,我们只能具体问题具体分析.可以说,非线性方程求根问题更依赖于具体的方程.

3) 解的重数

非线性方程求根**困难**并不仅限于解的存在性判别以及解的个数判别方面.除这些困难外,重根也是导致其求解困难的重要因素之一.

后面的分析表明,**重根会影响迭代算法的收敛速度**.

若 $f(x) = (x - x^*)^m g(x), g(x^*) \neq 0, m \in \mathbf{N}_+$ 成立,则

- 如果 $m = 1$, x^* 称为 $f(x)$ 的单根;
- 如果 $m \geqslant 2$, x^* 称为 $f(x)$ 的 m 重根.

单根的判别依据是 $f(x^*) = 0, f'(x^*) \neq 0$.

m 重根则通过下面方法判别:

$$f(x^*) = f'(x^*) = \cdots = f^{(m-1)}(x^*) = 0, \quad f^{(m)}(x^*) \neq 0.$$

例如:

- 0 是 $f(x) = \sin x$ 的单根,因为

$$f(x) = \sin x, \quad f'(x) = \cos x, \quad f(0) = 0, \quad f'(0) = 1.$$

- 0 是 $g(x) = x\sin x$ 的二重根,因为

$$g(x) = x\sin x, \quad g'(x) = \sin x + x\cos x, \quad g''(x) = 2\cos x - x\sin x,$$
$$g(0) = 0, \quad g'(0) = 0, \quad g''(0) = 2.$$

3.1.5　求根问题的条件性

1) 几何图示

在给出理论分析之前,先给出求根条件性的直观解释(如图 3.1 所示).

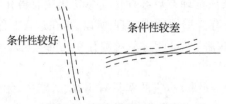

图 3.1　求根问题的条件性

几点说明如下:

- 对求根问题来说,**输入是函数** f,输出是根 x,满足 $f(x)=0$.
- 输入数据有一个小幅变化,输出数据也小幅变化的情况对应**好问题**,反之就对应**坏问题**.
- 直观来说,当曲线比较的"**陡**"时,求根问题**条件性比较好**;而曲线过于"**平**"时,求根问题条件性比较差.

2) 理论分析

为分析方便起见,考虑方程 $f(x)=y$,并假设 y 或者 f 发生了一点变化.

- 不妨假设 $y=0$,且具有改变 Δy,则

$$0+\Delta y=f(x+\Delta x)=f(x)+f'(x)\Delta x+o(\Delta x),$$

得到

$$\Delta y\approx f'(x)\Delta x,\quad \Delta x\approx \frac{1}{f'(x)}\Delta y.$$

因此,**绝对条件数**是

$$K_{abs}\approx \left|\frac{1}{f'(x)}\right|,$$

且当 $f'(x)$ 接近于 0 时,条件数很大;当 $f'(x)$ 很大时,条件数则比较小.这与前面的几何分析是一致的.

如果 x 不为 0,则

$$\frac{\Delta x}{x}\approx \frac{1}{xf'(x)}\Delta y,$$

由于 y 是 0,相对条件数没有意义.但可以得到一个**混合型条件数**:

$$K_{mix}\approx \left|\frac{1}{xf'(x)}\right|.$$

- f 变化时略微复杂,我们通过一个例子来看.考虑多项式

$$f(x)=\sum_{k=0}^{n}c_k x^k,$$

假设系数

$$c_k\rightarrow c_k(1+\delta_k),\quad |\delta_k|\leqslant \varepsilon,$$

同时多项式的单根 r 变为 $r+\Delta r$,则

$$0=(f+\Delta f)(r+\Delta r)=f(r)+\Delta f(r)+f'(r)\Delta r+\cdots,$$

利用 $f(r)=0$ 并丢掉高阶项,解得

$$\Delta r\approx -\frac{\Delta f(r)}{f'(r)},$$

$$\left|\frac{\Delta r}{r}\right|\approx \left|-\frac{\Delta f(r)}{rf'(r)}\right|=\frac{\left|\sum_{k=0}^{n}c_k\delta_k r^k\right|}{|rf'(r)|}\leqslant \frac{B(r)\varepsilon}{|rf'(r)|},$$

其中 $B(r) = \sum_{k=0}^{n} |c_k| \cdot r^k$. 也就是说相对条件数为 $K_{rel} \approx \dfrac{B(r)}{|rf'(r)|}$.

以上就是关于求根问题条件性(数)的一点理论分析. 细心的读者会发现:**求根和求值的条件数大致呈现互为倒数的关系**.

3) 余量分析(向后误差分析)

对于求根问题来说, 余量分析是非常有必要的. 当求得一个近似根 x^* 时, 观察 $f(x^*)$ 同 0 的关系有助于判断结果是否可以接受.

简单重复一下前面介绍的余量分析. 我们将 $f(x^*) = r$ 称为**余量**, 其中 x^* 是

$$g(x^*) = f(x^*) - r$$

的**精确解**, g 视为 f 的扰动. **余量** r 是 $f(x) = 0$ 的**一种向后误差分析**. 如果余量比较小, 则近似解 x^* 是原问题一个轻微扰动问题 $g = 0$ 的精确解. **向后误差分析就是如此简单**. 但是, 一个相关的问题为

根的改变量 $\Delta x = x - x^*$ 同余量 r 之间的关系如何?

利用 Taylor 展开, 有

$$0 = f(x) \approx f(x^*) + f'(x^*)(x - x^*),$$

得到

$$x - x^* \approx -\frac{f(x^*)}{f'(x^*)} = -\frac{r}{f'(x^*)}.$$

根据求根问题的绝对条件数得到

$$K_{abs} \approx \left| \frac{1}{f'(x)} \right|, \quad |\Delta x| \approx K_{abs} \cdot r.$$

如果 x^* 是迭代的结果, 即 $x^* = x_n$, 则

$$\Delta x = x - x^* \approx -\frac{f(x_n)}{f'(x_n)},$$

利用误差修正的思想, 那么

$$x_{n+1} = x_n - \frac{f(x_n)}{f'(x_n)}$$

作为 x 的近似值可能会改善根的精度, 这也是牛顿法的一种解释.

继续考虑相对误差, 则得到

$$\frac{\Delta x}{x} \approx \frac{\Delta x}{x^*} \approx \frac{1}{x^* f'(x^*)}(-r).$$

由于**余量很容易被改变**, 如 $f(x) = 0$ 与 $k \cdot f(x) = 0$ 同解, 但余量却不同, 因此转而考察**相对余量**, 得到

$$\left| \frac{\Delta x}{x} \right| \approx \left| \frac{1}{x^* f'(x^*)} \cdot \left(-\frac{r}{\|f\|} \right) \right| \approx \left| K_{rel} \cdot \left(-\frac{r}{\|f\|} \right) \right|,$$

其中 $\|f\|$ 是函数 f 的某种范数. 简单来说, 范数是对 f 大小的一个整体衡量.

这样，就得到了当 f 扰动时**求根问题的相对条件数**：

$$K_{rel} \approx \frac{\|f\|}{|x^* f'(x^*)|}.$$

可以说，这个条件数在形式上同函数求值的条件数呈倒数关系，但并不真的是倒数.它联系了根的相对误差和余量的相对误差.

4）解是否满意的判别

得到一个近似解 x^* 以后，**如何判断近似解是否满意？** 你可能

- 期望 $r = f(x^*)$ 足够小（余量足够小）；
- 期望 $\Delta x = x - x^*$ 足够小（向前误差足够小）.

这两种判别准则不一定同时成立，而是依赖于问题的条件性（即问题的"好坏"）.

- 对于病态问题，x^* 不接近真实解，余量也可能很小.
- 只有对于良态问题，小的余量（相对余量）才与解的接近程度保持一致.此时，如果余量小，近似解同真实解的接近程度也很好.

3.2 根的搜索

3.2.1 数值求解的一般过程

从流程上来说，数值求解一般分为两个过程：

- **确定根的大概位置**，这一过程通常被称为**根的搜索**；
- **将结果精细化**，这一过程通常都通过**迭代**来完成.

尽管方程求根的关键过程由迭代来完成，但**根的搜索这一操作依然具有重要的现实意义**.如果迭代算法的初始猜测值离真实解过远，它**可能会对算法的收敛状况产生影响**，有时会导致算法无法收敛或收敛到非目标根等.

3.2.2 根的搜索

根的搜索有一些粗略的处理方案，如作图法、分析法、近似方程法等；也有一些相对精细一点的处理方案，如定步长搜索法、二分法（the Bisection Method）、试值法（the Method of False Position）等.我们先简介几个粗略的方案.

1）作图法

例如在研究行星轨道时，要求解开普勒（Kepler）方程：

$$x - a\sin x = b, \quad \text{其中 } a, b \text{ 是任意常数.}$$

所谓**作图法**，你可以画出 $y = x - a\sin x - b$ 的图形，观察零点的位置；你也可以画图观察 $y = x$ 与 $y = a\sin x + b$ 交点的位置.如果要求解的方程可以通过这种方式来处理，借助数学软件，解的初值可以猜得相当精确.

比如对开普勒方程取 $a=2,b=3$,运行:

```
Plot[{x,2Sin[x]+3},{x,-2Pi,2Pi},AspectRatio->1/2,
PlotStyle->{Red,Black},PlotRange->{-2,6},
AxesStyle->Thick,Frame->True]
```

得到如图 3.2 所示图形:

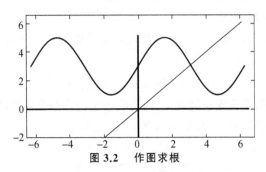

图 3.2   作图求根

从图形上可以看出根在 3 附近,而真实的根大概是 3.09438.

2) 分析法

分析法是借助**高等数学**中学到的知识,利用单调性、零点定理等分析方程根的个数以及根所在的范围.

例 1   分析方程 $x^3-2x^2+x+1=0$ 有几个实根.

解   令 $f(x)=x^3-2x^2+x+1$,则
$$f'(x)=(3x-1)(x-1),$$
于是 $f(x)$ 在 $(-\infty,1/3)$ 内单调增加,在 $[1/3,1]$ 上单调减少,在 $(1,+\infty)$ 内单调增加.又根据
$$f(-\infty)=-\infty,\quad f(1/3)>0,\quad f(1)>0,\quad f(+\infty)=+\infty,$$
知 $f(x)$ 在 $(-\infty,1/3)$ 内有唯一的实根.

如果取 $f(-1)=-3<0,f(0)=1>0$,有根区间又可缩小为 $(-1,0)$.

注   当然了,只有极少的方程可以通过分析法得到根的大概范围.

3) 近似方程法

近似方程法是一种**简化方程**的方法.比如方程中有一些变化很小的项,这些项在确定根的大概范围时可以暂时忽略掉.考虑方程:
$$x-2\sin x+0.01\cos x=3,$$
里面的余弦项不会超过 ±0.01,它的根可以用 $x-2\sin x=3$ 的根近似估计.这个方程的真实解是 3.09772,同近似方程的解 3.09438 相差不大.

需要指出的是,该方法也只对一些特殊的情形才有效.

4) 定步长搜索法

先对前面三种方法做几点说明:

- 从某种意义上来说,上述三种方法只是仅供参考的方案;
- 很多时候,这些方案没有办法给出应有的结果;
- 最后,它们也没有办法通过计算机编程来实现.

下面介绍三种可以通过程序实现的算法.先介绍最简单的定步长搜索法,随后介绍的二分法和试值法由于内容较多,我们按小节给出.

所谓**定步长搜索法**,其**数学依据是零点存在定理**.

设一个有根区间 $[a,b]$,以适当的步长 h 考查

$$y_i = f(x_i), \quad x_i = x_0 + ih; i = 1, 2, \cdots,$$

当 $f(x_{i-1}) \cdot f(x_i) < 0$ 时,$[x_{i-1}, x_i]$ 就是一个新的**有根区间**.需要注意的是,**有根区间完全可能有多个**.

简单来说,定步长搜索法是一个逐个排查的方法,但可以通过编程来实现.

如果 $f(a) \cdot f(b) < 0$,将区间 n 等分,**可以证明 n 个新的小区间中一定至少有一个是有根区间**.如果新的有根区间还不够小,则可以**再次使用**定步长搜索法将区间长度减小.**如此反复,很快就可以将有根区间减小到需要的长度.**

关于这个方法,**一些说明如下**:

- 这个方法是按照顺序进行排查的,如果根靠近右端点,需要排查的区间个数就会很多,效率不高.
- **如果区间内有多个根**,实现算法时若采用找到就停止搜索的方法,则会错失其它根;但如果全部进行排查,则效率会比较低.
- 总之,这是一个可以尝试的方法,只是效率比随后的其它方法要低.
- 但该方法一个**优势**:如果一个方程具有多个根,**算法很容易并行化**.

3.2.3　二分法

二分法是一个经典算法,它的**依据也是零点定理**,同时主要用于一维问题.

1) 理论分析

假设函数 $y = f(x)$ 是区间 $[a,b]$ 上的连续函数.

- 给定有根区间 $[a,b]$,且 $f(a) \cdot f(b) < 0$.如果将区间进行对分,得到的

$$\left[a, \frac{a+b}{2}\right], \quad \left[\frac{a+b}{2}, b\right]$$

中至少有一个是有根区间.如果

$$f(a) \cdot f\left(\frac{a+b}{2}\right) < 0,$$

取 $\left[a, \frac{a+b}{2}\right]$ 作为有根区间,否则取 $\left[\frac{a+b}{2}, b\right]$.新的有根区间记为 $[a_1, b_1]$.

- 继续这个操作,你会得到一系列的区间 $\{[a_k, b_k]\}$,很显然它们具有关系:

$$[a_{k+1}, b_{k+1}] \subset [a_k, b_k],$$

$$a \leqslant a_1 \leqslant a_k \leqslant a_{k+1} \leqslant b_{k+1} \leqslant b_k \leqslant b_1 \leqslant b,$$

数学上称为**闭区间套**.对应的闭区间套定理是实数系的等价公理之一,如果推广到高维空间,则改为**闭方块定理**.

- 根据区间的关系,很明显 a_k 单调增加有上界 b,b_k 单调减少有下界 a.

- 假设进行了 n 次对分,则小区间的长度变为 $\dfrac{b-a}{2^n}$.小区间的长度满足

$$\lim_{n \to \infty} \frac{b-a}{2^n} = 0,$$

接下来可以直接使用闭区间套定理或者根据单调有界原理得到

$$\lim_{n \to \infty} a_n = \lim_{n \to \infty} b_n = \alpha,$$

再利用极限的保序性以及连续函数的性质得到

$$f^2(\alpha) = f(\lim_{n \to \infty} a_n) \cdot f(\lim_{n \to \infty} b_n) \leqslant 0 \Rightarrow f(\alpha) = 0.$$

- 注意,我们并没有在分析中考虑**中点正好为根的情况**.这是因为在实际的数值计算中,一般不存在使 $f(x^*)$ 精确为 0 的 x^*.

- 此外,求极限过程是无限的过程,必须进行人为终止.

- 假设进行 n 次对分后,有根区间长度变为 $\dfrac{b-a}{2^n}$,**选择区间内哪个点作为根的近似值?**

- **综合各种可能性**,一般都会选取最后一个有根区间的中点作为近似值,因为这样可以保证误差不超过区间长度的一半.设容忍误差限为 ε,则

$$\frac{b-a}{2^{n+1}} \leqslant \varepsilon \Rightarrow n \geqslant \log_2 \frac{b-a}{\varepsilon} - 1.$$

为了精确起见,通常 n 向上取整或者干脆多对分 1 到 2 次.

2) 算法与分析

把上述分析总结即得二分法.首先给出算法:

Algorithm 2:二分法

　　输入:函数 $y = f(x)$,区间$[a, b]$,容忍误差限 ε

　　输出:根的近似值 x^*

1　**While** $b - a > 2\varepsilon$ **do**

2　　$m = a + \dfrac{b-a}{2}$

3　　**If** $\text{sign}(f(a)) = \text{sign}(f(m))$ **then**

4　　　$a = m$

5　　**else**

6	$b = m$
7	**end**
8	**end**
9	$x^* = a + \dfrac{b-a}{2}$

算法说明：

- 中点采用 $m = a + \dfrac{b-a}{2}$ 的写法，而不是 $m = \dfrac{b+a}{2}$ 的原因：

  — $a + b$ 可能上溢.

  — $\dfrac{b+a}{2}$ 可能不位于区间 $[a,b]$ 内.比如，2 位十进制下，区间 $[0.67, 0.69]$ 的"中点"为 **0.70**，它不属于原区间.

- 为何用 $\text{sign}(f(a)) = \text{sign}(f(m))$ 而不是 $f(a) \cdot f(m) > 0$ 的原因：

  — $f(a) \cdot f(m)$ 可能会下溢；

  — **sign** 函数具有更高的执行效率.

- 当区间很小或者函数值接近于 0 时，端点函数值异号不一定能保证函数在区间内有根.运行：

```
p=Expand[(x-2)(x-2.01)^7,x];
Plot[p,{x,1.995,1.996},PlotStyle->Black,
Frame->True,AspectRatio->1/2]
```

结果如图 3.3 所示：

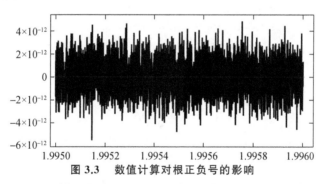

图 3.3   数值计算对根正负号的影响

函数值的正负在**无根区间** $[1.995, 1.996]$ 上发生了很多次改变.事实上，这一现象发生的原因是计算机浮点系统的舍入误差.

- **算法仅仅利用了函数值的符号信息**.函数决定了对分后小区间的取舍，但和对分（迭代）次数无关.事实上，给定要求的容忍误差限，算法对不同的函数具有相同的对分次数.这导致

  二分法总是"收敛"的，但收敛速度非常慢，且可能无法持续提升精度.

3) 程序与算例

例 2　应用二分法求 $x\sin x = 1$ 在区间 $[0,2]$ 上的根时,要使结果具有 5 位有效数字,至少应对分多少次?

解　结果要求 5 位有效数字,必须确定最后一位有效数字的位置.由于
$$\sin 1 - 1 = -0.158529 < 0, \quad 2\sin 2 - 1 = 0.818595 > 0,$$
因此根位于 $[1,2]$ 中,最后一位有效数字是小数点后第 4 位,所以误差限为
$$\varepsilon = \frac{1}{2} \cdot 10^{-4}.$$

根据公式得到迭代次数
$$n \geqslant \log_2 \frac{2}{\varepsilon} - 1 = \log_2 40000 - 1 \approx 14.2877,$$
因此迭代次数取 $n = 15$.

Mathematica 版本的二分法程序如下:

```
bisection[f_,a_,b_,eps_,kmax_]:=
Module[{k=1,v=1,a0=a,b0=b,va,vb,c,lis={}},
(* 引入 a0 和 b0 是因为 Module 中不能改变 a 和 b 的值 *)
While[Sign[f[a0]]==Sign[f[b0]],
a0=Input["Input a:"];b0=Input["Input b:"]];
(* 以上部分保证[a,b]是一个有根区间 *)
va=f[a0];vb=f[b0];
While[Abs[b0-a0]>2* eps&&k<kmax,c=a0+(b0-a0)/2;
v=f[c];AppendTo[lis,{k,a0,b0,c,v}];
If[Sign[va]==Sign[v],a0=c;va=v,b0=c;vb=v];k=k+1;];
c=a0+(b0-a0)/2;v=f[c];
PrependTo[lis,{"k","a","b","c","f(c)"}];
Print[Grid[lis,Frame-> All]];
Print["Result:",{k-1,c,v}]]
```

运行代码:

```
f[x_]:=x Sin[x]-1;bisection[f,0.0,2,0.5* 10^(-4),100]
```

部分结果如下:

k	a	b	c	f(c)
1	0.	2	1.	-0.158529
2	1.	2	1.5	0.496242
3	1.	1.5	1.25	0.186231
13	1.11377	1.11426	1.11401	-0.000199252
14	1.11401	1.11426	1.11414	-0.0000297187
15	1.11414	1.11426	1.1142	0.0000550474

Result: $15, 1.11417, 0.0000126644.$

注 请调整容忍误差限再次运行程序,查看更多结果,加深对二分法的了解.

算例表明二分法的收敛速度很慢.实际中,常把二分法作为一个根的搜索方案,用于为其它算法提供初值.关于二分法还有一些更为细致的研究,不过基于课程定位以及二分法的实际应用范围,不再做更多的介绍.

3.2.4 试值法

由于二分法的收敛速度相对较慢,因此有人尝试对它进行改进.

二分法选择区间的中点进行下一次迭代,试值法则选择

$$(a, f(a)), \quad (b, f(b))$$

的连线同 x 轴的交点的横坐标作为下一个迭代点.

1) 理论分析

假设 $f(a) \cdot f(b) < 0$,经过点 $(a, f(a))$ 与 $(b, f(b))$ 的直线方程为

$$y = \frac{f(b) - f(a)}{b - a}(x - b) + f(b),$$

令 $y = 0$,求出

$$c = b - \frac{b - a}{f(b) - f(a)} \cdot f(b).$$

接下来有三种可能性:

- $f(c)$ 与 $f(a)$ 符号相反,则下一个有根区间为 $[a, c]$;
- $f(c)$ 与 $f(b)$ 符号相反,则下一个有根区间为 $[c, b]$;
- $f(c) = 0$,计算结束.

第三种情况直接得到结果,否则根区间将会被压缩.同二分法类似,可以构造一个 $\{[a_n, b_n]\}$ 的序列,其中每个区间都包含零点,零点 x^* 的近似值选为

$$c_n = b_n - \frac{b_n - a_n}{f(b_n) - f(a_n)} \cdot f(b_n).$$

如果 $f(x)$ 是连续函数,可以证明这个算法一定收敛.若 $f(x)$ 是线性的,该方法一步就得到根.但是,有时候该方法的收敛速度甚至比二分法还要慢.二分法的有根区间长度 $b_n - a_n$ 趋近于 0,试值法里 $b_n - a_n$ 会越来越小,但可能不趋近于 0.因此,**该方法的终止判据应选择 $|f(c_n)| \leqslant \varepsilon$.**

对于算法的理论分析不再做更多介绍,请大家通过程序与算例加深理解.

2) 算法与程序

算法如下:

Algorithm 3:试值法
输入:函数 $y = f(x)$,区间 $[a, b]$,容忍误差限 ε
输出:根的近似值 x^*

```
1   f(c) = 1
2   While | f(c) | > ε do
3       c = b − (b−a)/(f(b)−f(a)) · f(b)
4       If sign(f(a)) = sign(f(c)) then
5           a = c
6       else
7           b = c
8       end
9   end
```

其中 $f(c) = 1$ 是随意设定的,只要比 ε 大均可.

程序和二分法类似,其 Mathematica 版本的代码如下:

```
falseposition[f_,a_,b_,eps_,kmax_]:=
Module[{k=0,v=1,a0=a,b0=b,va,vb,c,lis={}},
While[Sign[f[a0]]==Sign[f[b0]],
a0=Input["Input a:"];b0=Input["Input b:"]];
va=f[a0];vb=f[b0];
While[Abs[v]>eps&&k<kmax,c=b0-vb*(b0-a0)/(vb-va);
v=f[c];AppendTo[lis,{k,a0,b0,c,v}];
If[Sign[va]==Sign[v],a0=c;va=v,b0=c;vb=v];k=k+1;];
PrependTo[lis,{"k","a","b","c","f(c)"}];
Print[Grid[lis,Frame->All]];
Print["Restult:",{k-1,c//InputForm,v}]]
```

3) 算例

例 3　用试值法求 $x \sin x = 1$ 在 $[0,2]$ 上的根,结果保留 5 位有效数字.

解　借助前面的程序,运行如下代码:

```
f[x_]:=x* Sin[x]-1;
falseposition[f,0,2.0,0.5*10^-4,100]
```

结果如下:

k	a	b	c	f(c)
0	0	2.	1.09975	− 0.0200192
1	1.09975	2.	1.12124	0.00983461
2	1.09975	1.12124	1.11416	5.63036×10^{-6}

Restult: $2, 1.1141611949626338, 5.63036 \times 10^{-6}$.

可以看到,试值法在这个算例中的表现要远优于二分法.读者可以调整容忍误差限的值,看看分别需要多少次的迭代.

例 4　用试值法求 $\dfrac{x^2}{4}-\sin x=0$ 在 $[1.5,2]$ 上的根,结果保留 10 位有效数字.

解　借助前面的程序,运行如下代码:

```
f[x_]:=x^2/4-Sin[x];
falseposition[f,1.5,2.0,0.5*10^-9,100]
```

结果如下:

k	a	b	c	f(c)
0	1.5	2.	1.91373	-0.0261801
1	1.91373	2.	1.93305	-0.0009244
2	1.93305	2.	1.93373	-0.0000319301
3	1.93373	2.	1.93375	-1.10207×10^{-6}
4	1.93375	2.	1.93375	-3.80369×10^{-8}
5	1.93375	2.	1.93375	-1.31281×10^{-9}
6	1.93375	2.	1.93375	-4.53103×10^{-11}

Restult: $6,1.933753762792745,-4.53103\times10^{-11}$.

注　算法依旧收敛很快.但请注意 $b_n\equiv2$,小区间最终趋近于 $[x^*,2]$,区间长度的极限并不是 0.这是因为 $f(x)$ 在 $[1.5,2]$ 上是一个**凸函数**,有兴趣的读者可以尝试从几何上解释这件事情.

例 5　用试值法求 $\tan x=0$ 最小的正根.

解　选择不同的有根区间计算,误差限为 0.5×10^{-4},罗列最后结果如下:

左端点 a	右端点 b	迭代次数 k	根 c	函数值 f(c)
3.0	3.5	2	3.14159	-6.956×10^{-6}
3.0	4.0	5	3.14156	-0.0000356132
3.0	4.5	22	3.14155	-0.0000439888
3.0	4.6	43	3.14155	-0.000047023
3.0	4.7	403	3.14154	-0.000049096

从结果可以看出:如果有根区间选择得当,试值法比二分法要快很多;但如果区间选择不当,试值法也有可能变得非常慢.

注　除了受到有根区间的影响之外,由于**试值法**用到了函数值进行计算和终止判别,因此还会受到函数等价变形(如数乘等)的影响.作为对比,二分法则完全不受这些因素的干扰.

3.3 不动点迭代法

现在,我们对不动点迭代法或者简单迭代法进行系统化、严格化的分析.迭代是一种古老的数学思想,用于逐渐改善问题的解,不动点迭代则是迭代算法中很常见的一类.

3.3.1 方法简介

首先,满足 $x = \varphi(x)$ 的 x 称为映射 φ 的**不动点**.

所谓 $f(x) = 0$ 的不动点迭代法,是先通过等价变形将它转化为

$$x = \varphi(x)$$

的形式,**把方程求根的问题化为求不动点的问题**.一旦完成转化,算法为

$$\text{取定 } x_0 \in [a, b], \quad x_{k+1} = \varphi(x_k), \quad k = 0, 1, 2, \cdots.$$

即一个不动点迭代算法需要:

- 合适的初值;

- 恰当的不动点等价形式.

1) 几何解释

所谓求不动点,其实就是找 $y = x$ 与 $y = \varphi(x)$ 的交点.如考察问题

$$x = (1 + r)(x - x^2), \quad r = 1.9,$$

找两个函数不是 0 的那个交点,具体图形如图 3.4 所示:

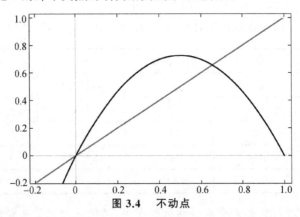

图 3.4 不动点

对不动点格式取初值为 $x_0 = 0.2$ 应用迭代算法,可用图 3.5 直观表示.

解释 从点 $(x_0, 0)$ 出发作垂直于 x 轴的直线交 $y = \varphi(x)$ 于点 (x_0, x_1),再过点 (x_0, x_1) 作水平线交 $y = x$ 于点 (x_1, x_1).以此类推,即可观察迭代算法的收敛情况.

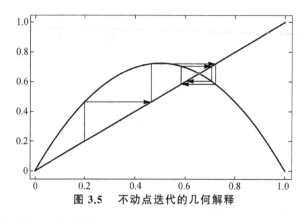

图 3.5　不动点迭代的几何解释

2）收敛性探讨 1：几何直观

把一个方程求根问题等价为求不动点问题，方法很多．前面曾经考虑求

$$x^2 - x - 2 = 0$$

正根的迭代算法，并给出了 4 种不动点等价形式．这 4 种格式计算过程的几何直观如图 3.6 所示：

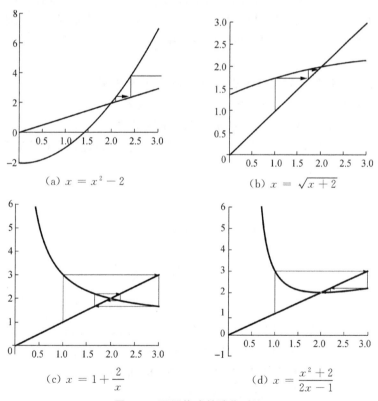

(a) $x = x^2 - 2$　　　(b) $x = \sqrt{x+2}$

(c) $x = 1 + \dfrac{2}{x}$　　　(d) $x = \dfrac{x^2+2}{2x-1}$

图 3.6　不同格式的迭代对比

从对比图来看,(a)图所示迭代格式 $x_{k+1} = x_k^2 - 2$ 尽管选择了更靠近真实解的初值,但依旧很快远离真实解;(b)图所示迭代格式从图形上看则是收敛的.再看(c),(d)两种迭代格式的对比:这两种格式都是收敛的,但是收敛速度有着明显的差异,后一种算法具有**更快的收敛速度**.

3) 收敛性探讨 2:数学分析

通过几何分析或者直接的计算可以知道不同格式的收敛情况,但这是不够的.有必要分析格式之间的本质差别,这有助于我们选择合适的算法来求解问题.

一个迭代序列 $\{x_k\}$ 收敛到不动点 x^*,意味着

$$e_k = x^* - x_k \to 0.$$

即从趋势上来说,误差应该越来越小.注意到

$$e_{k+1} = x^* - x_{k+1} = \varphi(x^*) - \varphi(x_k) = \varphi'(\theta_k)(x^* - x_k)$$
$$= \varphi'(\theta_k)e_k, \quad \text{其中} \theta_k \text{位于} x_k \text{与} x^* \text{之间},$$

可以说,$|\varphi'(\theta_k)|$ 充当了连续两次误差之间**比例因子**的角色.尽管

$$|e_k| \to 0$$

并不能保证 $|e_k|$ 单调减少趋近于 0,但可以**把它作为一个充分条件**.

一旦能保证误差的比例因子 $|\varphi'(\theta_k)| < 1$ 成立,算法是很有可能收敛的.另外,注意到无穷多个小于 1 的数相乘极限也有可能是 1,因此应修改为

$$|\varphi'(\theta_k)| < C < 1.$$

但 θ_k 的值无法知道,也不能单独控制,所以两个可行的条件为

$$|\varphi'(x)| < C < 1, \quad \forall x \in [a,b], \quad \text{或者} \quad |\varphi'(x^*)| < 1.$$

总之,$y = \varphi(x)$ 的导数同 **1 的关系制约算法的收敛性**.

设 $x_k \to x^*$,则迭代格式**收敛的快慢取决于迭代误差趋近于 0 的速度**.按照前面的分析,显然有

$$\lim_{k \to \infty} \frac{|e_{k+1}|}{|e_k|} = |\varphi'(x^*)|,$$

当 $|\varphi'(x^*)| < 1$ 时,迭代格式至少线性收敛.

4) 收敛速度

不动点迭代法的收敛速度至少是线性的.更一般的,设极限

$$\lim_{k \to \infty} \frac{|e_{k+1}|}{|e_k|^p} = C.$$

- 如果 $p = 1$ 且 $C < 1$,则称迭代格式线性(**linear**) 收敛;
- 如果 $p > 1$,则称迭代格式超线性(**superlinear**) 收敛;
- 如果 $p = 2$,则称迭代格式 2 阶(**quadratic**) 收敛;
- 如果 $p = 3$,则称迭代格式 3 阶(**cubic**) 收敛.

有些方法可以从理论上分析出收敛阶.比如,一般的不动点迭代法至少是线性

收敛的,Newton 法是 2 阶收敛的,割线法是超线性收敛的等.

先给出一个数值验证的例子:

例 6 验证用 $x = \dfrac{x^2 + 2}{2x - 1}$ 求 $x^2 - x - 2 = 0$ 正根的收敛阶为 2.

解 选取初值为 $x_0 = 1.0$,借助 Mathematica 运行如下程序:

```
xstar=2.0;
xlist=FixedPointList[(2+#^2)/(2#-1)&,1.0,6];
err=xlist-xstar;
Table[Abs[err[[k+1]]]/Abs[err[[k]]]^2,{k,1,6}]
```

得到的结果为

k	1	2	3	4	5	6
$\left\| \dfrac{e_{k+1}}{e_k^2} \right\|$	1.	0.2	0.294118	0.330739	0.333323	0.

从数据可以看出

$$\left| \frac{e_{k+1}}{e_k^2} \right| \approx \frac{1}{3},$$

这个结果也与理论分析(见 Newton 法部分)相符.需要说明的是,最后的 0 是结果受到舍入误差的影响所致.

5) 数值收敛阶

有些方法可以通过理论分析给出收敛阶,有些则比较困难;即使算法已经分析出了理论收敛阶,在实际应用中,计算也不会完全遵照理论收敛阶发生.更何况,理论收敛阶只是求极限的结果.因此很有必要引入**数值收敛阶**,它既可以帮助我们分析某些算法,也可以验证现有理论分析的正确性.

下面给出**数值收敛阶的计算方法**.由于尚未学习函数逼近的内容,这里我们直接借助 Mathematica 的 Fit 函数来完成计算.

- 首先假设 $\left| \dfrac{e_{k+1}}{e_k^p} \right| \approx C.$

- 也即

$$| e_{k+1} | \approx C | e_k |^p,$$

两边取对数得到

$$\ln | e_{k+1} | \approx \ln C + p \ln | e_k |.$$

- 对 $(\ln | e_k |, \ln | e_{k+1} |)$ 构成的数据点集合 data 使用 Fit 函数:

$$\text{Fit}[\text{data},\{1,t\},t].$$

该函数返回用形如 $a + b \cdot t$ 的函数去**拟合数据点**的结果.

- 最后得到 $C = e^a, p = b.$

前面例 6 中，剔除掉误差接近于 0 的点，按上述方式计算，最后结果为

$$-0.930674 + 2.02399t,$$

即

$$C \approx 0.394288, \quad p \approx 2.02399,$$

数值收敛阶为 2.024，同理论收敛阶 2 基本吻合.

注 1 由于是数据的拟合，结果出现偏差在所难免.

注 2 学了最佳平方逼近以后，请手动计算出这个结果.

3.3.2 不动点迭代的收敛定理

定理 3.1（收敛性定理） 设 $\varphi(x) \in C^1[a,b]$ 且满足：

(1) 如果 $x \in [a,b]$，则 $\varphi(x) \in [a,b]$；

(2) 存在 $L < 1$，使得 $|\varphi'(x)| \leqslant L < 1$ 对任意 $x \in [a,b]$ 成立，

则如下结论成立：

(1) 存在唯一的 $x^* \in [a,b]$，使得 $\varphi(x^*) = x^*$；

(2) 对任意初值 $x_0 \in [a,b]$，迭代 $x_{k+1} = \varphi(x_k)$ 收敛且

$$\lim_{k \to \infty} x_k = x^*;$$

(3) 事后误差估计：

$$|x^* - x_k| \leqslant \frac{L}{1-L} |x_k - x_{k-1}| \quad (k = 1,2,3,\cdots);$$

(4) 事前误差估计：

$$|x^* - x_k| \leqslant \frac{L^k}{1-L} |x_1 - x_0| \quad (k = 1,2,3,\cdots);$$

(5) $e_k = x^* - x_k$，$\lim\limits_{k \to \infty} \dfrac{e_{k+1}}{e_k} = \varphi'(x^*)$，即算法至少是线性收敛.

证明 结论（1）的证明如下：

• 存在性：构造函数

$$h(x) = x - \varphi(x), \quad h(a) = a - \varphi(a) \leqslant 0, \quad h(b) = b - \varphi(b) \geqslant 0,$$

再利用零点存在定理即可.

• 唯一性：采用反证法，假设有两个不同的不动点 x_1, x_2，则

$$|x_1 - x_2| = |\varphi(x_1) - \varphi(x_2)| = |\varphi'(\theta)| |x_1 - x_2|$$
$$< L |x_1 - x_2|,$$

因为 $L < 1$，所以上式是不可能的.

或根据 $h'(x) = 1 - \varphi'(x) > 0$，严格单调函数的零点最多只有一个.

结论（2）的证明： 根据

$$0 \leqslant |x^* - x_{k+1}| = |\varphi(x^*) - \varphi(x_k)| = |\varphi'(\theta_k)(x^* - x_k)|$$
$$\leqslant L |x^* - x_k| \leqslant \cdots \leqslant L^{k+1} |x^* - x_0|,$$

因为 $L < 1, L^{k+1} \to 0(k \to \infty)$，根据夹逼定理得

$$\lim_{k \to \infty} \mid e_{k+1} \mid = 0 \Rightarrow \lim_{k \to \infty} e_{k+1} = 0.$$

结论(3)的证明：根据

$$\mid x^* - x_k \mid \leqslant L \mid x^* - x_{k-1} \mid \leqslant L \mid x^* - x_k \mid + L \mid x_k - x_{k-1} \mid,$$

因为 $L < 1$，解得

$$\mid x^* - x_k \mid \leqslant \frac{L}{1-L} \mid x_k - x_{k-1} \mid.$$

结论(4)的证明：利用结论(3)得到

$$\mid x^* - x_k \mid \leqslant \frac{L}{1-L} \mid x_k - x_{k-1} \mid \leqslant \frac{L^2}{1-L} \mid x_{k-1} - x_{k-2} \mid$$

$$\leqslant \cdots \leqslant \frac{L^k}{1-L} \mid x_1 - x_0 \mid.$$

结论(5)的证明：根据

$$e_{k+1} = x^* - x_{k+1} = \varphi(x^*) - \varphi(x_k) = \varphi'(\theta_k)(x^* - x_k) = \varphi'(\theta_k) e_k,$$

取极限并利用导函数的连续性即可.

注1　此定理的全称叫作不动点迭代**全局性收敛定理**.只要条件满足,在区间 $[a,b]$ 中任取一点作为初值,得到的序列总是收敛到唯一的不动点.

注2　$x \in [a,b], \varphi(x) \in [a,b]$ 不可缺少,它保证所有的 x_k 在 $[a,b]$ 内,从而所有点均满足 $\mid \varphi'(x) \mid \leqslant L < 1$.定理条件可以用**压缩映射条件**替换：

(1) $x \in [a,b], \varphi(x) \in [a,b]$,

(2) $\forall x, y \in [a,b], \mid \varphi(x) - \varphi(y) \mid \leqslant L \mid x - y \mid$,其中 $L < 1$,

即导数条件可以用函数值的 Lipschitz 条件(简称 Lip 条件)代替.

注3　第(4)个结论称为**事前误差估计**,意味着给定误差限 ε,则通过

$$\mid x^* - x_k \mid \leqslant \frac{L^k}{1-L} \mid x_1 - x_0 \mid \leqslant \varepsilon$$

可以确定 k 的值,也就是**计算开始前就知道需要迭代多少次**.

注4　第(3)个结论称为**事后误差估计**,意味着给定误差限 ε,则通过

$$\frac{L}{1-L} \mid x_k - x_{k-1} \mid < \varepsilon$$

可以确定 k 的值,即**在计算过程中确定需要迭代多少次**.而在实际中,我们可能只能用 $\mid x_k - x_{k-1} \mid$ 来做事后误差估计.

注5　结论(3)和(4)算出来的结果可能不一样,**一般事前估计的结果偏大**.

例7　给定方程 $3x - \sin x - \cos x = 0$.

(1)分析方程有几个实根;

(2)用迭代法求出方程的所有实根,精确至 4 位有效数字;

（3）说明迭代格式为什么是收敛的.

解 （1）令 $f(x) = 3x - \sin x - \cos x$，则
$$f'(x) = 3 - \cos x + \sin x > 0,$$
函数单调增加.又
$$f(0) = -1 < 0, \quad f(1) = 3 - \sin 1 - \cos 1 > 0,$$
因此 $f(x) = 0$ 在 $[0,1]$ 上有唯一的实根.

（2）选取 $x_0 = 0.5$ 并构造格式 $x_{k+1} = \dfrac{1}{3}(\sin x_k + \cos x_k)$，得到

k	1	2	3	4	5	6	7
x_k	0.452336	0.445499	0.444435	0.444267	0.444241	0.444237	0.444236

由于前 5 位有效数字都已经保持不变，所以结果为 $x^* \approx 0.4442$.

（3）分析如下：
$$\varphi(x) = \frac{1}{3}(\sin x + \cos x) = \frac{\sqrt{2}}{3}\sin\left(x + \frac{\pi}{4}\right) \in [0,1],$$
$$|\varphi'(x)| = \left|\frac{1}{3}(\cos x - \sin x)\right| = \left|\frac{\sqrt{2}}{3}\cos\left(x + \frac{\pi}{4}\right)\right| \leqslant \frac{\sqrt{2}}{3} < 1,$$
因此迭代函数 $y = \varphi(x)$ 符合收敛性定理的要求，格式收敛.

注 如果借助 Mathematica 计算，其指令为
```
FixedPointList[1/3(Sin[#]+Cos[#])&,0.5,7]
```
同收敛性定理相对的，有一个**发散性定理**：

定理 3.2(定点迭代格式发散定理) 设

（1）$\varphi(x) = x$ 在区间 $[a,b]$ 内有根 x^*；

（2）当 $x \in [a,b]$ 时，$|\varphi'(x)| \geqslant 1$，

则对任意的初值 $x_0 \in [a,b]$ 且 $x_0 \neq x^*$，**格式** $x_{k+1} = \varphi(x_k)$ **一定发散**.

请读者自行完成该定理的证明.

3.3.3 局部收敛性定理

不动点迭代全局性收敛定理要求比较高，如果区间选取不当，定理可能没法直接使用.事实上，实际应用中数值计算都是理论分析与具体计算相互结合，因此下面要求相对较低的局部收敛性定理可供参考.

定理 3.3(局部收敛性定理) 设 $\varphi(x) = x$ 有根 x^*，且在 x^* 的某个小邻域内一阶连续可导，则有如下结论成立：

（1）当 $|\varphi'(x^*)| < 1$ 时，定点迭代局部**收敛**；

（2）当 $|\varphi'(x^*)| > 1$ 时，定点迭代发散.

注 1 本定理并不涉及 $|\varphi'(x^*)|=1$ 时的结果.

注 2 所谓局部收敛,是指初值"足够"靠近真实解,则迭代格式收敛.

注 3 如果初值离真实解太远,迭代格式可能会发散,也可能收敛较慢.

例 8 要求方程 $f(x)=x^3+4x^2-10=0$ 在 $[1,1.5]$ 内的根 x^*.

(1) 试分析如下 3 个迭代格式的收敛性:

$$x_{k+1}=10+x_k-4x_k^2-x_k^3,$$

$$x_{k+1}=\frac{1}{2}\sqrt{10-x_k^3}, \quad x_{k+1}=\sqrt{\frac{10}{x_k+4}}.$$

(2) 选择一种收敛较快的格式求出 x^*,精确至 4 位有效数字.

解 (1) 首先写出迭代函数,设

$$\varphi_1(x)=10+x-4x^2-x^3,$$

$$\varphi_2(x)=\frac{1}{2}\sqrt{10-x^3},$$

$$\varphi_3(x)=\sqrt{\frac{10}{x+4}},$$

则可以对收敛性进行如下讨论:

• $\varphi_1'(x)=1-8x-3x^2$,则在 $[1,1.5]$ 内

$$|\varphi_1'(x)|=3x^2+8x-1\geqslant|\varphi_1'(1)|=10,$$

因此格式 $x_{k+1}=10+x_k-4x_k^2-x_k^3$ 发散.

• $\varphi_2'(x)=-\dfrac{3x^2}{4\sqrt{10-x^3}}$,则在 $[1,1.5]$ 内

$$|\varphi_2'(x)|=\frac{3x^2}{4\sqrt{10-x^3}}\leqslant|\varphi_2'(1.5)|\approx0.655618,$$

由于 $L_2=0.655618<1$,因此迭代格式 2 收敛.

• $\varphi_3'(x)=-\sqrt{\dfrac{5}{2}}\left(\dfrac{1}{x+4}\right)^{3/2}$,则在 $[1,1.5]$ 内

$$|\varphi_3'(x)|=\sqrt{\frac{5}{2}}\left(\frac{1}{x+4}\right)^{3/2}\leqslant|\varphi_3'(1.0)|=0.141421,$$

由于 $L_3=0.141421<1$,因此迭代格式 3 收敛.

(2) 由于 $L_3<L_2$,因此选择格式 3 进行计算.

取初值 $x_0=1.0$,结果为

k	1	2	3	4	5	6
x_k	1.41421	1.35904	1.36602	1.36513	1.36524	1.36523

由于前 5 位有效数字都已经保持不变,所以结果为 $x^*\approx1.365$.

Mathematica 计算指令为

```
FixedPointList[Sqrt[10/(4+#)]&,1.0,6]
```

注 1　原则上说，收敛速度的快慢由 $C = |\varphi'(x^*)|$ 来确定，但 x^* 未知，因此一般直接按照定理中更容易求的 L 来判断.

注 2　以后分析算法收敛性时，除非特别要求，**一般只分析局部收敛性**.

关于收敛速度的进一步分析如下：

- 已知结论：$\lim\limits_{k\to\infty} \dfrac{e_{k+1}}{e_k} = \varphi'(x^*)$.

- 一般不动点迭代法线性收敛并且 $C = |\varphi'(x^*)|$，**常数越小，收敛越快**.

- 当 $\varphi'(x^*) = 0$ 时 C 达到最小，利用 Taylor 展开得到

$$x^* - x_{k+1} = \varphi(x^*) - \varphi(x_k) = \varphi'(x^*)(x^* - x_k) - \frac{\varphi''(\theta_k)}{2}(x^* - x_k)^2$$

$$= -\frac{\varphi''(\theta_k)}{2}(x^* - x_k)^2,$$

所以

$$\lim_{k\to\infty} \frac{e_{k+1}}{e_k^2} = -\frac{\varphi''(x^*)}{2}.$$

这意味着：如果 $\varphi'(x^*) = 0$，则不动点迭代格式至少是 2 阶收敛的.

定理 3.4　若 $\varphi(x)$ 在 x^* 的某个邻域内有 $p(p \geqslant 1)$ 阶连续导数，且

$$\varphi^{(j)}(x^*) = 0 \quad (j = 1, 2, \cdots, p-1), \quad \varphi^{(p)}(x^*) \neq 0,$$

则迭代格式在 x^* 附近 p 阶局部收敛，且有

$$\lim_{k\to\infty} \frac{e_{k+1}}{e_k^p} = (-1)^{p-1} \frac{\varphi^{(p)}(x^*)}{p!},$$

$p = 1$ 时要求 $|\varphi'(x^*)| < 1$.

由于实际中 2 阶收敛的算法已足够快，所以该定理的应用价值不大.

3.3.4　迭代序列的收敛加速

在利用 $\varphi'(x^*) = 0$ 构造更快算法之前，我们先讨论

对线性收敛的算法进行何种改造可以实现更快的收敛效果.

1）斯蒂芬森（Steffensen）加速

- 假设 $x_{k+1} = \varphi(x_k)$ 构成的序列收敛到 x^*，即 $x^* = \varphi(x^*)$.

- 假设 $\varphi'(x^*) \neq 0$，即不动点迭代是线性收敛的.

- 根据 $\lim\limits_{k\to\infty} \dfrac{e_{k+1}}{e_k} = \varphi'(x^*) \neq 0$ 及极限的保号性得到

$$\frac{e_{k+2}}{e_{k+1}} \approx \frac{e_{k+1}}{e_k}, \quad 即 \quad \frac{x_{k+2} - x^*}{x_{k+1} - x^*} \approx \frac{x_{k+1} - x^*}{x_k - x^*}.$$

- 解得

$$x^* \approx \frac{x_{k+2} x_k - x_{k+1}^2}{x_{k+2} - 2 x_{k+1} + x_k} = x_k^*.$$

- 注意到 $x_k^* = x_k + (x_k^* - x_k)$，进而得到

$$x_k^* = x_k - \frac{(x_{k+1} - x_k)^2}{x_{k+2} - 2 x_{k+1} + x_k}.$$

- 已经得到 x_k，令 $y_k = \varphi(x_k)$，$z_k = \varphi(y_k)$，把 x_k^* 作为 x_{k+1}，则

$$x_{k+1} = x_k - \frac{(y_k - x_k)^2}{z_k - 2 y_k + x_k}.$$

- 为了减少舍入误差的影响，新的 x_{k+1} 以如下方式为佳：

$$x_{k+1} = x_k - \frac{(y_k - x_k)^2}{(z_k - y_k) - (y_k - x_k)}.$$

- 这种方法称为**斯蒂芬森加速**，它的迭代函数为

$$\varPhi(x) = x - \frac{(\varphi(x) - x)^2}{\varphi(\varphi(x)) - 2\varphi(x) + x}.$$

注 1　这是把埃特金（Aitken）加速过程同不动点迭代法相结合.

注 2　斯蒂芬森加速方法对线性收敛具有很好的加速效果（有如下定理）.

定理 3.5（斯蒂芬森加速收敛性定理）　设方程 $x = \varphi(x)$ 有不动点 x^*，且在 x^* 的某邻域内 $y = \varphi(x)$ 是 2 阶连续可导的，若不动点迭代

$$x_{k+1} = \varphi(x_k)$$

线性收敛，则斯蒂芬森加速

$$x_{k+1} = \varPhi(x_k)$$

至少是平方收敛的.

在给出具体算例前，稍微介绍下序列收敛的加速技巧.

2）序列收敛的加速

在应用中，一些问题的解会以级数的形式给出，但如果级数收敛得太慢，往往会限制这些解的应用.**序列的收敛加速往往依赖于序列自身的特点**，如序列的单调性等.如果序列不具有这些特点，加速技术随时可能会失效.

由于舍入误差的影响，加速效果也是有上限的.其它一些更重要的加速方法，如欧拉变换（Euler Transformation）等，不在本书介绍范围内，这里只介绍两个简单的技巧.

（1）比较级数（Comparison Series）法

对收敛级数来说，它收敛的快慢等价于其部分和序列 $\{S_n\}$ 收敛的快慢.

- 设 $\sum\limits_{j=1}^{\infty} a_j = S$，且当 j 较大的时候，$a_j \sim b_j$（无穷小的等价）.

- 如果 $\sum\limits_{j=1}^{\infty} b_j = s$ 已知,则

$$S = \sum_{j=1}^{\infty} a_j = s + \sum_{j=1}^{\infty} (a_j - b_j).$$

- 一般而言, $\sum\limits_{j=1}^{\infty} (a_j - b_j)$ 收敛的速度更快,而 $\sum\limits_{j=1}^{\infty} b_j$ 称为**比较级数**.
- 类似的思想也可以用于定积分的计算.

例 9　用比较级数法求 $\sum\limits_{j=1}^{\infty} \dfrac{1}{\sqrt{j^4+1}}$ 的和.

解　注意到当 j 充分大时, $\dfrac{1}{\sqrt{j^4+1}} \sim \dfrac{1}{j^2}$,而 $\sum\limits_{j=1}^{\infty} \dfrac{1}{j^2} = \dfrac{\pi^2}{6}$,因此

$$\sum_{j=1}^{\infty} \frac{1}{\sqrt{j^4+1}} = \frac{\pi^2}{6} + \sum_{j=1}^{\infty} \left(\frac{1}{\sqrt{j^4+1}} - \frac{1}{j^2} \right)$$

$$\approx 1.64493 - 0.301191 = 1.34374.$$

利用 Mathematica,运行如下代码:

```
a=NSum[1/Sqrt[n^4+1],{n,1,Infinity}];
b=NSum[1/Sqrt[n^4+1.0]-1/n^2,{n,1,5}]+Pi^2/6;
c=NSum[1/Sqrt[n^4+1.0],{n,1,2000}];
{a-b,a-c}
```

也即是比较级数法用了 5 项,直接算法用了 2000 项,误差结果为

$$-0.0000190817, \quad 0.000499875.$$

很明显,比较级数法提供了更快更好的结果.

(2) Aitken 过程

参考前面的 Steffensen 加速,叙述 **Aitken** 过程如下:

- 给定序列 $\{p_n\}$,并且它线性收敛到极限 p ,且假设 $p_n \neq p$,即

$$\exists A, \quad |A| < 1, \quad \lim_{n \to \infty} \frac{p - p_{n+1}}{p - p_n} = A.$$

- 定义

$$q_n = \frac{p_{n+2} p_n - p_{n+1}^2}{p_{n+2} - 2p_{n+1} + p_n} = p_n - \frac{(p_{n+1} - p_n)^2}{p_{n+2} - 2p_{n+1} + p_n}.$$

- 则序列 $\{q_n\}$ 也收敛到 p ,且

$$\lim_{n \to \infty} \left| \frac{p - q_n}{p - p_n} \right| = 0.$$

在证明之前,先给几个简单的例子:

- 如果 $p_n = \dfrac{1}{2^n}$,则

$$q_n = \frac{\dfrac{1}{2^{2n+2}} - \dfrac{1}{2^{2n+2}}}{\dfrac{1}{2^{n+2}} - 2 \cdot \dfrac{1}{2^{n+1}} + \dfrac{1}{2^n}} = 0.$$

很明显,q_n **收敛到 0 的速度更快.**

- 如果 $p_n = \dfrac{1}{n}$,则

$$q_n = \frac{1}{2n+2}.$$

请自行验证它们的收敛速度(可借助 Mathematica).事实上,q_n **的收敛速度与 p_n 差不多**,其原因是 p_n **不是线性收敛**或者说 $A = 1$.

- 假设

$$p_n = \frac{1}{4^n + 4^{-n}},$$

借助 Mathematica 完成如下运算:

```
p[n_]=1/(4^n+4^(-n));
q[n_]=(p[n+2]p[n]-p[n+1]^2)/(p[n+2]-2p[n+1]+p[n]);
listp=Table[p[i]//N,{i,0,4}]
listq=Table[q[i]//N,{i,0,4}]
```

运行后的结果为

n	0	1	2	3	4
p_n	0.5	0.2353	0.06226	0.01562	0.003906
q_n	-0.2644	-0.001585	-0.000024	-3.7×10^{-7}	-5.8×10^{-9}

收敛的加速效果还是非常明显的.

以上例子表明:**在序列线性收敛的前提下**,Aitken 加速效果是很明显的.

接下来**证明** $\lim\limits_{n \to \infty} \left| \dfrac{p - q_n}{p - p_n} \right| = 0.$ 首先根据表达式得到

$$q_n - p = p_n - p - \frac{(p_{n+1} - p_n)^2}{p_{n+2} - 2p_{n+1} + p_n}$$

$$= (p_n - p)\left(1 - \frac{(p_{n+1} - p_n)^2}{(p_n - p)(p_{n+2} - 2p_{n+1} + p_n)}\right),$$

下面证明

$$\lim_{n \to \infty} \frac{(p_{n+1} - p_n)^2}{(p_n - p)(p_{n+2} - 2p_{n+1} + p_n)} = 1.$$

因为

$$\frac{((p_{n+1}-p)-(p_n-p))^2}{(p_n-p) \cdot [(p_{n+2}-p)-2(p_{n+1}-p)+(p_n-p)]} = \frac{\left(\dfrac{p_{n+1}-p}{p_n-p}-1\right)^2}{\dfrac{p_{n+2}-p}{p_n-p}-2\dfrac{p_{n+1}-p}{p_n-p}+1},$$

根据

$$\frac{p_{n+1}-p}{p_n-p} \to A \quad (n \to \infty), \qquad \frac{p_{n+2}-p}{p_n-p}=\frac{p_{n+2}-p}{p_{n+1}-p} \cdot \frac{p_{n+1}-p}{p_n-p} \to A^2 \quad (n \to \infty)$$

可得结论.

最后推导一下级数求和中的 **Aitken** 加速公式.

设级数 $\displaystyle\sum_{k=1}^{\infty} a_k$ 收敛,且和为 S,则

$$S_n=\sum_{k=1}^{n} a_k \to S \quad (n \to \infty),$$

$$S_{n+1}-S_n=a_{n+1},$$

$$S_{n+2}-2S_{n+1}+S_n=a_{n+2}-a_{n+1},$$

$$T_n=S_n-\frac{a_{n+1}^2}{a_{n+2}-a_{n+1}},$$

即得级数求和问题中的 **Aitken** 加速公式.

3) 斯蒂芬森加速的算例

例 10　对 $x_{k+1}=\sqrt{6+x_k}$ 应用 Steffensen 加速,取初值为 $x_0=2.5$.

解　这里 $\varphi(x)=\sqrt{6+x}$,可以直接证明序列线性收敛.

令 $y_k=\sqrt{6+x_k}$,而

$$z_k=\sqrt{6+y_k}=\sqrt{6+\sqrt{6+x_k}},$$

最后得到

$$x_{k+1}=x_k-\frac{(\sqrt{x_k+6}-x_k)^2}{\sqrt{\sqrt{x_k+6}+6}-2\sqrt{x_k+6}+x_k},$$

或者写为

$$x_{k+1}=\Phi(x_k),$$

$$\Phi(x)=x-\frac{(\sqrt{x+6}-x)^2}{x-2\sqrt{x+6}+\sqrt{\sqrt{x+6}+6}}.$$

如果把 $x_0=2.5$ 代入,依次得到

$$x_1=3.00024, \quad x_2=3.000000000054903, \quad x_3=3.0.$$

给出 Mathematica 程序如下:

```
f[x_]:=x^2-x-6;
```

```
g[x_]:=Sqrt[x+6];
k=0;eps=1;x0=2.5;
result={{"k","xk","yk","zk","eps","f(xk)"}};
While[eps>=10^-10&&k<100,y0=g[x0];z0=g[y0];
x1=x0-(y0-x0)^2/(x0+z0-2y0);
AppendTo[result,{k,x0,y0,z0,eps,f[x0]}];
eps=Abs[x1-x0];x0=x1;k++];
AppendTo[result,{k,x0," "," ",eps,f[x0]}];
Grid[result,Frame->All]
Print["f(",x0//InputForm,")=",f[x0]]
```

运行代码后,结果为 $f(3.0)=3.55271\times10^{-15}$.中间的数据为

k	x_k	y_k	z_k	ε	$f(x_k)$
0	2.5	2.91548	2.98588	1	-2.25
1	3.00024	3.00004	3.00001	0.500244	0.00121761
2	3	3	3	0.00024351	2.75×10^{-10}
3	3.0			5.49×10^{-11}	3.55×10^{-15}

作为对比,运行程序

```
FixedPointList[Sqrt[6+#]&,2.5,8]
```

得到

2.5,2.91548,2.98588,2.99765,2.99961,2.99993,2.99999,3.,3.
因为显示的原因,看不到全部的数字,最后一个数据为

$$f(2.9999996972045304)=-1.51398\times10^{-6}.$$

很明显,Steffensen 加速收敛得更快.

我们还可以给出一个如图 3.7 所示的图形:

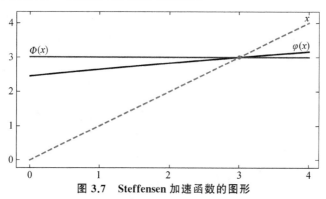

图 3.7 Steffensen 加速函数的图形

可见,$\Phi(x)$ 在所绘范围内近乎一条直线,对它使用迭代格式,肯定快速地收敛到 3.
有兴趣的读者可以调整作图范围和输出范围,加深对它的了解.

注 1　仔细观察算例会发现,**Steffensen 加速甚至改变了收敛的方式**,原算法得到的序列是单调增收敛到 3,而 Steffensen 加速则不同.

注 2　Steffensen 加速的**基本结论**:对于线性收敛算法一般都会有很好的加速效果,对于超线性收敛的算法则加速效果一般.

注 3　Steffensen 加速可能会把不收敛的算法变成收敛的,也可能导致算法收敛到其它的根.本章的上机题目会对 Steffensen 加速进行更多的探讨.

3.4　Newton 法

3.4.1　Newton 法的导出

1) 方式 1

我们**已经知道**:对于 $x_{k+1} = \varphi(x_k)$,若
$$\varphi'(x^*) = 0,$$
则迭代格式至少是 2 阶收敛.现在,对 $f(x) = 0$ 的求根问题,**寻找其满足此特点的不动点迭代格式**.

- 设 $f(x) = 0$ 有根 x^*,即 $f(x^*) = 0$.
- 对于一般的函数 $f(x)$,一种很容易想到的不动点格式为
$$x = x + f(x).$$
- 但 $1 + f'(x^*)$ 一般不为 0,因此它一般也不是我们要找的格式.
- 注意到,对 $x = x + f(x)$ 这种改写来说,**缺乏变化是其失败的根源**.
- 为寻求改变,**引入调节函数** $h(x)$,并且设 $h(x^*) \neq 0$,则此时
$$x = x + h(x)f(x), \quad \varphi(x) = x + h(x)f(x).$$
- 求导数得到
$$\varphi'(x) = 1 + f'(x)h(x) + f(x)h'(x).$$
- 令 x^* 处 $\varphi(x)$ 的导数为 0,得到
$$\varphi'(x^*) = 1 + f'(x^*)h(x^*) + f(x^*)h'(x^*)$$
$$= 1 + f'(x^*)h(x^*) = 0.$$
- 可得 $h(x^*) = -\dfrac{1}{f'(x^*)}$.
- 很显然,满足这个条件的 $h(x)$ 有无穷多个,但**最简单的必然是**
$$h(x) = -\frac{1}{f'(x)}.$$
- 我们得到一种 2 阶算法:
$$x_{k+1} = x_k - \frac{f(x_k)}{f'(x_k)},$$

即求根问题的 Newton 法.这是它诸多导出方式中非常精彩的一个.

2）方式 2

最初的 Newton 法来自于**几何解释**,考虑图 3.8：

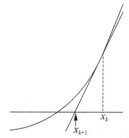

图 3.8 Newton 法的几何解释

假设已得到 x_k,经过该点的切线方程为

$$y = f'(x_k)(x - x_k) + f(x_k),$$

因此

$$x_{k+1} = x_k - \frac{f(x_k)}{f'(x_k)},$$

也得到了所谓的 Newton 法公式.

3）方式 3

前面我们还讨论过**误差修正思想**：

假设 x_k 作为 x^* 的近似值,则误差为 $\Delta x_k = x^* - x_k$,进而

$$f(x_k + \Delta x_k) = f(x_k) + f'(x_k)\Delta x_k + \frac{f''(x_k)}{2}(\Delta x_k)^2 + \cdots = 0,$$

丢弃高阶无穷小项,得到

$$\Delta x_k \approx -\frac{f(x_k)}{f'(x_k)}.$$

根据误差修正的想法,

$$x_{k+1} = x_k + \Delta x_k = x_k - \frac{f(x_k)}{f'(x_k)}$$

应该是一个比 x_k 更好的近似.

4）方式 4

还有一个**分析的方法**,其中也蕴含了重要的数值思想.具体如下：

• 借助 Taylor 展开得到

$$f(x) = f(x_k) + f'(x_k)(x - x_k) + \frac{f''(\theta_k)}{2!}(x - x_k)^2,$$

再把 x^* 代入,得到

$$0 = f(x^*) = f(x_k) + f'(x_k)(x^* - x_k) + \frac{f''(\theta_k)}{2!}(x^* - x_k)^2,$$

进而解得

$$x^* = x_k - \frac{f(x_k)}{f'(x_k)} - \frac{(x^* - x_k)^2}{2f'(x_k)} f''(\theta_k).$$

- 如果 $|x^* - x_k|^2$ 足够小,则

$$x^* \approx x_k - \frac{f(x_k)}{f'(x_k)}.$$

- 我们也得到了 Newton 法.

以上方式均可以得到 Newton 法,并且各具特点,其背后的思想值得深思.

3.4.2 Newton 法的理论分析与算例

1) 理论分析

我们将 Newton 法视为一个不动点迭代格式:

$$x_{k+1} = \varphi(x_k), \quad \varphi(x) = x - \frac{f(x)}{f'(x)},$$

计算导数得到

$$\varphi'(x) = 1 - \frac{f'(x)}{f'(x)} + \frac{f(x)f''(x)}{[f'(x)]^2} = \frac{f(x)f''(x)}{[f'(x)]^2}.$$

再将 $x = x^*$ 代入上式,得到

$$\varphi'(x^*) = \frac{f(x^*)f''(x^*)}{[f'(x^*)]^2},$$

据此得到结论如下:

- 当 x^* 为单根时,$\varphi'(x^*) = 0$,**Newton 法 2 阶局部收敛**;
- 当 x^* 为**多重根**时,由于 $f'(x^*) = 0$,无法得到结论.

事实上,当 x^* 为 **m 重根**时,**Newton 法线性收敛**且 $C = 1 - \dfrac{1}{m}$.

证明 设 x^* 是方程 $f(x) = 0$ 的 m 重根,则根据定义得到
$$f(x) = (x - x^*)^m g(x), \quad g(x^*) \neq 0,$$
进而

$$f'(x) = (x - x^*)^{m-1}(mg(x) + (x - x^*)g'(x)),$$

$$\varphi(x) = x - \frac{(x - x^*)g(x)}{mg(x) + (x - x^*)g'(x)} \quad (x \neq x^*), \quad \varphi(x^*) = x^*,$$

$$\varphi'(x^*) = \lim_{x \to x^*} \frac{\varphi(x) - \varphi(x^*)}{x - x^*}$$

$$= \lim_{x \to x^*} \frac{1}{x - x^*}\left(x - \frac{(x - x^*)g(x)}{mg(x) + (x - x^*)g'(x)} - x^*\right)$$

$$= 1 - \frac{1}{m}.$$

需要说明的是,重数越高,Newton 法的收敛速度越慢.

最终结论:

定理 3.6　设 $f \in C^2[a,b]$,且存在 $x^* \in [a,b]$,$f(x^*) = 0$.若 $f'(x^*) \neq 0$,则存在一个 δ,对于任意 $x_0 \in [x^* - \delta, x^* + \delta] = J_0$,$f(x_0) \cdot f'(x_0) \neq 0$,由

$$x_{k+1} = x_k - \frac{f(x_k)}{f'(x_k)}, \quad k = 0,1,2,\cdots$$

定义的序列 $\{x_k\}$ 收敛到 x^*.进一步的,如果设 $M = \max\limits_{x \in J_0} |f''(x)|$,则

$$|x_{k+1} - x_k| \leqslant \frac{M}{2|f'(x_k)|} \cdot |x_k - x_{k-1}|^2, \quad k = 1,2,\cdots,$$

$$|x^* - x_{k+1}| \leqslant \frac{M}{2|f'(x_k)|} \cdot |x_k - x_{k-1}|^2, \quad k = 1,2,\cdots.$$

注 1　该定理表明,Newton 法作为一个不动点迭代方法是**局部收敛**的.同时,当 x^* 是**单根**时,迭代序列**平方收敛**.

注 2　该定理**没有考虑任何舍入误差**,因此,只有在舍入误差可以忽略时定理才成立.即求根的精度总是受到函数(导数)求值精度的限制.

接下来,说明一下 $\dfrac{M}{2|f'(x_k)|}$ 这个因子是怎么来的.

- 当 x^* 是单根时,$f(x^*) = 0$,$f'(x^*) \neq 0$.

- Newton 法中,$\varphi(x) = x - \dfrac{f(x)}{f'(x)}$,且

$$\varphi'(x) = \frac{f(x)f''(x)}{[f'(x)]^2}, \quad \varphi'(x^*) = 0.$$

- 按照前面的结论,得到

$$\lim_{k \to \infty} \frac{e_{k+1}}{e_k^2} = -\frac{\varphi''(x^*)}{2}.$$

- 计算 $\varphi''(x^*)$ 如下:

$$\varphi''(x^*) = \lim_{x \to x^*} \frac{\varphi'(x) - \varphi'(x^*)}{x - x^*}$$

$$= \lim_{x \to x^*} \frac{f''(x)}{[f'(x)]^2} \cdot \frac{f(x) - f(x^*)}{x - x^*} = \frac{f''(x^*)}{f'(x^*)}.$$

- 把求得到的 $\varphi''(x^*)$ 代入即可.

Newton 法也有所谓的**大范围收敛定理**,但用处不大,不再介绍.

2)程序与算例

例 11　用 Newton 法求 $\sqrt{5}$ 的近似值,要求结果保留 7 位有效数字.

解　考察函数 $f(x) = x^2 - 5$,则

$$\varphi(x) = x - \frac{x^2 - 5}{2x} = \frac{x}{2} + \frac{5}{2x} = \frac{1}{2}\left(x + \frac{5}{x}\right).$$

使用 Newton 法时的**公式**如下:

$$x_0 = 2.0,$$

$$x_{k+1} = \frac{1}{2}\left(x_k + \frac{5}{x_k}\right), \quad k = 0, 1, 2, \cdots.$$

运行 Mathematica 代码:

```
lis=FixedPointList[1/2(#+5/#)&,2.0,5]
err=Table[lis[[i+1]]-lis[[i]],{i,1,5}]
```

输出结果为

$$err = \{0.25, -0.0138889, -0.0000431332, -4.16014 \times 10^{-10}, 0.\}.$$

从误差可以看出, x_5 的结果已经足够好.事实上,有如下对比:

$$x_5 = 2.23606797749979, \quad \sqrt{5} = 2.2360679774997896964,$$

$$e = -3.036 \times 10^{-16}.$$

由此可以发现,在双精度限制下,误差确已为 0.

例 12 用 Newton 法计算 $x^3 - 3x + 2 = 0$ 的两个根.

解 首先

$$x^3 - 3x + 2 = (x-1)^2(x+2),$$

因此,1 是二重根, -2 是单根.

为方便起见,给出一个以函数值为终止判据的通用 Mathematica 程序如下:

```
newton[f_,x0_,eps_,kmax_]:=
Module[{k=0,v=1,x00=x0,x1,fd,t,result},
fd[t_]=D[f[t],t];v=f[x00]//N;
result={{"k","xk","f(xk)"},{k,x00,v}};
While[Abs[v]>eps&&k<kmax,x1=x00-v/fd[x00];v=f[x1];
k++;AppendTo[result,{k,x1,v}];x00=x1];
If[Abs[v]>eps,Print["no an accurate approximation"],
Print[Grid[result,Frame->All]]];{x1,v}]
```

本题中,迭代的基本公式是

$$x_{k+1} = x_k - \frac{x_k^3 - 3x_k + 2}{3x_k^2 - 3} = \frac{2x_k^3 - 2}{3x_k^2 - 3}.$$

下面借助程序分别求两个根,并分析得到的数据.

(1) 以 $x_0 = -2.4, \varepsilon = 10^{-9}$ 进行计算,结果为

k	0	1	2	3	4
x_k	-2.4	-2.0762	-2.0036	-2.00001	$-2.$
$f(x_k)$	-4.62	-0.721	-0.0324	-0.77×10^{-4}	-4.4×10^{-10}

提取其中的数据计算

$$\left|\frac{x_{k+1}+2}{(x_k+2)^2}\right|,$$

结果为

$$0.476188，0.620164，0.771605，0.$$

可见 Newton 法收敛速度较快，基本上是平方收敛.

注　由于收敛过快，理论结果只能大概验证，了解一下大体趋势.

（2）以 $x_0=1.2，\varepsilon=10^{-9}$ 进行计算，结果为

$$k=14，\quad x_k=1.00001，\quad f(x_k)=5.0732\times10^{-10}.$$

这时 Newton 法需要了更多次的迭代.计算

$$\left|\frac{x_{k+1}-1}{x_k-1}\right|$$

的部分结果为

$$0.51515，\cdots，0.501506，0.498498，0.5，0.506024，\cdots.$$

由此可见，此时 Newton 法是线性收敛的，而且 $C\approx0.5$，与理论符合.

3.4.3　Newton 法的进一步分析

Newton 法的优点在于形式简单、实现方便、收敛速度快，但同时有如下缺点：

- Newton 法是**局部收敛**的，对初值有很强的依赖性；
- **多重根时只有线性收敛**；
- Newton 法要**计算函数的导数值**，这在计算中并不容易.

1）初值与终止判据

在使用 Newton 法时，初值和终止判据都会影响计算效果.首先，我们通过一个数值算例研究**初值**对 **Newton 法**的影响.

例 13（数值实验）　分别对如下问题用 Newton 法进行计算：

（1）对 $f(x)=\cos x$ 以 $[2.0,3.0]$ 中的值为初值进行计算，并对比求出的根；

（2）对 $f(x)=x^3-x-3$ 以 $x_0=0.0,0.5,1.0,2.0$ 为初值进行计算.

解　借助前面的程序，计算如下：

（1）以 $x_0=2.0,2.2,2.4,2.6,2.8,3.0$ 为初值的计算结果为

x_0	2.0	2.2	2.4	2.6	2.8	3.0
x^*	1.5708	1.5708	1.5708	1.5708	-83.2522	-4.71239

表格中的

$$-83.2522\approx-\frac{53\pi}{2}，\quad-4.71239\approx-\frac{3\pi}{2}，$$

它们均是 $y = \cos x$ 的零点.可以看出,**初值对收敛到哪个根产生了影响**.

(2) 首先考虑初值为 0.0 时的情况.运行如下程序:

```
f[x_]:=x^3-x-3;
newton[f,0.0,10^-9,20]
```

程序提示没有得到精确解.

而如果运行代码:

```
FixedPointList[(3+2 #^3)/(-1+3 #^2)&,0.0,20]
```

部分数据为

$$-3., -1.96154, -1.14718, -0.00657937,$$
$$-3.00039, -1.96182, -1.14743, -0.00725625,$$
$$-3.00047, -1.96188, -1.14749, -0.0074025,$$

即

$$p_{4+k} \approx p_k, \quad k = 1, 2, 3, \cdots.$$

这种**"周期性"**导致求解失败.

如果修改初值再运行程序,最后的输出为

初值	迭代次数	近似根	函数值
$x_0 = 0.5$	$k = 11$	$x_k = 1.6717$	$f(x_k) = 1.02269 \times 10^{-11}$
$x_0 = 1.0$	$k = 6$	$x_k = 1.6717$	$f(x_k) = 1.25544 \times 10^{-12}$
$x_0 = 2.0$	$k = 4$	$x_k = 1.6717$	$f(x_k) = 3.62395 \times 10^{-11}$

可以看出,**初值影响了 Newton 法的收敛性和收敛速度**.

继续看一个数值算例,观察 Newton 法迭代中的奇怪现象.

例 14(数值实验) 分别对如下问题用 Newton 法进行计算:

(1) 对 $f(x) = x e^{-x}$ 以 $x_0 = 2.0$ 进行计算,观察实验结果;

(2) 对 $f(x) = \arctan x$ 以 $x_0 = 1.45$ 进行计算,观察实验结果.

解 (1) 对于 $f(x) = x e^{-x}, f'(x) = e^{-x}(1-x)$,易知其有唯一的根 0.

运行如下程序:

```
newton[f,2.0,10^-9,100]
```

结果是

$$k = 19, \quad x_k = 23.9212, \quad f(x_k) = 9.77052 \times 10^{-10}.$$

这是错误的,因为 $\lim\limits_{x \to +\infty} x e^{-x} = 0$,**终止判据 $|f(x_k)| \leqslant \varepsilon$ 失误了**.需要设计新的终止判据,比如

$$\frac{|x_{k+1} - x_k|}{|x_k| + \varepsilon_0} \leqslant \varepsilon, \quad \varepsilon_0 \text{ 是某个很小的数}.$$

(2) 由于 $f(x) = \arctan x$, $x - \dfrac{f(x)}{f'(x)} = x - (1+x^2)\arctan x$, 运行:

```
FixedPointList[#-ArcTan[#](1+#^2)&,1.45,10]
```

结果为

$$1.45, \ -1.55026, \ 1.84593, \ -2.88911, \ 8.67845, \ -102.443, \ 16281.4,$$
$$-4.16359 \times 10^8, \ 2.72305 \times 10^{17}, \ -1.16474 \times 10^{35}, \ 2.13099 \times 10^{70}.$$

可以看出,结果出现了**振荡现象**,且绝对值也变得越来越大.

但如果将初值调整为 0.5,结果为

$$0.5, \ -0.0795595, \ 0.000335302, \ -2.51315 \times 10^{-11}, \ 0., \ 0.$$

这是一个正确的结果.

以上说明**初值对 Newton 法的重要性**.实际中,如果我们能借助其它与问题有关的信息,则发生求得错误的根或者计算收敛速度较慢问题的可能性就会降低.

数值实验 3.1 在上例中提到了**新的终止判据**,比如

$$|x_{k+1} - x_k| \leqslant \varepsilon, \quad \frac{|x_{k+1} - x_k|}{|x_k|} \leqslant \varepsilon, \quad \frac{|x_{k+1} - x_k|}{|x_k| + \varepsilon_0} \leqslant \varepsilon.$$

请修改前面的程序,设置函数值误差和后验误差(多种)的双重终止判据,并对相应的算例运行你的程序,对比运算结果.

2) Newton 法同二分法的结合

为了提升 Newton 法的稳定性,减少初值对它的影响,可以把它与二分法相结合.具体的策略如下:

- 假设 $a < b$, $f(a)f(b) < 0$,从 $x = a$ 或者 $x = b$ 开始迭代;
- 如果

$$\bar{x} = x - \frac{f(x)}{f'(x)} \in (a, b),$$

接受它,否则取 $\bar{x} = \dfrac{a+b}{2}$;

- 根据函数值的正负号,选取 $[a, \bar{x}]$ 或者 $[\bar{x}, b]$ 作为新的有根区间;
- 重复前面的过程,并在 $|f(\bar{x})|$ 足够小时终止迭代.

数值实验 3.2 选取适当的终止判据实现上述算法,并对前面的算例运行你的程序,对比运算结果.

3) 重根修正

Newton 法在遭遇重根情况时,只有线性收敛.下面提供**两种解决方案**.

- **方案 1**:格式

$$x_{k+1} = x_k - m \frac{f(x_k)}{f'(x_k)}$$

至少是 2 阶收敛的.

它的证明请对比重根时 Newton 法线性收敛的证明,只需要修改 $\varphi(x)$ 即可.
证明时的核心变化是

$$\varphi'(x^*) = 1 - m \cdot \frac{1}{m} = 0.$$

该方案的缺点是根的重数 m 通常是未知的.

• **方案 2:** 考虑函数

$$u(x) = \frac{f(x)}{f'(x)},$$

若 x^* 是 $f(x) = 0$ 的 m 重根,则 x^* 是 $u(x) = 0$ 的单根.

如果**直接对 $u(x)$ 应用 Newton 公式**,算法具有 **2 阶收敛.**

只需要验证 x^* 是 $u(x)$ 的单根即可,方法如下:

$$f(x) = (x - x^*)^m g(x), \quad g(x^*) \neq 0,$$

$$f'(x) = (x - x^*)^{m-1}(mg(x) + (x - x^*)g'(x)),$$

$$u(x) = \frac{f(x)}{f'(x)} = (x - x^*) \cdot \frac{g(x)}{mg(x) + (x - x^*)g'(x)},$$

$$h(x) = \frac{g(x)}{mg(x) + (x - x^*)g'(x)},$$

$$h(x^*) = \frac{g(x^*)}{mg(x^*) + (x^* - x^*)g'(x^*)} = \frac{1}{m} \neq 0.$$

具体的计算公式是

$$x_{k+1} = x_k - \frac{u(x_k)}{u'(x_k)} = x_k - \frac{f(x_k)f'(x_k)}{[f'(x_k)]^2 - f''(x_k)f(x_k)}.$$

该方案的缺点是公式更加复杂,同时用到了 2 阶导数.

例 15 分别用 Newton 法的两种修正方案计算 $x^3 - 3x + 2 = 0$ 的重根.

解 已经知道该方程具有二重根 $x^* = 1$.

(1) 第一种方法的迭代函数为

$$\varphi(x) = x - 2\frac{x^3 - 3x + 2}{3x^2 - 3} = \frac{x^2 + x + 4}{3x + 3}.$$

运行代码:

```
FixedPointList[(4+#+#^2)/(3+3#)&,1.5,10]//InputForm
```

结果显示:5 次迭代完成计算,最后 3 次的结果为

$$1.0000000055292282,\ 1.,\ 1.$$

(2) 计算得到

$$u(x) = \frac{x^3 - 3x + 2}{3x^2 - 3},$$

$$\varphi(x) = x - \frac{u(x)}{u'(x)} = \frac{4x + 2}{x^2 + 2x + 3}.$$

运行代码：

```
FixedPointList[(2+4#)/(3+2#+#^2)&,1.5,10]//InputForm
```

结果显示：6 次迭代完成运算，最后 3 次的结果为

$$0.9999999959343783,\ 0.9999999999999999,\ 1.$$

算例表明：在合理的前提下，两种方案确实对改善收敛状况有帮助.

3.4.4　割线法

Newton 法需要知道导数值 $f'(x_k)$，对很多问题而言这并不容易.

从历史上看，割线法（the Secant Method）是早于 Newton 法出现的.但是，很多人依旧会**把割线法视为一种解决 Newton 法求导困难的方案.**

- 按照几何解释，Newton 法用切线作为曲线的近似.但如果提供两个点

$$(x_{k-1},f(x_{k-1})),\quad (x_k,f(x_k)),$$

也可以用这两个点的割线作为曲线的近似.或者干脆令

$$f'(x_k)\approx\frac{f(x_k)-f(x_{k-1})}{x_k-x_{k-1}}.$$

- 所以，**割线法**通常会写成

$$x_{k+1}=x_k-f(x_k)\cdot\frac{x_k-x_{k-1}}{f(x_k)-f(x_{k-1})}.$$

- 割线法并不是不动点迭代法，而算是一种**具有记忆的不动点迭代.**

- **注意：**我们不建议把割线法写成

$$x_{k+1}=\frac{x_{k-1}f(x_k)-x_kf(x_{k-1})}{f(x_k)-f(x_{k-1})},$$

因为这种写法可能会导致严重的抵消现象的发生.

- 若函数值满足

$$|f(x_{k-1})|\geqslant|f(x_k)|>0,$$

则下面的格式可以有效避免上溢：

$$x_{k+1}=x_k+\frac{s_k}{1-s_k}(x_k-x_{k-1}),\quad 其中\ s_k=\frac{f(x_k)}{f(x_{k-1})}.$$

请解释这么做的原因.

1）误差分析

割线法的误差分析证明需要用到**插值多项式的误差余项公式**，引用如下：

定理 3.7（插值余项公式）　设 $f(x)$ 在包含 $n+1$ 个互异节点 $x_0,x_1,\cdots,x_n$ 的区间 $[a,b]$ 上具有 n 阶连续导数，且在 (a,b) 内存在 $n+1$ 阶导数，则对于任意的 $x\in[a,b]$，有

$$R_n(x)=f(x)-p_n(x)=\frac{f^{(n+1)}(\xi)}{(n+1)!}W_{n+1}(x),$$

其中

$$\xi \in (a,b), \quad W_{n+1}(x) = (x-x_0)(x-x_1)\cdots(x-x_n).$$

该定理是多项式插值中的重要定理，后续部分会给出它的证明思路.

因为**割线法相当于做了一次插值**，根据这个定理，有如下关系：

$$f(x) = f(x_k) + \frac{f(x_k) - f(x_{k-1})}{x_k - x_{k-1}}(x - x_k) + \frac{f''(\xi_k)}{2}(x - x_k)(x - x_{k-1}).$$

令 $x = x^*$，并利用 $\dfrac{f(x_k) - f(x_{k-1})}{x_k - x_{k-1}} = f'(\eta_k)$ 可得

$$f(x_k) + f'(\eta_k)(x^* - x_k) + \frac{f''(\xi_k)}{2}(x^* - x_k)(x^* - x_{k-1}) = 0,$$

又根据割线法的递归关系

$$x_{k+1} = x_k - \frac{f(x_k)}{f'(\eta_k)},$$

得到

$$f(x_k) = f'(\eta_k)(x_k - x_{k+1}) = f'(\eta_k)(x_k - x^*) + f'(\eta_k)(x^* - x_{k+1}),$$

即

$$f(x_k) + f'(\eta_k)e_k + \frac{f''(\xi_k)}{2}e_k e_{k-1} = 0,$$

$$f(x_k) + f'(\eta_k)e_k = f'(\eta_k)e_{k+1}.$$

最终得到

$$e_{k+1} = -\frac{1}{2}\frac{f''(\xi_k)}{f'(\eta_k)}e_k e_{k-1}.$$

那么**算法的收敛阶是多少**？讨论如下：

- 设 $e_{k+1} \approx C e_k e_{k-1}$ 且 $|e_{k+1}| \sim A|e_k|^\alpha$；
- 又根据 $|e_k| \sim A|e_{k-1}|^\alpha$，得到 $|e_{k-1}| \sim A^{1/\alpha}|e_k|^{1/\alpha}$；
- 综上，有关系式

$$A|e_k|^\alpha \sim |C| \cdot |e_k| \cdot A^{1/\alpha} \cdot |e_k|^{1/\alpha};$$

- 如果关系式成立，需要

$$\alpha = 1 + \frac{1}{\alpha},$$

因此取 $\alpha = \dfrac{\sqrt{5}+1}{2} \approx 1.618$，即**割线法的收敛阶是 1.618**.

例16 取初值为 $x_0 = -2.6$，$x_1 = -2.4$，利用割线法求方程 $x^3 - 3x + 2 = 0$ 的根 -2（误差限取 $\varepsilon = 10^{-6}$），并求算法的数值收敛阶.

解 迭代公式为

$$x_{k+1} = x_k - \frac{(x_k^3 - 3x_k + 2)(x_k - x_{k-1})}{x_k^3 \quad x_{k-1}^3 - 3x_k + 3x_{k-1}}, \quad k = 1, 2, \cdots,$$

选取 $|f(x_k)| \leqslant \varepsilon$ 作为终止判据,计算的结果为

$$-2.6, \quad -2.4, \quad -2.1066, \quad -2.02264, \quad -2.00151, \quad -2.00002, \quad -2,$$

最后得到的数据是 $f(-2.0000000226858163) = -2.04172 \times 10^{-7}$.

根据得到的误差数据,在 Mathematica 中运行如下指令:

```
lis={-2.6,-2.4,-2.1066,-2.02264,-2.00151,-2.00002,-2.};
err=Abs[lis+2];
data=Table[{Log[err[[i]]],Log[err[[i+1]]]},{i,5}];
Fit[data,{1,t},t]
```

输出是

$$-0.360982 + 1.60963t,$$

即 $\alpha = 1.60963$,与理论结果基本吻合.

数值实验 3.3 请编写割线法的程序并用它计算例 16.

2)割线法和 Newton 法的对比

从收敛阶上看 $1.618 < 2$,割线法的收敛速度不如 Newton 法.但要注意,割线法每次只需要计算一个新的函数值,Newton 法每次则需要计算两个函数值.而在这些算法中,**函数求值是主要计算量**,因此割线法的两步相当于 Newton 法的一步,从而

$$|e_{k+2}| \sim A |e_{k+1}|^\alpha \sim A^{1+\alpha} |e_k|^{\alpha^2}, \quad 其中 \alpha^2 = \frac{3+\sqrt{5}}{2} \approx 2.62 > 2.$$

由此,割线法又比 Newton 法的平方收敛要好.但割线法两步的工作量多于 Newton 法一步的工作量,不过 Newton 法还要考虑导数值是否易求的问题.总之,从渐进意义上来说,**割线法会比 Newton 法效率更高**(求根总成本低).

此外,还有很多基于 Newton 法的算法以及变形(拟 Newton 法),不再一一举例.但可以这么说,Newton 法相关算法是非线性方程求根问题最重要的解决方案.

3.5 非线性方程组求根

非线性方程组求根要比单个方程求根困难不少,原因如下:

- 对非线性方程组来说,解的存在性以及个数的分析更加复杂;
- 算法收敛性更难保证,一般无法做到既快又安全地收敛到问题的解;
- 随着问题维数的增加,总计算量会迅速增加.

因此,非线性方程组求根更依赖于具体问题,很多算法仅仅适用于具有某种特点的方程,否则收敛性和收敛速度都会受到影响.

接下来,我们只简单介绍下非线性方程组最基本的求根算法.

3.5.1 不动点迭代法

设有 n 维非线性方程组 $f(x) = 0, f: \mathbf{R}^n \to \mathbf{R}^n$.

- 一个方法依旧是把方程求根的问题转为不动点问题：

$$x = g(x), \quad x \in \mathbf{R}^n.$$

- 相应的不动点迭代法是

$$给定初值 \ x_0 \in \mathbf{R}^n, \quad x_{k+1} = g(x_k).$$

- 在一维问题中,算法的收敛性同 $|g'(x^*)|$ 与 1 的关系相关.
- 在高维问题中,则要改为

$$\rho(G(x^*)) < 1,$$

其中, G 是 g 的 Jacobi 矩阵, $\rho(G)$ 表示 G 的谱半径,且 $G_{ij} = \dfrac{\partial g_i(x)}{\partial x_j}$.

- $\rho(G(x^*))$ 越小,收敛越快.

3.5.2 Newton 法

简单起见,我们仅考虑 2 维情形,假定下述问题有根 (x^*, y^*)：

$$\begin{cases} f(x, y) = 0, \\ g(x, y) = 0, \end{cases}$$

线性化的思想依旧可用.若给定 (x, y),实际解为 $(x + \Delta x, y + \Delta y)$,则

$$\begin{cases} 0 = f(x + \Delta x, y + \Delta y) = f(x, y) + f_x \Delta x + f_y \Delta y + o_1(\rho), \\ 0 = g(x + \Delta x, y + \Delta y) = g(x, y) + g_x \Delta x + g_y \Delta y + o_2(\rho), \end{cases}$$

其中 $\rho = \sqrt{(\Delta x)^2 + (\Delta y)^2}$.用矩阵语言描述得到如下近似关系：

$$-\begin{bmatrix} f(x, y) \\ g(x, y) \end{bmatrix} \approx \begin{bmatrix} f_x & f_y \\ g_x & g_y \end{bmatrix} \begin{bmatrix} \Delta x \\ \Delta y \end{bmatrix},$$

求解这个系统,得到误差

$$\begin{bmatrix} \Delta x \\ \Delta y \end{bmatrix} = -\begin{bmatrix} f_x & f_y \\ g_x & g_y \end{bmatrix}^{-1} \begin{bmatrix} f(x_k, y_k) \\ g(x_k, y_k) \end{bmatrix},$$

进而得到迭代格式

$$\begin{bmatrix} x_{k+1} \\ y_{k+1} \end{bmatrix} = \begin{bmatrix} x_k \\ y_k \end{bmatrix} - \begin{bmatrix} f_x & f_y \\ g_x & g_y \end{bmatrix}^{-1} \begin{bmatrix} f(x_k, y_k) \\ g(x_k, y_k) \end{bmatrix}.$$

对于更一般的问题 $f(x) = 0, f: \mathbf{R}^n \to \mathbf{R}^n$,格式为

$$x_{k+1} = x_k - J_f^{-1}(x_k) \cdot f(x_k).$$

注意 求逆运算不应该直接计算,而是要通过解方程组实现,实际为

$$J_f(x_k) \Delta x_k = -f(x_k), \quad x_{k+1} = x_k + \Delta x_k.$$

例 17　对方程组

$$\begin{cases} 4x^2 - y^2 = 0, \\ 4xy^2 - x = 1, \end{cases}$$

以 $(1,1)$ 为初值用 Newton 法执行两次迭代,结果保留 3 位有效数字.

解　先计算 Jacobi 矩阵为

$$\boldsymbol{J} = \begin{bmatrix} 8x & -2y \\ 4y^2 - 1 & 8xy \end{bmatrix},$$

则

$$\begin{bmatrix} 8 & -2 \\ 3 & 8 \end{bmatrix} \begin{bmatrix} \Delta x_0 \\ \Delta y_0 \end{bmatrix} = - \begin{bmatrix} 3 \\ 2 \end{bmatrix}, \quad \begin{bmatrix} \Delta x_0 \\ \Delta y_0 \end{bmatrix} = - \begin{bmatrix} 0.4 \\ 0.1 \end{bmatrix},$$

$$\begin{bmatrix} x_1 \\ y_1 \end{bmatrix} = \begin{bmatrix} 1 \\ 1 \end{bmatrix} - \begin{bmatrix} 0.4 \\ 0.1 \end{bmatrix} = \begin{bmatrix} 0.6 \\ 0.9 \end{bmatrix}, \quad \boldsymbol{J}_1 = \begin{bmatrix} 4.8 & -1.8 \\ 2.24 & 4.32 \end{bmatrix}.$$

要求解的线性方程组为

$$\begin{bmatrix} 4.8 & -1.8 \\ 2.24 & 4.32 \end{bmatrix} \begin{bmatrix} \Delta x_1 \\ \Delta y_1 \end{bmatrix} = - \begin{bmatrix} 0.63 \\ 0.344 \end{bmatrix},$$

求解得到

$$\begin{bmatrix} \Delta x_1 \\ \Delta y_1 \end{bmatrix} = - \begin{bmatrix} 0.1349 \\ 0.0097 \end{bmatrix},$$

最后得到

$$\begin{bmatrix} x_2 \\ y_2 \end{bmatrix} = \begin{bmatrix} 0.6 \\ 0.9 \end{bmatrix} - \begin{bmatrix} 0.1349 \\ 0.0097 \end{bmatrix} = \begin{bmatrix} 0.4651 \\ 0.8903 \end{bmatrix} \approx \begin{bmatrix} 0.465 \\ 0.890 \end{bmatrix}.$$

这个问题在 $(1,1)$ 附近的解为 $(0.44908, 0.898161)$.

注　通过这个例题,我们可以大概了解 Newton 法求解非线性方程组的过程.同时也可以看到,随着方程组规模的加大,方法必然面临计算量上的巨大困难:

- 每次计算都要生成新的 Jacobi 矩阵,求导工作量巨大;
- 线性方程组求解的工作量是 $O(n^3)$.

为了降低 Newton 法的工作量,通过对它进行各种变形,得到了**拟牛顿法**.我们不对它们进行更多介绍,仅指出这类方法的**两个常用策略**:

- 几个相邻的迭代步骤中采用同一个 Jacobi 矩阵,从而避免导数矩阵的重新计算和分解.但这会影响算法的收敛速度,因此我们要在计算速度和计算成本之间进行平衡.
- 每次迭代时只求出导数矩阵的近似值或分解的近似值.若干变形中**最成功的方法之一 —— 割线修正法**就采用了这种策略.

3.6　通过软件求根

我们已经介绍了一些非线性方程和方程组的求根算法,从学习角度来说,理解这些算法背后的数值思想非常重要,同时,对它们进行理论分析、编程和数值实验,也有助于我们计算能力的提升.

除一些特殊的任务外,其实我们不必自编程序,而应该使用成熟的软件或者软件包.对于求根问题,最好的软件也是相当复杂的,必须结合好几种过程才能既保证整体收敛性又保证局部快速收敛,并且这些过程之间可能还会有冲突.我们非常赞成在学习阶段大家多编程,亲自动手写代码.**但实际应用中,只要有可能,还是应该使用得到确认并经过检验的软件或程序**.

常用软件很多,比如 NAG,IMSL,TOMS,NUMAL,MATLAB 等,这里我们仅介绍 Mathematica 和 MATLAB.

3.6.1　利用 Mathematica

关于非线性方程组的数值求解,Mathematica 提供了两个基本函数:

NSolve, FindRoot.

1) NSolve 的用法

该函数用于求解代数方程,基础用法是

NSolve[expr,vars], NSolve[expr,vars,Reals].

比如输入如下指令:

```
NSolve[{x^2+y^3==1,2x+3y==4},{x,y}]
NSolve[{x^2+y^3==1,2x+3y==4},{x,y},Reals]
```

分别得到该问题的全部解以及实数解.

一个拓展应用的例子如下:

```
NSolve[x^4-3x^2+2x-5==0&&x>1,x]
```

该指令可以求出方程大于 1 的实根.也即,**指令中可以加入不等式条件**.在它的帮助文档中,可以找到函数的适用范围以及更多的使用案例.

使用 NSolve 时要小心.例如,考虑高次 Legendre 多项式的零点计算:

```
p[n_,x_]:=LegendreP[n,x];
sol=NSolve[p[50,x]==0,x];
xr=x/.sol;
Max[Abs[p[50,xr]]]
```

输出结果为 147.062,这说明某个根对应的函数值超过了 100.

而运行

```
p[n_,x_]:=LegendreP[n,x];
sol=Solve[p[50,x]==0,x];
r=N[sol];
xr=x/.r;
Max[Abs[p[50,xr]]]
```

输出结果为 2.61326×10^{-14}，这是一个令人满意的结果.

事情发生的原因在于高次多项式求根通常是一个病态问题，即使成熟的数学软件提供的算法也不一定能保证得出正确的结果.因此，

数值求解和验证必须兼顾才能完成非线性方程的求根.

注　后一种做法利用了 Mathematica 强大的符号运算能力.

2）FindRoot 的使用

与 **NSolve** 相比，FindRoot 函数还适用于超越方程.其基本用法如下：

```
FindRoot[Cos[x]==x,{x,0}]
FindRoot[{Exp[x-2]==y,y^2==x},{{x,1},{y,1}}]
FindRoot[Sin[x],{x,1}]
FindRoot[Sin[x],{x,1,3}]
FindRoot[(Cos[z+I]-2)(z+2),{z,1}]
```

请运行这些代码查看结果.这些实例已经足够说明函数的适用范围.

关于 **FindRoot**，一些必须的说明如下：

- 这个函数通过迭代法求出方程的解，需要给它提供初值；
- 描述方程的时候，$f(x)==0$ 和 $f(x)$ 均可以被函数接受；
- 方程或者它的初值可以是复的，也可以是实的；
- 给两个初值可以避免导数的计算，可理解为采用了割线法；
- 该函数甚至还可以限定求解的范围：

```
FindRoot[lhs==rhs,{x,xstrat,xmin,xmax}]
```

- 与 NSolve 相比，**它每次只给出一个根**.

关于 FindRoot 更多的用法，请参见帮助文档.

3.6.2　利用 MATLAB

MATLAB 对于求根问题提供了基本函数 fzero，它可以计算某一点附近的根，也可以求某个区间内的根.fzero 的完整调用指令是

```
[x,fval,exitflag,output]=fzero(fun,x0,options)
```

函数的输入：

- fun，函数标识，可以是匿名函数或者 m 文件等；
- x0，初值或者初始有根区间，有根区间时要求端点符号相反；
- options，求解过程的一个控制参数，通常是一个结构体，可不选.

函数返回：

- x 根的近似值；
- fval=fun(x)，即近似根对应的函数值；
- exitflag，用于说明 fzero 停止的原因；
- output，包含有关求解过程信息的输出结构体.

可以进行各种**缺省输出**.比如：

```
fun=@(x) sin(x)
x0=3;x=fzero(fun,x0)
xnew=fzero(fun,[-5,-1])
```

输出的结果分别为 3.1416，−3.1416.可以修改输出项数，加深了解.

另外，还可以借助 MATLAB 的 fzero 函数完成参数化求值.比如：

```
myfun=@(x,c) cos(c* x);     % parameterized function
c=2;                        % parameter
fun=@(x)myfun(x,c);         % function of x alone
x=fzero(fun,0.1)
```

这个例子还可以更简洁地实现：

```
c=2;
x=fzero(@(x) cos(c* x),0.1)
```

两段代码的结果都是 0.7854.你可以改变初值，看看会发生什么.

如果是多项式求根，可以用 roots 函数.比如求解 $x^4-1=0$，代码为

```
p=[1 0 0 0 -1];
r=roots(p)
```

使用这个函数时，**多项式降幂排列，缺项补 0**，结果则是 4 个根.

而求解非线性方程组，则需要使用 fsolve：

```
[x,fval,exitflag,output,jacobian]
=fsolve(fun,x0,options)
```

它支持的输出多了一项，输入部分同前.但是，函数和初值都是多元的.

具体的例子参见函数的帮助文档.

3.7 习题

1. 应用二分法求方程 $x^3+4x^2-10=0$ 在区间 $[1,2]$ 上的实根时，如果要使结果具有 4 位有效数字，至少应迭代多少次？

2. 求方程 $x^3-x^2-1=0$ 在 1.5 附近的实根，并构造迭代格式：

(1) $x_{k+1}=\varphi_1(x_k)=1+\dfrac{1}{x_k^2}$；　　　　(2) $x_{k+1}=\varphi_2(x_k)=\sqrt[3]{1+x_k^2}$；

(3) $x_{k+1} = \varphi_3(x_k) = \sqrt{\dfrac{1}{x_k - 1}}$.

判断迭代格式的收敛性并选择收敛速度较快的一种迭代格式计算该根,结果保留 6 位有效数字.

3. 给定方程 $x + e^{-x} - 4 = 0$.

(1) 分析该方程存在几个根;

(2) 用迭代法求出这些根(精确到 4 位有效数字),并说明所用迭代格式为什么是收敛的.

4. 构造一种迭代算法求 $\sqrt[5]{2019}$ 的近似值(精确到 4 位有效数字).

5. 给定方程 $x = \tan x$,试求它在 $\left(4, \dfrac{3}{2}\pi\right)$ 内的根,精确到 4 位有效数字.

6. 给定迭代公式

$$x_{k+1} = 2x_k - x_k^2 y, \quad y \text{ 为固定参数},$$

确定它是某个函数的 Newton 迭代公式.这样变形的目的是什么?

7. 已知方程 $x^4 - 4x^2 + 4 = 0$ 的一个根为 $\sqrt{2}$,分别用 Newton 法及其重根修正公式计算这个根,结果保留 4 位有效数字.

8. 用割线法求方程 $x^3 - 2x - 5 = 0$ 在 2 附近的根,取 $x_0 = 2, x_1 = 2.2$,结果保留 5 位有效数字.

9. 对方程组

$$\begin{cases} x + 2y = 2, \\ x^2 + 4y^2 = 4, \end{cases}$$

以 $(1,2)$ 为初值用 Newton 法执行两次迭代,结果保留 3 位有效数字.

10. (上机题)假设有方程

$$G(x, y) = 3x^7 + 2y^5 - x^3 + y^3 - 3 = 0,$$

利用 Newton 法建立表格函数 $y = f(x)$,x 从 0 出发,步长为 0.1,依次进行到 $x = 10$ 为止,并画出这段函数的图形.

11. (上机题)Steffensen 加速的数值研究.

(1) 用不动点迭代法求解 $x^3 - x - 1 = 0$ 的根,要求至少设计两种迭代格式,并且线性收敛格式和发散格式都至少有一个.如果误差限选为 $\varepsilon = 10^{-12}$,根据你设计的格式,对比直接计算和 Steffensen 加速的结果.

(2) 给定方程 $3x^2 - e^x = 0$,分析其有根区间.若迭代格式为

$$x_{k+1} = \varphi(x_k), \quad \varphi(x) = \ln x^2 + \ln 3,$$

选初值分别为 $x_0 = 3.5, 1, -0.5$,对比直接计算和 Steffensen 加速的结果.同时,针对该问题,设计更多不动点迭代格式,选取更多初值,重复前面的操作.

(3) 通过以上两个实验,你对 Steffensen 加速有了什么样的认识?

4 线性方程组的直接法

线性系统是数值计算中最常见、最基础的研究对象之一,许多数值问题最终都会归结为对一个或者多个线性系统相关子问题的求解.这一章中,我们仅讨论线性方程组求解的**直接法**,并对线性系统求解问题进行简单的误差分析.至于线性方程组的迭代解法、特征值计算等问题,留待后续部分讨论.

4.1 线性方程组

在自然界中,线性是一种很常见的关系.简单点说,这种关系是指事情的**原因和结果成比例**;复杂点说,则是事情的结果由多种原因按比例组合导致.

描述线性系统最方便的工具就是**矩阵与向量**.在**线性代数**或**几何与代数**这类课程中,我们知道**线性变换和矩阵是一一对应的**,甚至有时候我们直接把二者做等价表述.关于矩阵,我们假设读者具备相关的基础知识.在第 1 章中我们也罗列出了部分重要的内容,更多知识请查阅相关的教材.

4.1.1 线性系统的基本问题

线性关系用**矩阵语言**表述如下:
$$Ax = b, \quad 其中 A \in \mathbf{R}^{m \times n}, x \in \mathbf{R}^n, b \in \mathbf{R}^m.$$

对于线性系统,有**两个基本问题**:

- 已知 A, x,求 b,这是计算**矩阵同向量的乘积**,也就是求值问题;
- 已知 A, b,求 x,这是**线性方程组的求根问题**.

前者在线性代数中只是一种基本运算.但在数值计算中,特别是在系统规模越来越大的今天,**对它的运算量和精度的控制开始变得非常之重要**.

线性方程组的求根问题,根据 m, n 的大小关系分为三类:

- $m = n$ 时,方阵,方程个数等于未知数的个数.这是我们要求解的对象.

- $m > n$ 时,长方阵,方程个数多于未知数的个数.一般没有精确意义的解,但**可求某种最优解**,它属于最小二乘问题.

- $m < n$ 时,长方阵,方程个数少于未知数的个数.一般会有无穷多个解,经常要求**某种限定条件下的最优解**,也属于最小二乘问题.

在这一章,我们的目标就是求解实线性系统(方法同样适用于复系统情形):
$$Ax = b, \quad 其中 A \in \mathbf{R}^{n \times n}, x \in \mathbf{R}^n, b \in \mathbf{R}^n.$$

与线性代数课程不同,我们使用的工具是计算机,由于浮点系统的原因,**舍入误差不可避免**,因此往往只能求出方程组在某种精度下的**近似解**.同时,既然借助于计算机,**问题的规模往往很大**,这就对求解算法在速度和精度方面提出了双重要求.也即是说,我们的目标必然是构造**既快又好的求解线性系统**.

4.1.2 线性系统的解

对于我们要考虑的问题,**它的解在数学上有着明确的结论**:
- 如果 A 是非奇异矩阵,则 $x = A^{-1}b$ 是其**唯一解**,其中 b 是任意的;
- 如果 A 是奇异矩阵且 A 和 (A,b) 的秩不相等,**没有解**;
- 如果 A 是奇异矩阵且 A 和 (A,b) 的秩相等,系统具有**无穷多个解**.

矩阵的**奇异性**是矩阵非常重要的一个指标.矩阵 A 非奇异等价于:
- A 可逆,即存在矩阵 $B = A^{-1}$ 满足 $AB = BA = I_n$;
- A 的秩 $\mathrm{rank}(A) = n$;
- $Ax = 0$ 只有零解;
- A 的行列式不为 0.

我们只讨论矩阵 A 非奇异的情况.从数值计算的角度看,应重点关注:

如何计算线性方程组的数值解以及如何对解的可信程度进行分析.

4.1.3 如何数值求解

线性方程组的求解一般有两种方法:**直接法**和**迭代法**.

线性方程组的迭代法类似于第 3 章的迭代法,核心思想依旧是

构造一个近似解的序列 $\{x^{(k)}\}$,

在 $x^{(k)}$ 充分靠近真实解时停止迭代.这一方法我们放到本书的下一篇中再介绍.

接下来,我们讨论直接方法.如同第 2 章所言,我们的策略就是

将一般(复杂)系统转化为容易求解的简单系统.

两个衍生问题:
- **问题 1**:什么样的变换能够**保持系统的解不变**?
- **问题 2**:什么样的系统**容易求解**?

对问题 1,如果做不到不改变解,那么可以要求解的误差在某种容忍误差范围内.另外,如果解具有很大的改变,但能够通过某种方式复原,也是常用的变换策略.比如说,解发生了平移或者缩放等,但我们暂不考虑这类方法.

关于问题 1,线性代数中有现成的**结论**:如果矩阵 M 是非奇异的,则

$$MAz = Mb \quad \text{与} \quad Ax = b \text{ 同解}.$$

原因是

$$z = (MA)^{-1}Mb = A^{-1}M^{-1}Mb = A^{-1}b = x.$$

即**任何一个非奇异矩阵,左乘于方程组的两边,解不变**.我们只需要选择合适的非奇异矩阵完成变换操作即可.

至于问题 2,随后再讨论.

1) 初等变换矩阵

线性代数的经验和结论告诉我们:

- 直接通过一个非奇异矩阵把矩阵变成简单的形式是很困难的;
- 任何一个非奇异矩阵都可以分解为一系列初等变换矩阵的乘积.

下面,我们就先回顾一下**三类初等变换矩阵**.

(1) 第一类初等矩阵(又称置换矩阵)

- 具体矩阵是

$$\boldsymbol{P}_{ij} = \begin{bmatrix} 1 & & & & & & \\ & \ddots & & & & & \\ & & 0 & \cdots & 1 & & \\ & & \vdots & & \vdots & & \\ & & 1 & \cdots & 0 & & \\ & & & & & \ddots & \\ & & & & & & 1 \end{bmatrix},$$

可以通过对换单位阵 $\boldsymbol{I}_n$ 的第 i 行和第 j 行得到该矩阵.

- $\boldsymbol{P}_{ij}\boldsymbol{A}$ **对换**矩阵 $\boldsymbol{A}$ 的第 i 行和第 j 行;
- $\boldsymbol{P}_{ij}$ 是**对称矩阵,且其逆矩阵是自身**,即

$$\boldsymbol{P}_{ij}^{\mathrm{T}} = \boldsymbol{P}_{ij}, \quad \boldsymbol{P}_{ij}\boldsymbol{P}_{ij} = \boldsymbol{I}_n.$$

(2) 第二类初等矩阵

- 具体矩阵是

$$\boldsymbol{P}_i(\alpha) = \begin{bmatrix} 1 & & & & & & \\ & \ddots & & & & & \\ & & 1 & & & & \\ & & & \alpha & & & \\ & & & & 1 & & \\ & & & & & \ddots & \\ & & & & & & 1 \end{bmatrix}, \quad \alpha \neq 0,$$

该矩阵可以通过把单位阵 $\boldsymbol{I}_n$ 的第 i 行乘以 α 得到.

- $\boldsymbol{P}_i(\alpha)\boldsymbol{A}$ 把 $\boldsymbol{A}$ 的第 i 行乘以 α;
- $\boldsymbol{P}_i(\alpha)$ 是对角阵,它的逆矩阵是 $\boldsymbol{P}_i\left(\dfrac{1}{\alpha}\right)$.

(3) 第三类初等矩阵

- 具体矩阵是

$$
\boldsymbol{T}_{ij}(\alpha) =
\begin{bmatrix}
1 & & & & & & & \\
& \ddots & & & & & & \\
& & 1 & & & & & \\
& & \vdots & \ddots & & & & \\
& & \alpha & \cdots & 1 & & & \\
& & & & & \ddots & & \\
& & & & & & 1 &
\end{bmatrix},
$$

它可以通过把单位阵 $\boldsymbol{I}_n$ 的第 i 行乘以 α 加到第 j 行上得到.

- $\boldsymbol{T}_{ij}(\alpha)\boldsymbol{A}$ 把 $\boldsymbol{A}$ 的第 i 行乘以 α 加到第 j 行上;
- $\boldsymbol{T}_{ij}(\alpha)$ 是单位下三角阵,它的逆矩阵是 $\boldsymbol{T}_{ij}(-\alpha)$.

关于三类初等矩阵的更多细节请参考线性代数教材.

注意　三类初等矩阵**左乘**矩阵 $\boldsymbol{A}$ 实现对 $\boldsymbol{A}$ 的行变换;相对的,若是**右乘**,则实现的是对它的列变换.**口诀:行左列右**.

进一步的对比如下:

- $\boldsymbol{P}\boldsymbol{A}\boldsymbol{x} = \boldsymbol{P}\boldsymbol{b}$ 与 $\boldsymbol{A}\boldsymbol{x} = \boldsymbol{b}$ 同解;
- $\boldsymbol{A}\boldsymbol{P}\boldsymbol{z} = \boldsymbol{b}$ 的解为 $\boldsymbol{z} = (\boldsymbol{A}\boldsymbol{P})^{-1}\boldsymbol{b} = \boldsymbol{P}^{-1}\boldsymbol{A}^{-1}\boldsymbol{b} = \boldsymbol{P}^{-1}\boldsymbol{x}$,因此 $\boldsymbol{x} = \boldsymbol{P}\boldsymbol{z}$.

2) 容易求解的系统

下面罗列一下可以作为变换目标的线性系统,并探讨它们的数值解法.

(1) 对角系统

线性代数这门课程的主线之一就是如何把矩阵变换为对角阵.

从解方程的角度看,**对角系统无疑是最简单的**.比如:

$$
\begin{bmatrix}
a_{11} & 0 & 0 \\
0 & a_{22} & 0 \\
0 & 0 & a_{33}
\end{bmatrix}
\begin{bmatrix}
x_1 \\
x_2 \\
x_3
\end{bmatrix}
=
\begin{bmatrix}
b_1 \\
b_2 \\
b_3
\end{bmatrix}.
$$

考虑系统 $\boldsymbol{A}\boldsymbol{x} = \boldsymbol{b}$,$\boldsymbol{A} = \mathrm{diag}\{a_{11}, a_{22}, \cdots, a_{nn}\}$,$a_{ii} \neq 0 (i = 1, 2, \cdots, n)$,它的解为

$$
x_i = \frac{b_i}{a_{ii}}, \quad i = 1, 2, \cdots, n.
$$

对角系统的求解**只需要 n 次除法**即可完成.

(2) 上三角系统

假设线性方程组为

$$
\begin{bmatrix}
u_{11} & u_{12} & \cdots & u_{1n} \\
& u_{22} & \cdots & u_{2n} \\
& & \ddots & \vdots \\
& & & u_{nn}
\end{bmatrix}
\begin{bmatrix}
x_1 \\
x_2 \\
\vdots \\
x_n
\end{bmatrix}
=
\begin{bmatrix}
b_1 \\
b_2 \\
\vdots \\
b_n
\end{bmatrix},
$$

根据方程组的特点,先解最后一个方程,再解其上面的一个,逐次类推,得

$$x_n = b_n / u_{nn},$$

$$x_i = \left(b_i - \sum_{j=i+1}^n u_{ij} x_j \right) / u_{ii}, \quad i = n-1:1.$$

该求解过程称为**向后代入(Backward Substitution)**.

　　计算 x_i 需要 $n-(i+1)+1+1 = n-i+1$ 次乘除,**总的乘除数**为

$$\sum_{i=1}^n (n-i+1) = \frac{n(n+1)}{2} \approx \frac{n^2}{2}.$$

计算 x_i 需要 $n-(i+1)+1 = n-i$ 次加减,**总的加减数**为

$$\sum_{i=1}^n (n-i) = \frac{n(n-1)}{2} \approx \frac{n^2}{2}.$$

上三角系统乘除运算和加减运算总的求解工作量 $\frac{n^2}{2} + \frac{n^2}{2} = n^2$ 比对角系统的 n 要

多不少,但也是可以接受的.毕竟在上三角系统中,**非零元素的个数大约是** $\frac{n^2}{2}$,每个

数据参与一次乘除运算和加减运算得到系统的解,也完全合理.

　　(3) 下三角系统

　　假设线性方程组为

$$\begin{bmatrix} l_{11} & & & \\ l_{21} & l_{22} & & \\ \vdots & \vdots & \ddots & \\ l_{n1} & l_{n2} & \cdots & l_{nn} \end{bmatrix} \begin{bmatrix} x_1 \\ x_2 \\ \vdots \\ x_n \end{bmatrix} = \begin{bmatrix} b_1 \\ b_2 \\ \vdots \\ b_n \end{bmatrix},$$

同上三角系统相似,它的解法是

$$x_1 = b_1 / l_{11},$$

$$x_i = \left(b_i - \sum_{j=1}^{i-1} l_{ij} x_j \right) / l_{ii}, \quad i = 2:n.$$

该求解过程称为**向前代入(Forward Substitution)**.

　　计算 x_i 需要 $i-1+1$ 次乘除,因此**总的乘除数**为

$$\sum_{i=1}^n i = \frac{n(n+1)}{2} \approx \frac{n^2}{2}.$$

计算 x_i 需要 $i-1$ 次加减,因此**总的加减数**为

$$\sum_{i=1}^n (i-1) = \frac{n(n-1)}{2} \approx \frac{n^2}{2}.$$

算法加减运算和乘除运算需要的工作量都是 $\frac{n^2}{2}$.

（4）一般的三角系统

对于一般的三角系统,比如:

$$\begin{bmatrix} 1 & 2 & 3 \\ 4 & 0 & 0 \\ 5 & 6 & 0 \end{bmatrix} \begin{bmatrix} x_1 \\ x_2 \\ x_3 \end{bmatrix} = \begin{bmatrix} b_1 \\ b_2 \\ b_3 \end{bmatrix}$$

可以通过置换变成

$$\begin{bmatrix} 4 & 0 & 0 \\ 5 & 6 & 0 \\ 1 & 2 & 3 \end{bmatrix} \begin{bmatrix} x_1 \\ x_2 \\ x_3 \end{bmatrix} = \begin{bmatrix} b_2 \\ b_3 \\ b_1 \end{bmatrix},$$

然后就可以用前面的方法进行求解了.但问题在于如何找到这个置换.

对于一般的三对角系统 $Ax = b$,如果知道向量

$$p = (p_1, p_2, \cdots, p_n),$$

其中 A 的第 p_1 行的 2 到 n 对应的元素为 0,第 p_2 行的 3 到 n 的元素为 0,以此类推.这个向量 p 称为**排序向量**.比如在前面的例子中,$p = (2, 3, 1)$.

对于这样的系统,它的解法是

$$x_1 = b_{p_1}/a_{p_1 1},$$

$$x_i = \left(b_{p_i} - \sum_{k=1}^{i-1} a_{p_i k} x_k \right)/a_{p_i i}, \quad i = 2{:}n.$$

这是一个**向前代入**的写法,算法的关键是知道这个排序向量.

此外,算法要想正常运行,必须满足:

$$a_{p_i j} = 0, \quad j > i,$$

$$a_{p_i i} \neq 0.$$

数值实验 4.1

（1）对一个三角矩阵,如何得到排序向量 p? 给出算法并用程序实现它.

（2）请给出三角系统的向前代入算法,给出程序并通过算例进行验证.

（3）请给出三角系统的向后代入算法,给出程序并通过算例进行验证.

3）数值求解的思路

线性系统直接解法的**基本思路**如下:

- 工具:初等变换（或者左乘矩阵）;
- 利用它们把一般系统转化为上三角等简单系统.

在实际的实现中,要注意:

- 要通过一系列的初等变换才能完成转化;
- 求解总的工作量应该包括变换的工作量和简单系统求解的工作量.

4.2　LU 分解

我们先回顾一下高斯消去过程,再讨论基于 LU 分解的高斯消去法.

4.2.1　高斯消去法

例 1　用高斯消去法求解:

$$\begin{bmatrix} 2 & -4 & 6 \\ 4 & -9 & 2 \\ 1 & -1 & 3 \end{bmatrix} \begin{bmatrix} x_1 \\ x_2 \\ x_3 \end{bmatrix} = \begin{bmatrix} 3 \\ 5 \\ 4 \end{bmatrix}.$$

解　首先写出所谓的**增广矩阵**如下:

$$\begin{bmatrix} 2 & -4 & 6 & 3 \\ 4 & -9 & 2 & 5 \\ 1 & -1 & 3 & 4 \end{bmatrix},$$

第 1 行乘以 -2 加到第 2 行上,乘以 $-\dfrac{1}{2}$ 加到第 3 行上,得到

$$\begin{bmatrix} 2 & -4 & 6 & 3 \\ 0 & -1 & -10 & -1 \\ 0 & 1 & 0 & \dfrac{5}{2} \end{bmatrix},$$

再把这个矩阵的第 2 行加到第 3 行上,得到

$$\begin{bmatrix} 2 & -4 & 6 & 3 \\ 0 & -1 & -10 & -1 \\ 0 & 0 & -10 & \dfrac{3}{2} \end{bmatrix},$$

从而得到一个上三角形式的线性方程组为

$$\begin{bmatrix} 2 & -4 & 6 \\ 0 & -1 & -10 \\ 0 & 0 & -10 \end{bmatrix} \begin{bmatrix} x_1 \\ x_2 \\ x_3 \end{bmatrix} = \begin{bmatrix} 3 \\ -1 \\ \dfrac{3}{2} \end{bmatrix},$$

最终解为

$$x_3 = -\frac{3}{20}, \quad x_2 = \frac{5}{2}, \quad x_1 = \frac{139}{20}.$$

我们不准备把上述过程符号化,进而描述一般 n 维系统的高斯消去法.关于这种高斯消去法的讨论到此为止,下面通过矩阵对它进行深入的分析.

4.2.2 基本消去矩阵

简单起见,先考虑一个向量的情形.设

$$\boldsymbol{a} = \begin{bmatrix} a_1 \\ a_2 \\ a_3 \end{bmatrix}, \quad a_1 \neq 0,$$

则把第 1 行乘以 $-\dfrac{a_2}{a_1}$ 加到第 2 行上,得到

$$\boldsymbol{T}_{12}\left(-\dfrac{a_2}{a_1}\right)\begin{bmatrix} a_1 \\ a_2 \\ a_3 \end{bmatrix} = \begin{bmatrix} 1 & 0 & 0 \\ -\dfrac{a_2}{a_1} & 1 & 0 \\ 0 & 0 & 1 \end{bmatrix}\begin{bmatrix} a_1 \\ a_2 \\ a_3 \end{bmatrix} = \begin{bmatrix} a_1 \\ 0 \\ a_3 \end{bmatrix},$$

继续这个过程,把第 1 行乘以 $-\dfrac{a_3}{a_1}$ 加到第 3 行上,完成整个消去:

$$\boldsymbol{T}_{13}\left(-\dfrac{a_3}{a_1}\right)\begin{bmatrix} a_1 \\ 0 \\ a_3 \end{bmatrix} = \begin{bmatrix} 1 & 0 & 0 \\ 0 & 1 & 0 \\ -\dfrac{a_3}{a_1} & 0 & 1 \end{bmatrix}\begin{bmatrix} a_1 \\ 0 \\ a_3 \end{bmatrix} = \begin{bmatrix} a_1 \\ 0 \\ 0 \end{bmatrix}.$$

而按照第三类初等矩阵的性质,有

$$\boldsymbol{T}_{13}\left(-\dfrac{a_3}{a_1}\right)\boldsymbol{T}_{12}\left(-\dfrac{a_2}{a_1}\right) = \begin{bmatrix} 1 & 0 & 0 \\ 0 & 1 & 0 \\ -\dfrac{a_3}{a_1} & 0 & 1 \end{bmatrix}\begin{bmatrix} 1 & 0 & 0 \\ -\dfrac{a_2}{a_1} & 1 & 0 \\ 0 & 0 & 1 \end{bmatrix} = \begin{bmatrix} 1 & 0 & 0 \\ -\dfrac{a_2}{a_1} & 1 & 0 \\ -\dfrac{a_3}{a_1} & 0 & 1 \end{bmatrix},$$

$$\boldsymbol{Ma} = \boldsymbol{T}_{13}\left(-\dfrac{a_3}{a_1}\right)\boldsymbol{T}_{12}\left(-\dfrac{a_2}{a_1}\right)\boldsymbol{a},$$

即

$$\boldsymbol{M}\begin{bmatrix} a_1 \\ a_2 \\ a_3 \end{bmatrix} = \begin{bmatrix} 1 & 0 & 0 \\ -\dfrac{a_2}{a_1} & 1 & 0 \\ -\dfrac{a_3}{a_1} & 0 & 1 \end{bmatrix}\begin{bmatrix} a_1 \\ a_2 \\ a_3 \end{bmatrix} = \begin{bmatrix} a_1 \\ 0 \\ 0 \end{bmatrix}.$$

这提醒我们:高斯消去法中的**同一列元素的消去**,可以

通过一个矩阵一次性完成.

下面给出**基本消去矩阵**的定义,其中还包括**主元**和**消去因子**的定义.

定义 4.1 设有一 n 维列向量

$$(a_1, \cdots, a_k, a_{k+1}, \cdots, a_n)^{\mathrm{T}},$$

其中 $a_k \neq 0$，把它作为**主元**（pivot），令

$$m_i = \frac{a_i}{a_k}, \quad i = k+1:n,$$

称它们称为**消去因子**，矩阵

$$\boldsymbol{M}_k = \begin{bmatrix} 1 & \cdots & 0 & 0 & \cdots & 0 \\ \vdots & \ddots & \vdots & \vdots & \ddots & \vdots \\ 0 & \cdots & 1 & 0 & \cdots & 0 \\ 0 & \cdots & -m_{k+1} & 1 & \cdots & 0 \\ \vdots & \ddots & \vdots & \vdots & \ddots & \vdots \\ 0 & \cdots & -m_n & 0 & \cdots & 1 \end{bmatrix}$$

称为**基本消去矩阵**.

基本消去矩阵 $\boldsymbol{M}_k$ 满足

$$\begin{bmatrix} 1 & \cdots & 0 & 0 & \cdots & 0 \\ \vdots & \ddots & \vdots & \vdots & \ddots & \vdots \\ 0 & \cdots & 1 & 0 & \cdots & 0 \\ 0 & \cdots & -m_{k+1} & 1 & \cdots & 0 \\ \vdots & \ddots & \vdots & \vdots & \ddots & \vdots \\ 0 & \cdots & -m_n & 0 & \cdots & 1 \end{bmatrix} \begin{bmatrix} a_1 \\ \vdots \\ a_k \\ a_{k+1} \\ \vdots \\ a_n \end{bmatrix} = \begin{bmatrix} a_1 \\ \vdots \\ a_k \\ 0 \\ \vdots \\ 0 \end{bmatrix},$$

即**它能把 a_k 下面全部的元素一起变成 0**（请按照矩阵乘法直接验证）.

基本消去矩阵具有如下的性质：

- $\boldsymbol{M}_k$ 是**单位下三角阵**，因此它是一个非奇异矩阵.
- $\boldsymbol{M}_k = \boldsymbol{I} - \boldsymbol{m}\boldsymbol{e}_k^{\mathrm{T}}$，其中 $\boldsymbol{m} = (0, \cdots, 0, m_{k+1}, \cdots, m_n)^{\mathrm{T}}$，$\boldsymbol{e}_k$ 是 $\boldsymbol{I}_n$ 的第 k 列，得

$$\boldsymbol{m}\boldsymbol{e}_k^{\mathrm{T}} = \begin{bmatrix} 0 & \cdots & 0 & 0 & \cdots & 0 \\ \vdots & \ddots & \vdots & \vdots & \ddots & \vdots \\ 0 & \cdots & 0 & 0 & \cdots & 0 \\ 0 & \cdots & m_{k+1} & 0 & \cdots & 0 \\ \vdots & \ddots & \vdots & \vdots & \ddots & \vdots \\ 0 & \cdots & m_n & 0 & \cdots & 0 \end{bmatrix},$$

即把 $\boldsymbol{M}_k$ 拆分为单位阵 $\boldsymbol{I}$ 减去一个秩为 1 的矩阵. 在线性代数中，**秩为 1 的矩阵一定可以写成向量外积的形式**，因此得到 $\boldsymbol{M}_k = \boldsymbol{I} - \boldsymbol{m}\boldsymbol{e}_k^{\mathrm{T}}$ 是自然的.

- $\boldsymbol{M}_k^{-1} = \boldsymbol{I} + \boldsymbol{m}\boldsymbol{e}_k^{\mathrm{T}}$，通常令 $\boldsymbol{L}_k = \boldsymbol{M}_k^{-1}$. 验证如下：

$$(\boldsymbol{I} - \boldsymbol{m}\boldsymbol{e}_k^{\mathrm{T}})(\boldsymbol{I} + \boldsymbol{m}\boldsymbol{e}_k^{\mathrm{T}}) = \boldsymbol{I} - \boldsymbol{m}(\boldsymbol{e}_k^{\mathrm{T}}\boldsymbol{m})\boldsymbol{e}_k^{\mathrm{T}} = \boldsymbol{I} \quad (\text{因为 } \boldsymbol{e}_k^{\mathrm{T}}\boldsymbol{m} = 0).$$

- 如果 $\boldsymbol{M}_j = \boldsymbol{I} - \boldsymbol{t}\boldsymbol{e}_j^{\mathrm{T}} (j > k)$ 是另一个消去阵，则

$$\boldsymbol{M}_k\boldsymbol{M}_j = \boldsymbol{I} - \boldsymbol{m}\boldsymbol{e}_k^{\mathrm{T}} - \boldsymbol{t}\boldsymbol{e}_j^{\mathrm{T}} + \boldsymbol{m}\boldsymbol{e}_k^{\mathrm{T}}\boldsymbol{t}\boldsymbol{e}_j^{\mathrm{T}} = \boldsymbol{I} - \boldsymbol{m}\boldsymbol{e}_k^{\mathrm{T}} - \boldsymbol{t}\boldsymbol{e}_j^{\mathrm{T}} \quad (\text{因为 } \boldsymbol{e}_k^{\mathrm{T}}\boldsymbol{t} = 0).$$

这意味着初等消去矩阵的乘积相当于它们的"并"，例如

$$\boldsymbol{M}_1=\begin{bmatrix}1&0&0\\-2&1&0\\1&0&1\end{bmatrix},\quad \boldsymbol{M}_2=\begin{bmatrix}1&0&0\\0&1&0\\0&\frac{1}{2}&1\end{bmatrix},$$

$$\boldsymbol{M}_1\boldsymbol{M}_2=\begin{bmatrix}1&0&0\\-2&1&0\\1&\frac{1}{2}&1\end{bmatrix},\quad \boldsymbol{M}_2\boldsymbol{M}_1=\begin{bmatrix}1&0&0\\-2&1&0\\0&\frac{1}{2}&1\end{bmatrix}.$$

乘积的次序很重要的,反次序的乘积并不一定能成立.

- 因为形式相同,逆矩阵 $\boldsymbol{L}_k$ 满足类似的性质:

$$\boldsymbol{L}_k\boldsymbol{L}_j=\boldsymbol{I}+\boldsymbol{m}\boldsymbol{e}_k^{\mathrm{T}}+\boldsymbol{t}\boldsymbol{e}_j^{\mathrm{T}}+\boldsymbol{m}\boldsymbol{e}_k^{\mathrm{T}}\boldsymbol{t}\boldsymbol{e}_j^{\mathrm{T}}=\boldsymbol{I}+\boldsymbol{m}\boldsymbol{e}_k^{\mathrm{T}}+\boldsymbol{t}\boldsymbol{e}_j^{\mathrm{T}}\quad(j>k).$$

- 可以证明,如果有多个基本消去矩阵相乘,只要

小指标在前,大指标在后,一样可以"并"起来.

比如:

$$\boldsymbol{L}_k\boldsymbol{L}_j\boldsymbol{L}_i\quad(i>j>k)$$
$$=(\boldsymbol{I}+\boldsymbol{m}\boldsymbol{e}_k^{\mathrm{T}})(\boldsymbol{I}+\boldsymbol{t}\boldsymbol{e}_j^{\mathrm{T}})(\boldsymbol{I}+\boldsymbol{s}\boldsymbol{e}_i^{\mathrm{T}})$$
$$=(\boldsymbol{I}+\boldsymbol{m}\boldsymbol{e}_k^{\mathrm{T}}+\boldsymbol{t}\boldsymbol{e}_j^{\mathrm{T}})(\boldsymbol{I}+\boldsymbol{s}\boldsymbol{e}_i^{\mathrm{T}})$$
$$=\boldsymbol{I}+\boldsymbol{m}\boldsymbol{e}_k^{\mathrm{T}}+\boldsymbol{t}\boldsymbol{e}_j^{\mathrm{T}}+\boldsymbol{s}\boldsymbol{e}_i^{\mathrm{T}}+\boldsymbol{m}\boldsymbol{e}_k^{\mathrm{T}}\boldsymbol{s}\boldsymbol{e}_i^{\mathrm{T}}+\boldsymbol{t}\boldsymbol{e}_j^{\mathrm{T}}\boldsymbol{s}\boldsymbol{e}_i^{\mathrm{T}}$$
$$=\boldsymbol{I}+\boldsymbol{m}\boldsymbol{e}_k^{\mathrm{T}}+\boldsymbol{t}\boldsymbol{e}_j^{\mathrm{T}}+\boldsymbol{s}\boldsymbol{e}_i^{\mathrm{T}}.$$

读者不难把结果推广到更多项的乘积.

例2 设 $a=(2,4,-2)^{\mathrm{T}}$,写出 $\boldsymbol{M}_1,\boldsymbol{M}_2,\boldsymbol{L}_1,\boldsymbol{L}_2$ 并计算 $\boldsymbol{M}_1\boldsymbol{M}_2,\boldsymbol{L}_1\boldsymbol{L}_2$.

解 各个结果如下:

$$\boldsymbol{M}_1=\begin{bmatrix}1&0&0\\-2&1&0\\1&0&1\end{bmatrix},\quad \boldsymbol{M}_1\begin{bmatrix}2\\4\\-2\end{bmatrix}=\begin{bmatrix}2\\0\\0\end{bmatrix},$$

$$\boldsymbol{M}_2=\begin{bmatrix}1&0&0\\0&1&0\\0&\frac{1}{2}&1\end{bmatrix},\quad \boldsymbol{M}_2\begin{bmatrix}2\\4\\-2\end{bmatrix}=\begin{bmatrix}2\\4\\0\end{bmatrix}.$$

逆矩阵为 $\boldsymbol{L}_1=\boldsymbol{M}_1^{-1},\boldsymbol{L}_2=\boldsymbol{M}_2^{-1}$,即

$$\boldsymbol{L}_1=\begin{bmatrix}1&0&0\\2&1&0\\-1&0&1\end{bmatrix},\quad \boldsymbol{L}_2=\begin{bmatrix}1&0&0\\0&1&0\\0&-\frac{1}{2}&1\end{bmatrix}.$$

矩阵乘积为

$$M_1 M_2 = \begin{bmatrix} 1 & 0 & 0 \\ -2 & 1 & 0 \\ 1 & \dfrac{1}{2} & 1 \end{bmatrix}, \quad L_1 L_2 = \begin{bmatrix} 1 & 0 & 0 \\ 2 & 1 & 0 \\ -1 & -\dfrac{1}{2} & 1 \end{bmatrix}.$$

4.2.3 LU 分解

1) 矩阵的 LU 分解

借助基本消去矩阵,高斯消去法可以按照如下方式描述:

- 给定方程组 $Ax = b$,假设 $a_{11} \neq 0$,利用第 1 列以 a_{11} 为主元构造 M_1,则

$$M_1 A x = \begin{bmatrix} a_{11} & * \\ 0 & B \end{bmatrix} x = M_1 b,$$

其中 $*$ 来自于 A 的第 1 行,$B = (b_{ij})$ 来自于 $M_1 A(2:n)$ 的第 2 到 n 行.

- 假设 $b_{11} \neq 0$,利用 $M_1 A$ 第 2 列以 b_{11} 为主元构造 M_2,得到

$$M_2 M_1 A x = M_2 \begin{bmatrix} a_{11} & * \\ 0 & B \end{bmatrix} x = \begin{bmatrix} a_{11} & * & * \\ 0 & b_{11} & * \\ 0 & 0 & C \end{bmatrix} x = M_2 M_1 b.$$

- 假设 $c_{11} \neq 0$,继续下去,得到

$$M_3 M_2 M_1 A x = M_3 M_2 M_1 b.$$

- 最终得到

$$M_{n-1} \cdots M_2 M_1 A x = U x = M_{n-1} \cdots M_2 M_1 b,$$

其中 U 是一个上三角矩阵.

- 由于是大指标在前,$M_{n-1} \cdots M_2 M_1$ 无法直接计算,因此令

$$M = M_{n-1} \cdots M_2 M_1.$$

- 则 $MA = U$,$A = M^{-1} U$,进一步有

$$A = M^{-1} U = M_1^{-1} M_2^{-1} \cdots M_{n-1}^{-1} U = L_1 L_2 \cdots L_{n-1} U = LU.$$

逆矩阵的乘积满足了小指标在前,大指标在后,因此可以直接合并得到 L.

- 这样,A 表示成了一个下三角阵 L 同一个上三角阵 U 的乘积.

这就是矩阵 A 的 **LU 分解**.

例 3   写出矩阵

$$A = \begin{bmatrix} 1 & 3 & 2 & 1 \\ 2 & 4 & 7 & 4 \\ 4 & 8 & 3 & 1 \\ 9 & 9 & 6 & 4 \end{bmatrix}$$

的 LU 分解.

解   首先根据第 1 列得到

$$\boldsymbol{M}_1 = \begin{bmatrix} 1 & 0 & 0 & 0 \\ 2 & 1 & 0 & 0 \\ -4 & 0 & 1 & 0 \\ -9 & 0 & 0 & 1 \end{bmatrix}, \quad \boldsymbol{M}_1\boldsymbol{A} = \begin{bmatrix} 1 & 3 & 2 & 1 \\ 0 & -2 & 3 & 2 \\ 0 & -4 & -5 & -3 \\ 0 & -18 & -12 & -5 \end{bmatrix},$$

再根据**新矩阵**的第 2 列,并把 -2 作为主元得到

$$\boldsymbol{M}_2 = \begin{bmatrix} 1 & 0 & 0 & 0 \\ 0 & 1 & 0 & 0 \\ 0 & -2 & 1 & 0 \\ 0 & -9 & 0 & 1 \end{bmatrix}, \quad \boldsymbol{M}_2\boldsymbol{M}_1\boldsymbol{A} = \begin{bmatrix} 1 & 3 & 2 & 1 \\ 0 & -2 & 3 & 2 \\ 0 & 0 & -11 & -7 \\ 0 & 0 & -39 & -23 \end{bmatrix},$$

进行最后一次消去,以 -11 作为主元得到

$$\boldsymbol{M}_3 = \begin{bmatrix} 1 & 0 & 0 & 0 \\ 0 & 1 & 0 & 0 \\ 0 & 0 & 1 & 0 \\ 0 & 0 & -\dfrac{39}{11} & 1 \end{bmatrix}, \quad \boldsymbol{M}_3\boldsymbol{M}_2\boldsymbol{M}_1\boldsymbol{A} = \begin{bmatrix} 1 & 3 & 2 & 1 \\ 0 & -2 & 3 & 2 \\ 0 & 0 & -11 & -7 \\ 0 & 0 & 0 & \dfrac{20}{11} \end{bmatrix},$$

从而可得

$$\boldsymbol{L} = \begin{bmatrix} 1 & 0 & 0 & 0 \\ 2 & 1 & 0 & 0 \\ 4 & 2 & 1 & 0 \\ 9 & 9 & \dfrac{39}{11} & 1 \end{bmatrix}, \quad \boldsymbol{U} = \begin{bmatrix} 1 & 3 & 2 & 1 \\ 0 & -2 & 3 & 2 \\ 0 & 0 & -11 & -7 \\ 0 & 0 & 0 & \dfrac{20}{11} \end{bmatrix}.$$

2) LU 分解的分析

LU 分解开启的矩阵分解系列算法在数值计算中具有举足轻重的作用,矩阵分解算法也被称为 20 世纪的十大算法之一. 这里,我们对 LU 算法进行如下一些简单的分析:

- $\boldsymbol{L}$ **不需要任何额外的运算**,它只需要高斯消去法中的消去因子;
- $\boldsymbol{L}$ 可以占用矩阵 $\boldsymbol{A}$ 的严格下三角部分;
- $\boldsymbol{U}$ 可以占用矩阵 $\boldsymbol{A}$ 的上三角部分;
- **二者都不需要额外存储**;
- 在传统高斯消去法中,$\boldsymbol{A}$ 的下半部分放的是 0,这实际上是一种浪费.

综上所述,通过传统的高斯消去法必然会得到 LU 分解,**无需额外的工作**.那么,矩阵的 LU 分解给线性方程组求解带来什么**好处**呢?最关键的好处如下:

- 如果 $\boldsymbol{A} = \boldsymbol{LU}$,则 $\boldsymbol{Ax} = \boldsymbol{b}$ 可以分解为

$$\boldsymbol{Ly} = \boldsymbol{b}, \quad \boldsymbol{Ux} = \boldsymbol{y}.$$

- 当 $\boldsymbol{b}$ 改变的时候,$\boldsymbol{L}$,$\boldsymbol{U}$ 可以**重复利用**.

高斯消去法和 LU 分解的求解过程总体一致,如果仅进行一次,只是求解顺序有所不同.但 LU 分解属于**矩阵 A 自身的分解**,可以重复使用.当遇到

$$Ax = b^{(k)}, \quad k = 1, 2, 3, \cdots$$

这类问题时,带 LU 分解的高斯消去法将具有优势.

为看清这一点,先给出矩阵的 LU 分解算法如下:

Algorithm 4:矩阵的 LU 分解算法

　　　输入:矩阵 A(原始矩阵)

　　　输出:矩阵 A(计算后的矩阵)

1　 **for** $k = 1$ to $n - 1$ **do**

2　　 **If** $a_{kk} = 0$ **then**

3　　　 stop

4　　 **else**

5　　　 **for** $i = k + 1$ to n **do**

6　　　　 $a_{ik} = \dfrac{a_{ik}}{a_{kk}}$

7　　　 **end**

8　　　 **for** $j = k + 1$ to n **do**

9　　　　 **for** $i = k + 1$ to n **do**

10　　　　　 $a_{ij} = a_{ij} - a_{ik} a_{kj}$

11　　　　 **end**

12　　　 **end**

13　　 **end**

14　 **end**

假如说,一个最终的输出矩阵为

$$A = \begin{bmatrix} 1 & 2 & 3 & 4 \\ 5 & 6 & 7 & 8 \\ 9 & 10 & 11 & 12 \\ 13 & 14 & 15 & 16 \end{bmatrix},$$

则相应的分解为

$$L = \begin{bmatrix} 1 & 0 & 0 & 0 \\ 5 & 1 & 0 & 0 \\ 9 & 10 & 1 & 0 \\ 13 & 14 & 15 & 1 \end{bmatrix}, \quad U = \begin{bmatrix} 1 & 2 & 3 & 4 \\ 0 & 6 & 7 & 8 \\ 0 & 0 & 11 & 12 \\ 0 & 0 & 0 & 16 \end{bmatrix}.$$

数值实验 4.2

(1) 请编写生成矩阵 LU 分解的程序,并把 L, U 都存储在 A 中;

(2) 结合前面的向前向后代入程序,用你的程序求解线性方程组.

可以用 MATLAB,C++,Python 等完成,不建议使用 Mathematica.

3）工作量分析

从算法来看，LU 分解的**工作量分为两部分**：

- 生成消去因子；
- 更新矩阵数据.

比如说，当 $k=1$ 时，生成消去因子需要 $n-1$ 次除法；所谓的更新数据，也就是生成矩阵 B，需要 $(n-1)^2$ 次乘法，$(n-1)^2$ 次减法.余者类似.

统一考虑乘除，乘除总的工作量为

$$(n-1)^2 + \cdots + 2^2 + 1^2 + (n-1) + \cdots + 1$$

$$= \frac{n(n-1)(2n-1)}{6} + \frac{n(n-1)}{2} \approx \frac{n^3}{3},$$

加减总的工作量为

$$(n-1)^2 + \cdots + 2^2 + 1^2 = \frac{n(n-1)(2n-1)}{6} \approx \frac{n^3}{3}.$$

即在 LU 分解过程中，需要的工作量约为 $\frac{n^3}{3}$ 的加减和 $\frac{n^3}{3}$ 的乘除.

在用 LU 分解求解方程组时，还要考虑工作量各为 $\frac{n^2}{2}$ 的加减和乘除.而

$$\frac{2n^3}{3} + n^2 = O\left(\frac{n^3}{3}\right) \quad (n \to \infty),$$

即**随着问题规模的增大，工作量将主要来自于 LU 分解.**

4.3   列主元高斯消去法

带 LU 分解的高斯消去法拥有诸多优势，但在实际应用中会遇到算法终止或者算法稳定性差的问题.列主元高斯消去法则致力于

提升普通高斯消去法的数值稳定性.

4.3.1   为何要选主元

前面的算法中有一个**明显的问题**：如果 $a_{kk}=0$，则算法终止.但这时候方程组未必是奇异的.比如：

$$\begin{bmatrix} 0 & 1 \\ 1 & 0 \end{bmatrix} \begin{bmatrix} x_1 \\ x_2 \end{bmatrix} = \begin{bmatrix} 1 \\ 1 \end{bmatrix},$$

这个方程组是可解的.这说明当 LU 算法失效时，方程组依旧可能是有解的.简单的数学验证会发现，**该矩阵甚至不存在 LU 分解**：

$$\begin{bmatrix} 1 & 0 \\ a & 1 \end{bmatrix} \begin{bmatrix} b & c \\ 0 & d \end{bmatrix} = \begin{bmatrix} b & c \\ ab & ac+d \end{bmatrix} \neq \begin{bmatrix} 0 & 1 \\ 1 & 0 \end{bmatrix}.$$

相反,一个奇异矩阵也许存在 LU 分解:

$$\begin{bmatrix} 1 & 1 \\ 1 & 1 \end{bmatrix} = \begin{bmatrix} 1 & 0 \\ 1 & 1 \end{bmatrix} \begin{bmatrix} 1 & 1 \\ 0 & 0 \end{bmatrix}.$$

通过上面的例子可以看出,**一个矩阵是否存在 LU 分解与矩阵的奇异性无关**.

对第一个例子来说,只需要进行一次行对换就能继续高斯消去过程.而用非零的对角元做主元,使得消去可以正常进行下去的过程称为**选主元**.

4.3.2 如何选主元

如果 $a_{kk}=0$,则第 k 列对角线以下所有非零元理论上都可以作为主元.如果 a_{kk} 及以下元素全部为 0,可视为这一步的 LU 分解已经完成.事实上,如果矩阵 A 非奇异,这种情况在理论上也不会发生.那么,是随便选择一个非零元作为主元还是**存在一种最优的主元选择**?

分析如下:

- 消去因子的计算公式为 $m_{ik}=\dfrac{a_{ik}}{a_{kk}}, i=k+1:n.$

- 注意到**一个困难**:如果 $a_{kk} \neq 0$ 但数值非常小,计算消去因子时会引发**小数做除数**的数值现象,同时消去因子的绝对值可能会很大.

- 假设有一个数据 x,它要乘以 m_{ik} 加到 y 上得到 z,即
$$z=y+m_{ik}x.$$

- 但由于各种原因,实际参与计算的是 $x+e$,而不是 x,则 z 的误差为
$$e_z=z-\hat{z}=y+m_{ik}x-y-(x+e) \cdot m_{ik}=-e \cdot m_{ik}.$$

- 为控制 z 的误差,最好 $|m_{ik}| \leqslant 1.$

如果每一列都选择**对角线及对角线以下绝对值最大的元素作为主元**的话,乘数 m_{ik} 的绝对值将不会超过 1.把这种选主元的策略同高斯消去法相结合,就得到了**部分(列)主元消去法**,它是一种重要的**数值稳定方法**.

关于它对数值稳定性的作用,我们先看一个例子.

例 4 对

$$A = \begin{bmatrix} \varepsilon & 1 \\ 1 & 1 \end{bmatrix}, \quad 其中 \varepsilon < \varepsilon_{mach}$$

进行 LU 分解并验证 A 与 **LU** 的关系;再对换 A 的行,重复这些过程.

解 (1)直接对 A 进行消去操作,计算如下:

$$M = \begin{bmatrix} 1 & 0 \\ -\dfrac{1}{\varepsilon} & 1 \end{bmatrix}, \quad L = \begin{bmatrix} 1 & 0 \\ \dfrac{1}{\varepsilon} & 1 \end{bmatrix},$$

$$U = MA = \begin{bmatrix} \varepsilon & 1 \\ 0 & 1 - \dfrac{1}{\varepsilon} \end{bmatrix} \doteq \begin{bmatrix} \varepsilon & 1 \\ 0 & -\dfrac{1}{\varepsilon} \end{bmatrix} \quad (\text{为什么}),$$

$$LU = \begin{bmatrix} 1 & 0 \\ \dfrac{1}{\varepsilon} & 1 \end{bmatrix} \begin{bmatrix} \varepsilon & 1 \\ 0 & -\dfrac{1}{\varepsilon} \end{bmatrix} = \begin{bmatrix} \varepsilon & 1 \\ 1 & 0 \end{bmatrix} \neq A.$$

(2) 将 A 对换行后,得到 $A' = \begin{bmatrix} 1 & 1 \\ \varepsilon & 1 \end{bmatrix}$,再计算如下:

$$M = \begin{bmatrix} 1 & 0 \\ -\varepsilon & 1 \end{bmatrix}, \quad L = \begin{bmatrix} 1 & 0 \\ \varepsilon & 1 \end{bmatrix}, \quad U = \begin{bmatrix} 1 & 1 \\ 0 & 1 - \varepsilon \end{bmatrix} = \begin{bmatrix} 1 & 1 \\ 0 & 1 \end{bmatrix} \quad (\text{为什么}),$$

$$LU = \begin{bmatrix} 1 & 0 \\ \varepsilon & 1 \end{bmatrix} \begin{bmatrix} 1 & 1 \\ 0 & 1 \end{bmatrix} = \begin{bmatrix} 1 & 1 \\ \varepsilon & 1 \end{bmatrix} = A'.$$

前者的结果显然是有问题的,因为它在计算过程中遇到了**大数吃小数**的数值现象并受到了影响;后者则有效规避了它,因此得到了正确的结果.

该例子表明,选主元的确可以提升算法的数值稳定性.

4.3.3　列主元高斯消去法

对线性方程组 $Ax = b$ 的列主元高斯消去法描述及分析如下:

- 考察第 1 列,将绝对值最大的元素换到 a_{11} 的位置,用矩阵表示为

$$P_1 Ax = P_1 b.$$

- 对 $P_1 A$ 完成第 1 列的消去,即

$$M_1 P_1 Ax = \begin{bmatrix} \tilde{a}_{11} & * \\ 0 & B \end{bmatrix} x = M_1 P_1 b.$$

- 考察第 2 列,把 B 的第 1 列中绝对值最大的元素对换到 b_{11} 的位置,消去得

$$M_2 P_2 M_1 P_1 Ax = \begin{bmatrix} \tilde{a}_{11} & * & * \\ 0 & \tilde{b}_{11} & * \\ 0 & 0 & C \end{bmatrix} x = M_2 P_2 M_1 P_1 b.$$

- 每次先左乘一个置换矩阵,再左乘一个消去矩阵,最后得到

$$M_{n-1} P_{n-1} \cdots M_1 P_1 Ax = Ux = M_{n-1} P_{n-1} \cdots M_1 P_1 b.$$

- 令 $M = M_{n-1} P_{n-1} \cdots M_1 P_1$,则

$$MA = U \Rightarrow A = \tilde{L} U, \quad \tilde{L} = M^{-1}.$$

- 即矩阵 A 分解成了 $\tilde{L}$ 和上三角矩阵 U 的乘积.
- 但 $\tilde{L}$ 不一定是下三角矩阵.
- 如果令 $P = P_{n-1} \cdots P_1$,则

$$PA = PM^{-1} U = LU,$$

此时

$$L = PM^{-1}$$

是一个**真正的下三角矩阵**.

关于 L 是下三角阵，给出如下**说明**：

—— 首先，

$$M^{-1} = P_1^{-1}M_1^{-1}P_2^{-1}M_2^{-1}\cdots P_{n-1}^{-1}M_{n-1}^{-1}$$
$$= P_1L_1P_2L_2\cdots P_{n-1}L_{n-1}.$$

—— 其次，

$$PM^{-1} = P_{n-1}\cdots P_2P_1P_1L_1P_2L_2\cdots P_{n-1}L_{n-1}.$$

—— $P_1P_1 = I_n$.

—— $P_2L_1P_2$ 的计算流程如下：

$$P_2\begin{bmatrix} 1 & 0 & \cdots & 0 & \cdots \\ a & 1 & \cdots & 0 & \cdots \\ \vdots & \vdots & & \vdots & \\ b & 0 & \cdots & 1 & \cdots \\ \vdots & \vdots & & \vdots & \end{bmatrix}P_2 \rightarrow \begin{bmatrix} 1 & 0 & \cdots & 0 & \cdots \\ b & 0 & \cdots & 1 & \cdots \\ \vdots & \vdots & & \vdots & \\ a & 1 & \cdots & 0 & \cdots \\ \vdots & \vdots & & \vdots & \end{bmatrix}P_2$$

$$\rightarrow \begin{bmatrix} 1 & 0 & \cdots & 0 & \cdots \\ b & 1 & \cdots & 0 & \cdots \\ \vdots & \vdots & & \vdots & \\ a & 0 & \cdots & 1 & \cdots \\ \vdots & \vdots & & \vdots & \end{bmatrix},$$

即 $P_2L_1P_2$ 只是对换了 L_1 的第 1 列中两个元素的位置，其**基本结构不变**.

—— 那么 $P_2L_1P_2L_2$ 的样子必然是

$$P_2L_1P_2L_2 = \begin{bmatrix} 1 & 0 & 0 & \mathbf{0} \\ * & 1 & 0 & \mathbf{0} \\ * & * & 1 & \mathbf{0} \\ \mathbf{*} & \mathbf{*} & \mathbf{0} & I_{n-3} \end{bmatrix} = \widetilde{A}.$$

—— P_3 对换第 3 行（列）同某一行（列），类似的 $P_3\widetilde{A}P_3$ 也不改变 $\widetilde{A}$ 的结构.

—— 用数学归纳法即可完成整个证明，过程略.

如果知道了 $PA = LU$，则

$$Ax = b \Leftrightarrow PAx = Pb \Leftrightarrow Ly = Pb, Ux = y.$$

这种分解称为 **PLU 分解**.

注 MATLAB 中关于 LU 分解的基本程序就是生成 P, L, U.

为了对算法有更深入的了解，先看一个算例.

例5　写出求解 $\begin{bmatrix} 2 & -4 & 6 \\ 4 & -9 & 2 \\ 1 & -1 & 3 \end{bmatrix} \begin{bmatrix} x_1 \\ x_2 \\ x_3 \end{bmatrix} = \begin{bmatrix} 3 \\ 5 \\ 4 \end{bmatrix}$ 时的 $\boldsymbol{P}, \boldsymbol{L}, \boldsymbol{U}$.

解　第1列绝对值最大的元素是4,则 $\boldsymbol{P}_1 = \begin{bmatrix} 0 & 1 & 0 \\ 1 & 0 & 0 \\ 0 & 0 & 1 \end{bmatrix}$,系统变为

$$\boldsymbol{P}_1 \boldsymbol{A} \boldsymbol{x} = \begin{bmatrix} 4 & -9 & 2 \\ 2 & -4 & 6 \\ 1 & -1 & 3 \end{bmatrix} \begin{bmatrix} x_1 \\ x_2 \\ x_3 \end{bmatrix} = \begin{bmatrix} 5 \\ 3 \\ 4 \end{bmatrix} = \boldsymbol{P}_1 \boldsymbol{b},$$

完成第1列消去,则 $\boldsymbol{M}_1 = \begin{bmatrix} 1 & 0 & 0 \\ -\dfrac{1}{2} & 1 & 0 \\ -\dfrac{1}{4} & 0 & 1 \end{bmatrix}$,系统变为

$$\boldsymbol{M}_1 \boldsymbol{P}_1 \boldsymbol{A} \boldsymbol{x} = \begin{bmatrix} 4 & -9 & 2 \\ 0 & \dfrac{1}{2} & 5 \\ 0 & \dfrac{5}{4} & \dfrac{5}{2} \end{bmatrix} \begin{bmatrix} x_1 \\ x_2 \\ x_3 \end{bmatrix} = \begin{bmatrix} 5 \\ \dfrac{1}{2} \\ \dfrac{11}{4} \end{bmatrix},$$

再交换第2行和第3行,则 $\boldsymbol{P}_2 = \begin{bmatrix} 1 & 0 & 0 \\ 0 & 0 & 1 \\ 0 & 1 & 0 \end{bmatrix}$,系统变为

$$\boldsymbol{P}_2 \boldsymbol{M}_1 \boldsymbol{P}_1 \boldsymbol{A} \boldsymbol{x} = \begin{bmatrix} 4 & -9 & 2 \\ 0 & \dfrac{5}{4} & \dfrac{5}{2} \\ 0 & \dfrac{1}{2} & 5 \end{bmatrix} \begin{bmatrix} x_1 \\ x_2 \\ x_3 \end{bmatrix} = \begin{bmatrix} 5 \\ \dfrac{11}{4} \\ \dfrac{1}{2} \end{bmatrix},$$

完成第2列消去,则 $\boldsymbol{M}_2 = \begin{bmatrix} 1 & 0 & 0 \\ 0 & 1 & 0 \\ 0 & -\dfrac{2}{5} & 1 \end{bmatrix}$,系统变为

$$\boldsymbol{M}_2 \boldsymbol{P}_2 \boldsymbol{M}_1 \boldsymbol{P}_1 \boldsymbol{A} \boldsymbol{x} = \begin{bmatrix} 4 & -9 & 2 \\ 0 & \dfrac{5}{4} & \dfrac{5}{2} \\ 0 & 0 & 4 \end{bmatrix} \begin{bmatrix} x_1 \\ x_2 \\ x_3 \end{bmatrix} = \begin{bmatrix} 5 \\ \dfrac{11}{4} \\ -\dfrac{3}{5} \end{bmatrix}.$$

最终解为

$$x_3 = -\frac{3}{20}, \quad x_2 = \frac{5}{2}, \quad x_1 = \frac{139}{20}.$$

另外,

$$M = M_2 P_2 M_1 P_1 = \begin{bmatrix} 0 & 1 & 0 \\ 0 & -\dfrac{1}{4} & 1 \\ 1 & -\dfrac{2}{5} & -\dfrac{2}{5} \end{bmatrix},$$

计算得到它的逆矩阵为

$$M^{-1} = \begin{bmatrix} \dfrac{1}{2} & \dfrac{2}{5} & 1 \\ 1 & 0 & 0 \\ \dfrac{1}{4} & 1 & 0 \end{bmatrix},$$

该逆矩阵并不是一个下三角矩阵,而是一个三角阵.继续计算可得

$$P = P_2 P_1 = \begin{bmatrix} 1 & 0 & 0 \\ 0 & 0 & 1 \\ 0 & 1 & 0 \end{bmatrix} \begin{bmatrix} 0 & 1 & 0 \\ 1 & 0 & 0 \\ 0 & 0 & 1 \end{bmatrix} = \begin{bmatrix} 0 & 1 & 0 \\ 0 & 0 & 1 \\ 1 & 0 & 0 \end{bmatrix},$$

$$L = PM^{-1} = \begin{bmatrix} 1 & 0 & 0 \\ \dfrac{1}{4} & 1 & 0 \\ \dfrac{1}{2} & \dfrac{2}{5} & 1 \end{bmatrix}, \quad U = \begin{bmatrix} 4 & -9 & 2 \\ 0 & \dfrac{5}{4} & \dfrac{5}{2} \\ 0 & 0 & 4 \end{bmatrix}.$$

这就给出了矩阵的 PLU 分解,请直接验证 $PA = LU$ 成立.

注 1 这里给出的分解直接利用了逆矩阵.后面会知道,这其实不是必须的.

注 2 这里只是暂时让读者知道如何用矩阵语言描述列主元高斯消去法.

注 3 如果不要求写出 P, L, U,列主元高斯消去法可以写得更简洁.

例 6 用列主元高斯消去法求解下列线性方程组:

$$\begin{bmatrix} 1 & 2 & 1 \\ 2 & 1 & 0 \\ 4 & 1 & 2 \end{bmatrix} \begin{bmatrix} x_1 \\ x_2 \\ x_3 \end{bmatrix} = \begin{bmatrix} 3 \\ -3 \\ -1 \end{bmatrix}.$$

解 直接对增广矩阵操作如下:

$$\begin{bmatrix} 1 & 2 & 1 & 3 \\ 2 & 1 & 0 & -3 \\ 4 & 1 & 2 & -1 \end{bmatrix} \rightarrow \begin{bmatrix} 4 & 1 & 2 & -1 \\ 2 & 1 & 0 & -3 \\ 1 & 2 & 1 & 3 \end{bmatrix} \rightarrow \begin{bmatrix} 4 & 1 & 2 & -1 \\ 0 & \dfrac{1}{2} & -1 & -\dfrac{5}{2} \\ 0 & \dfrac{7}{4} & \dfrac{1}{2} & \dfrac{13}{4} \end{bmatrix}$$

$$\rightarrow \begin{bmatrix} 4 & 1 & 2 & -1 \\ 0 & \dfrac{7}{4} & \dfrac{1}{2} & \dfrac{13}{4} \\ 0 & \dfrac{1}{2} & -1 & -\dfrac{5}{2} \end{bmatrix} \rightarrow \begin{bmatrix} 4 & 1 & 2 & -1 \\ 0 & \dfrac{7}{4} & \dfrac{1}{2} & \dfrac{13}{4} \\ 0 & 0 & -\dfrac{8}{7} & -\dfrac{24}{7} \end{bmatrix},$$

得到线性系统

$$\begin{bmatrix} 4 & 1 & 2 \\ 0 & \dfrac{7}{4} & \dfrac{1}{2} \\ 0 & 0 & -\dfrac{8}{7} \end{bmatrix} \begin{bmatrix} x_1 \\ x_2 \\ x_3 \end{bmatrix} = \begin{bmatrix} -1 \\ \dfrac{13}{4} \\ -\dfrac{24}{7} \end{bmatrix},$$

由此得到

$$x_3 = 3, \quad x_2 = 1, \quad x_1 = -2.$$

4.3.4　PLU 分解的实现

我们在例 5 中模拟了列主元高斯消去法,并得到了相应的 PLU 分解.但是,如果依此流程计算 PLU 分解,效率太低.因此,有必要探讨一下 PLU 分解的实现.

关于矩阵 A 的 PLU 分解,我们分别讨论之,**重点是 P 和 L 的实现**.

1) P 的计算

首先,P 一般不可能通过对方程组的简单观察就得到.绝大多数情况下,**它只能在计算过程中得到**.

P 是一系列置换矩阵的乘积,按照左乘顺序计算,如 $P_3(P_2(P_1 I_n))$.它也可以按如下过程得到:

- 先把单位阵写成 $I_n = \begin{bmatrix} e_1 \\ e_2 \\ \vdots \\ e_n \end{bmatrix}$,其中 e_i 表示 I_n 的**第 i 行**.

- 方便起见,可以只记录下标,I_n 对应于 $(1, 2, \cdots, n)$.

- 如第一次对换了第 1 行和第 3 行,指标向量变化为
$$(1, 2, 3, \cdots, n) \rightarrow (3, 2, 1, \cdots, n).$$

通过指标向量可以快速给出矩阵 P,所以**只记录指标变化即可**.

- 接下来左乘 P_2,此时指标向量的第 1 个分量将不再变化,若对换 2,4,则
$$(3,2,1,4,\cdots,n) \to (3,4,1,2,\cdots,n).$$

- 当所有的对换全部完成,得到指标向量 $(i_1,i_2,\cdots,i_n)$,则 $P = \begin{bmatrix} e_{i_1} \\ e_{i_2} \\ \vdots \\ e_{i_n} \end{bmatrix}$.

- 在前面例 5 中,指标变化为
$$(1,2,3) \to (2,1,3) \to (2,3,1),$$

因此
$$P = \begin{bmatrix} e_2 \\ e_3 \\ e_1 \end{bmatrix} = \begin{bmatrix} 0 & 1 & 0 \\ 0 & 0 & 1 \\ 1 & 0 & 0 \end{bmatrix},$$

与计算得到的结果一致.

2) L 和 U 的计算

U 的计算毫无困难,消去完成后即得一个上三角矩阵.关键是 L 的计算.

- 前面已经给出 $L = P_{n-1} \cdots P_2 P_1 P_1 L_1 P_2 L_2 \cdots P_{n-1} L_{n-1}$,计算顺序为
$$L = \cdots (P_3 (P_2 (P_1 P_1) L_1 P_2) L_2 P_3) \cdots.$$

- $P_2 (P_1 P_1) L_1 P_2$ 已经验证,其结果是对换了 L_1 中第 1 列的两个对应数据.

- 设 $(P_2 (P_1 P_1) L_1 P_2) L_2$ 的结果为
$$T = \begin{bmatrix} 1 & 0 & 0 & \cdots & 0 & \cdots \\ a_1 & 1 & 0 & \cdots & 0 & \cdots \\ a_2 & b_2 & 1 & \cdots & 0 & \cdots \\ \vdots & \vdots & \vdots & \ddots & \vdots & \vdots \\ a_k & b_k & 0 & \cdots & 1 & \cdots \\ \vdots & \vdots & \vdots & \ddots & \vdots & \ddots \end{bmatrix}.$$

- 假设 P_3 对换第 3 行(列) 和第 k 行(列),那么 $P_3 T P_3$ 的计算过程为
$$T \to \begin{bmatrix} 1 & 0 & 0 & \cdots & 0 & \cdots \\ a_1 & 1 & 0 & \cdots & 0 & \cdots \\ a_k & b_k & 0 & \cdots & 1 & \cdots \\ \vdots & \vdots & \vdots & \ddots & \vdots & \vdots \\ a_2 & b_2 & 1 & \cdots & 0 & \cdots \\ \vdots & \vdots & \vdots & \ddots & \vdots & \ddots \end{bmatrix} \to \begin{bmatrix} 1 & 0 & 0 & \cdots & 0 & \cdots \\ a_1 & 1 & 0 & \cdots & 0 & \cdots \\ a_k & b_k & 1 & \cdots & 0 & \cdots \\ \vdots & \vdots & \vdots & \ddots & \vdots & \vdots \\ a_2 & b_2 & 0 & \cdots & 1 & \cdots \\ \vdots & \vdots & \vdots & \ddots & \vdots & \ddots \end{bmatrix}.$$

- P_3 作用在 T 两边的效果是行对换 T 的前 2 列中对应的消去因子,即
$$(a_k, b_k) \leftrightarrow (a_2, b_2).$$

- T 是单位下三角矩阵,且对角线下只有前 2 列有非零元,它们决定了 T.
- 同 LU 分解一样,这些消去因子放到 A 的严格下三角部分的对应位置.
- 按照前面的分析,$M_2P_2M_1P_1A$ 得到一个前 2 列完成消去的矩阵:

$$\begin{bmatrix} \tilde{a}_{11} & * & * \\ 0 & \tilde{b}_{11} & * \\ \mathbf{0} & \mathbf{0} & C \end{bmatrix},$$

$P_3M_2P_2M_1P_1A$ 则对换这个矩阵的第 3 行和第 k 行.

- 为了得到 L,我们并不产生上面这个矩阵,实际出现的矩阵变化为

$$A \rightarrow \begin{bmatrix} \tilde{a}_{11} & * & * \\ m_{21} & * & * \\ \vdots & \vdots & \vdots \end{bmatrix} \rightarrow \begin{bmatrix} \tilde{a}_{11} & * & * \\ m_{i_11} & \tilde{b}_{11} & * \\ \vdots & \vdots & \vdots \end{bmatrix}.$$

第 1 次变化:第 1 列完成消去,对角线下 0 的位置被消去因子占据;

第 2 次变化:完成第 2 列的选主元,第 1 列的消去因子也跟着变化.

接下来完成第 2 列的消去,消去后得到的矩阵为

$$\begin{bmatrix} \tilde{a}_{11} & * & * \\ m_{i_11} & \tilde{b}_{11} & * \\ * & m_{32} & * \\ * & * & C \end{bmatrix}.$$

继续对 $[*\quad *\quad *\quad C]^{\mathrm{T}}$ 的第 1 列选主元,确定 P_3 并左乘之.

但如果对整个过渡矩阵左乘 P_3,前 2 列对角线以上的元素就是

$$P_3(P_2(P_1P_1)L_1P_2)L_2P_3$$

的对应元素.

- **请用数学归纳法给出完整的证明:**

使用列主元高斯消去法时,**每次对整个过渡矩阵进行对换**,最终得到的矩阵的**上三角部分构成 U,严格下三角部分构成 L,P 需要额外记录.**

例 7　写出矩阵 $A = \begin{bmatrix} 2 & -4 & 6 \\ 4 & -9 & 2 \\ 1 & -1 & 3 \end{bmatrix}$ 的 PLU 分解.

解　第 1 列绝对值最大的元素是 4,交换 1,2 行,有

$$\begin{bmatrix} 2 & -4 & 6 \\ 4 & -9 & 2 \\ 1 & -1 & 3 \end{bmatrix} \rightarrow \begin{bmatrix} 4 & -9 & 2 \\ 2 & -4 & 6 \\ 1 & -1 & 3 \end{bmatrix},$$

此时指标集为 $(2,1,3)$.完成第 1 列消去,这时候系统为

$$\begin{bmatrix} 4 & -9 & 2 \\ \dfrac{1}{2} & \dfrac{1}{2} & 5 \\ \dfrac{1}{4} & \dfrac{5}{4} & \dfrac{5}{2} \end{bmatrix}.$$

交换第 2 行和第 3 行,指标集变为 $(2,3,1)$,再消去第 2 列,系统变化为

$$\begin{bmatrix} 4 & -9 & 2 \\ \dfrac{1}{4} & \dfrac{5}{4} & \dfrac{5}{2} \\ \dfrac{1}{2} & \dfrac{1}{2} & 5 \end{bmatrix} \rightarrow \begin{bmatrix} 4 & -9 & 2 \\ \dfrac{1}{4} & \dfrac{5}{4} & \dfrac{5}{2} \\ \dfrac{1}{2} & \dfrac{2}{5} & 4 \end{bmatrix}.$$

最终指标集为 $(2,3,1)$,矩阵 $\boldsymbol{A} = \begin{bmatrix} 4 & -9 & 2 \\ \dfrac{1}{4} & \dfrac{5}{4} & \dfrac{5}{2} \\ \dfrac{1}{2} & \dfrac{2}{5} & 4 \end{bmatrix}$,从而得到

$$\boldsymbol{P} = \begin{bmatrix} 0 & 1 & 0 \\ 0 & 0 & 1 \\ 1 & 0 & 0 \end{bmatrix}, \quad \boldsymbol{L} = \begin{bmatrix} 1 & 0 & 0 \\ \dfrac{1}{4} & 1 & 0 \\ \dfrac{1}{2} & \dfrac{2}{5} & 1 \end{bmatrix}, \quad \boldsymbol{U} = \begin{bmatrix} 4 & -9 & 2 \\ 0 & \dfrac{5}{4} & \dfrac{5}{2} \\ 0 & 0 & 4 \end{bmatrix}.$$

注意 对换是对**过渡矩阵**进行的,而消去只是对未处理的**"剩余"部分**,也就是前面讲解中的 $\boldsymbol{B}$,$\boldsymbol{C}$ 等进行的.

3) MATLAB 代码

下面给出 PLU 分解的一个 MATLAB 实现:

```
function [L,U,P]=luppivot(A)
% % % % % % % % % % % % % % % % % % % % % % % % % % % % % % %
%   LU factorization with partial pivoting: PA=LU
%   Input: -A is n*n matrix
%   Output:
%      -P the permutation matrix
%      -L the lower triagular matrix
%      -U the upper triagular matrix
% % % % % % % % % % % % % % % % % % % % % % % % % % % % % % %
[n,n]= size(A); % size of A
% initializing
P=eye(n);
L=eye(n);
```

```
U=eye(n);
temp=zeros(1,n);
for k=1:n-1
    % Find the pivot row for k-row
    [max1,j]=max(abs(A(k:n,k)));
    % Interchange row k and j of P
    temp=P(k,:);
    P(k,:)=P(j+k-1,:); % j+k-1 is the max values' index
    P(j+k-1,:)=temp;
    % Interchange row k and j of A
    temp=A(k,:);
    A(k,:)= A(j+k-1,:);
    A(j+k-1,:)=temp;
    % sigular or not
    if A(k,k)==0
        'singular!'
        return
    end
    % Gaussian Elimination.
    for i=k+1:n
        mult= A(i,k)/A(k,k);
        A(i,k)=mult;
        A(i,k+1:n)=A(i,k+1:n)-mult*A(k,k+1:n);
    end
end
L=tril(A,-1)+L;
U=triu(A);
return
```

4.3.5 直接使用 MATLAB 函数

我们前面给出了 PLU 分解的一个 MATLAB 实现,但其**实现方式并非最优**.在**矩阵计算**这样的课程中,读者会见到 PLU 分解更为实用的实现方式.

前面几乎所有的数值算例和程序都借助于 Mathematica 来完成,但遇到与矩阵相关的计算时,应义无反顾的转向 MATLAB.MATLAB 提供的 LU 分解函数 lu 可**直接给出 PLU 分解**,它甚至没有考虑前面的 LU 分解.

lu 标准用法如下:

```
[L,U,P]=lu(A)
```

返回的 3 个矩阵,记号同前面保持一致.请运行指令并验证前面的结果:

```
A=[2 -4 6;4 -9 2;1 -1 3];[L,U,P]=lu(A)
```

指令输出变量的个数是可变的.如果1个参数则返回1个紧凑矩阵,不返回 P；如果2个参数,返回的 L 不是下三角矩阵.

请对比指令：

```
A=[1 3 2 1;2 4 7 4;4 8 3 1;9 6 6 4];
[L1,U1,P1]=lu(A)
lu(A)
[L2,U2]=lu(A)
```

通过 MATLAB 进行数值计算时,对 PLU 分解建议直接使用函数 lu.

4.3.6　全主元高斯消去法

列主元高斯消去法又称为**部分**主元高斯消去法,这个部分是指选主元时**仅仅利用了对角线及以下部分的元素**.还有人提出可以在整个未消去部分中寻找主元,也就是所谓的**全主元高斯消去法**.关于全主元高斯消去法,说明如下：

- 全主元高斯消去法**既需要行变换也需要列变换**.比如说把绝对值最大的元素 a_{45} 换到 a_{11} 的位置,需要先对换 1,4 行,再对换 1,5 列.
- 最终形成的分解是

$$PAQ = LU，\quad PAQz = LUz = Pb，\quad x = Qz.$$

- 它需要更多的搜索工作量和对换工作量.
- 经验表明,列主元高斯消去法的数值稳定性能满足大多数的计算要求.
- 总而言之,**列主元消去法在绝大多数情况下够用了.**

4.3.7　无需选主元的系统

通常来说,为了算法的数值稳定,使用高斯消去法时必须要选主元.但是,如果方程不需要选(列)主元就是数值稳定的,应该直接用高斯消去法.

计算矩阵分解时,如果**不进行选主元操作,将会节省大量的时间**.因此,很有必要了解什么样的系统不需要选主元也是数值稳定的.

常见的不需要选主元的系统分别介绍如下：

1）对角占优矩阵

定义 4.2　如果矩阵 A 的元素满足

$$\sum_{i=1, i\neq j}^{n} |a_{ij}| < |a_{jj}|，\quad j=1,2,\cdots,n,$$

称矩阵 A 是**列严格对角占优**的.如果是小于等于关系,称 A 列对角占优.

定义表明,对角线上元素的绝对值比此列剩余元素绝对值之和还要大.

同样可以定义（严格）行对角占优矩阵.

可以证明：列(行)严格对角占优矩阵一定是非奇异的.

2）对称正定矩阵

定义 4.3 满足下列条件的矩阵 A 是对称正定矩阵（SPD）：

$$A = A^T, \quad x^T A x > 0, \quad \forall x \neq 0.$$

对称矩阵是正定矩阵的一个判别方法如下：**一个对称矩阵是正定的，当且仅当它的顺序主子式都大于 0.**

接下来，可以给出如下结论：

定理 4.1 如果矩阵 A 是严格对角占优或者对称正定矩阵，则对 $Ax = b$ 使用高斯消去法时无需选主元，算法本身就是数值稳定的.

证明从略，该结论可以直接使用.

4.3.8 LU 分解和 PLU 分解的其它实现

LU 分解和 PLU 分解也可以通过其它方式引入和实现.例如，LU 分解其实可以通过直接方法求出，如 Doolittle，Crout 算法等都是如此，其中 Doolittle 算法甚至可以通过修正实现 PLU 分解.

算法有多种的实现方式，还有一些其它的分解算法，这里就不再一一讨论了.

4.4 特殊类型的线性系统

对于 $Ax = b$ 来说，如果矩阵具有特殊的结构，那一定要利用这种结构，以求得到快速高效的算法.

这一节介绍带状、正定和正交系统的解法.

4.4.1 带状系统

一个矩阵 A 是**带状矩阵**，指的是它的非零元只出现在它的主对角线或者上下若干条对角线上.严格来说，矩阵 A 的**上带宽**（Upper Bandwidth）为 r 或者**下带宽**（Lower Bandwidth）为 s 指的是

$$a_{ij} = 0, \quad j > i + r; \quad a_{ij} = 0, \quad i > j + s.$$

每行非零元最多 $w = r + s + 1$ 个，w 称为 A 的**带宽**（bandwidth）.

带状矩阵可以进行压缩存储，方式不唯一.比如说矩阵

$$\begin{bmatrix} a_{11} & a_{12} & 0 & 0 & 0 & 0 \\ a_{21} & a_{22} & a_{23} & 0 & 0 & 0 \\ a_{31} & a_{32} & a_{33} & a_{34} & 0 & 0 \\ 0 & a_{42} & a_{43} & a_{44} & a_{45} & 0 \\ 0 & 0 & a_{53} & a_{54} & a_{55} & a_{56} \\ 0 & 0 & 0 & a_{64} & a_{65} & a_{66} \end{bmatrix},$$

它可以存储为

$$
\begin{bmatrix}
* & a_{12} & a_{23} & a_{34} & a_{45} & a_{56} \\
a_{11} & a_{22} & a_{33} & a_{44} & a_{55} & a_{66} \\
a_{21} & a_{32} & a_{43} & a_{54} & a_{65} & * \\
a_{31} & a_{42} & a_{53} & a_{64} & * & *
\end{bmatrix},
$$

只有非零元保留了下来.当然了,还有别的数据存储方式,不多做介绍.

1) 几种特殊的带状矩阵

- 如果 $r=s=1$,矩阵 A 称为**三对角矩阵(Tridiagonal Matrix)**;
- 如果

$$
r=0, \quad s=1 \quad 或者 \quad r=1, \quad s=0,
$$

矩阵 A 称为**下(上)双对角阵**;

- 如果 $s=1(r=1)$,矩阵 A 称为上(下)**Hessenberg** 矩阵.

我们这里主要研究三对角矩阵.实际中,Hessenberg 矩阵也非常有价值.

2) 在 MATLAB 中生成带状矩阵

利用 MATLAB 的 diag 函数可以生成带状矩阵,该函数有两个功能:

- 提取矩阵的对角线数据使用 diag(A,k);
- 生成以向量为对角线元素的矩阵使用 diag(v,k).

我们主要用后者.例子如下:

$$
\mathrm{diag}(\begin{bmatrix}1 & 2 & 3\end{bmatrix}), \quad \mathrm{ans}=
\begin{bmatrix}
1 & 0 & 0 \\
0 & 2 & 0 \\
0 & 0 & 3
\end{bmatrix},
$$

$$
\mathrm{diag}(\begin{bmatrix}1 & 2 & 3\end{bmatrix},-1), \quad \mathrm{ans}=
\begin{bmatrix}
0 & 0 & 0 & 0 \\
1 & 0 & 0 & 0 \\
0 & 2 & 0 & 0 \\
0 & 0 & 3 & 0
\end{bmatrix},
$$

$$
\mathrm{diag}(\begin{bmatrix}1 & 2 & 3\end{bmatrix},1), \quad \mathrm{ans}=
\begin{bmatrix}
0 & 1 & 0 & 0 \\
0 & 0 & 2 & 0 \\
0 & 0 & 0 & 3 \\
0 & 0 & 0 & 0
\end{bmatrix}.
$$

利用该指令,可以构造带状矩阵.比如

```
diag([1 2 3 4])+diag([1 2 3],1)+diag([2 3 4],-1)
```

得到矩阵

$$
\mathrm{ans}=
\begin{bmatrix}
1 & 1 & 0 & 0 \\
2 & 2 & 2 & 0 \\
0 & 3 & 3 & 3 \\
0 & 0 & 4 & 4
\end{bmatrix},
$$

也就是说该指令**逐个生成带状矩阵的多个对角线**,再合并起来.

　　两个带状系统系统相乘,会使得**带宽增加**.一般来说,如果 A , B 的上(下)宽度分别为 r , s ,则 AB 的上(下)宽度是 $r+s$.例如:

```
A=diag(rand(5,1))+diag(rand(4,1),1)+diag(rand(4,1),-1)
B=diag(rand(5,1))+diag(rand(4,1),1)+diag(rand(4,1),-1)
C=A*B
```

请自行运行代码验证.

4.4.2　三对角矩阵与追赶法

假设三对角系统为

$$A = \begin{bmatrix} b_1 & c_1 & & & & \\ a_2 & b_2 & c_2 & & & \\ & a_3 & b_3 & c_3 & & \\ & & \ddots & \ddots & \ddots & \\ & & & a_{n-1} & b_{n-1} & c_{n-1} \\ & & & & a_n & b_n \end{bmatrix},$$

若不需要选主元来保证数值稳定性(实际应用中,经常会得到对角占优或者对称正定的三对角矩阵),此时的高斯消去法非常简单.

　　在三对角矩阵的消去过程中,因矩阵对角线以下只有 1 个非 0 元,所以每列只需要生成 **1 个消去因子**即可把对角线以下的元素全部变为 0.同时,矩阵需要改变的元素只有主对角线上的那些元素,也即**一次只需要更新一个数据**.

　　容易验证 A 的 LU 分解为

$$L = \begin{bmatrix} 1 & 0 & \cdots & \cdots & 0 \\ m_2 & 1 & \ddots & & \vdots \\ 0 & \ddots & \ddots & \ddots & \vdots \\ \vdots & \ddots & m_{n-1} & 1 & 0 \\ 0 & \cdots & 0 & m_n & 1 \end{bmatrix}, \quad U = \begin{bmatrix} d_1 & c_1 & \cdots & \cdots & 0 \\ 0 & d_2 & c_2 & \ddots & \vdots \\ \vdots & \ddots & \ddots & \ddots & \vdots \\ \vdots & \ddots & \ddots & d_{n-1} & c_{n-1} \\ 0 & \cdots & \cdots & 0 & d_n \end{bmatrix},$$

其中 $d_1 = b_1, m_i = \dfrac{a_i}{d_{i-1}}, d_i = b_i - m_i c_{i-1}, i = 2, 3, \cdots, n.$

　　一旦形成矩阵的 LU 分解,求解 $Ax = b$ 就变成了

$$Ly = b, \quad Ux = y.$$

　　传统上, $Ax = b$ 的求解通过直接对 (A, b) 操作来完成.消去时下标从小到大,回代求解时下标从大到小,因此形象地称此时的高斯消去法为**追赶法**.

　　三对角矩阵的存储为 $O(n)$ 的,分解求解的工作量也是 $O(n)$ 的,这两项与一般的方程组相比都有较多的节省.

4.4.3 一个推广:周期边界条件的系统求解

在求解一些具有周期边界条件的问题时,经常得到这样的系统:

$$A = \begin{bmatrix} b_1 & c_1 & & & & & a_1 \\ a_2 & b_2 & c_2 & & & & \\ & a_3 & b_3 & c_3 & & & \\ & & \ddots & \ddots & \ddots & & \\ & & & a_{n-1} & b_{n-1} & c_{n-1} \\ c_n & & & & a_n & b_n \end{bmatrix},$$

我们期望得到这个系统的 LU 分解.采用**分块矩阵**进行处理,假设

$$A = \begin{bmatrix} B & u \\ v^\mathrm{T} & b_n \end{bmatrix} = \begin{bmatrix} L & 0 \\ y^\mathrm{T} & 1 \end{bmatrix} \begin{bmatrix} U & z \\ 0 & d_n \end{bmatrix} = \widetilde{L}\widetilde{U},$$

那么,根据分块矩阵的运算,得到

$$\begin{bmatrix} B & u \\ v^\mathrm{T} & b_n \end{bmatrix} = \begin{bmatrix} LU & Lz \\ y^\mathrm{T}U & y^\mathrm{T}z + d_n \end{bmatrix},$$

再根据对应关系,得到

$$B = LU, \quad Lz = u, \quad y^\mathrm{T}U = v^\mathrm{T}, \quad y^\mathrm{T}z + d_n = b_n.$$

$\widetilde{L}\widetilde{U}$ 的计算顺序如下:

- B 是三对角矩阵,很容易得到它的 LU 分解:$B = LU$;
- 通过求解 $Lz = u = a_1e_1 + c_{n-1}e_{n-1}$ 得到 z,其中 e_1 表示 I_{n-1} 的第 1 列;
- 通过求解 $U^\mathrm{T}y = v = c_ne_1 + a_ne_{n-1}$ 得到 y;
- 最后得到 $d_n = b_n - y^\mathrm{T}z$.

求出的 y, z 很可能是满的,但考虑到 L, U 的结构,方法依旧**高效快捷**.

注　从解法上来说,即使 u 和 v 是满的向量,方法依旧可行.

4.4.4 对称正定矩阵

求解**小规模**对称正定系统时,可以采用直接方法;如果系统的规模较大,建议使用**共轭梯度(CG)**系列方法.要指出的有两点:

- 一般通过顺序主子式或者特征值判断矩阵的正定性是比较麻烦的,一个**经常使用的充分条件是**

  对角线元素大于 0,且矩阵是严格对角占优的.

- 对于对称正定矩阵,高斯消去法无需选主元也是数值稳定的.

1) Cholesky 分解

如果 A 是对称正定矩阵,则它一定可以唯一地分解为 $A = LDL^T$,其中 D 是对角线上元素全部大于 0 的对角阵,L 是单位下三角阵.该分解的工作量是 LU 分解的一半,称为 LDL^T 分解.

若记
$$D^{1/2} = \mathrm{diag}(\sqrt{d_1}, \cdots, \sqrt{d_n}),$$
则 $A = LD^{1/2}D^{1/2}L^T$.重新定义下三角矩阵
$$L := LD^{1/2},$$
通常新的 L 不再是单位下三角矩阵,可得 **Cholesky 分解** 如下:
$$A = LL^T = U^T U.$$

Cholesky 分解可以通过直接计算 LL^T 并与 A 进行对比,按照一定次序得到 L 的元素.比如 2×2 情形下,若
$$\begin{bmatrix} a_{11} & a_{21} \\ a_{21} & a_{22} \end{bmatrix} = \begin{bmatrix} l_{11} & 0 \\ l_{21} & l_{22} \end{bmatrix} \begin{bmatrix} l_{11} & l_{21} \\ 0 & l_{22} \end{bmatrix},$$
它的求解顺序是这样的:
$$a_{11} = l_{11}^2 \Rightarrow l_{11} = \sqrt{a_{11}},$$
$$a_{21} = l_{11}l_{21} \Rightarrow l_{21} = a_{21}/l_{11},$$
$$a_{22} = l_{21}^2 + l_{22}^2 \Rightarrow l_{22} = \sqrt{a_{22} - l_{21}^2}.$$

这里用 L 的每一行逐个去乘 L^T 的第 1 列、第 2 列;同时也可以用 L 的第 1,2 行去乘 L^T 的每一列.它们是 Cholesky 分解的不同实现方式,并都可以**推广到一般的**对称正定矩阵.

我们给出 Cholesky 分解的一个 MATLAB 实现(它是一种直接实现):

```matlab
function  H=chol1(A)
%%%%%%%%%%%%%%%%%%%%%%%%%%%%
% Cholesky factorization A=H^TH,
% Direct version, Overwrite part of A
% Input: A is a SPD.
% Output: H is the upper part of A
%%%%%%%%%%%%%%%%%%%%%%%%%%%%
% size of A
[n,n]=size(A);
% get H
A(1,1)=sqrt(A(1,1));
for i=2:n
  A(i,1)=A(i,1)/A(1,1);
  for j=2:i-1
```

```
    A(i,j)=(A(i,j)-A(i,1:j-1)* A(j,1:j-1)')/A(j,j);
  end
  A(i,i)=A(i,i)-A(i,1:i-1)* A(i,1:i-1)';
  A(i,i)=sqrt(A(i,i));
end
H=tril(A)';
return
```

请自行验证程序的正确性.该算法还有其它的实现方式,不再给出.

2) Cholesky 分解的特点

Cholesky 分解在矩阵阶数不高时具有一些优势.该算法的特点如下:

- A 是对称正定矩阵,算法中的开方运算都是良态的;
- 算法是数值稳定的;
- 仅需要存储矩阵 A 的一半;
- 计算工作量是 LU 分解的一半.

但当分解矩阵的规模比较大时,**不建议使用这种直接分解算法**.

4.4.5　正交系统

对于正交系统来说,线性方程组的求解非常简单.

如果 $A^{\mathrm{T}}A=I_n$,A 称为**正交矩阵**;如果 $A^{\mathrm{H}}A=I_n$,A 称为**酉矩阵**.那么

$$Ax=b \Rightarrow x=A^{-1}b=A^{\mathrm{T}}b \quad (\text{或者 } x=A^{\mathrm{H}}b),$$

即线性方程组的求解问题转化为了矩阵同向量相乘的计算问题.

同正交矩阵相关的一个分解算法是 **QR 分解**,它在矩阵特征值的计算和最小二乘解的计算等问题中都非常重要,本系列书的提高篇中再讨论.

4.5　逆矩阵相关

对于线性方程组 $Ax=b$,$x=A^{-1}b$ 也提供了一个解,它能直接使用吗?这节讨论逆矩阵的计算以及这种解的特点.

4.5.1　A^{-1} 的计算

首先给出结论:**一般情况下,不推荐直接使用 A^{-1} 进行计算**.

几乎所有需要 A^{-1} 的运算都可以**通过间接方法来实现**,比如:

$$A^{-1}b \to x=A^{-1}b,Ax=b.$$

也就是说,逆矩阵同向量 b 的乘积可以通过方程组求根来实现.

但有一些特殊情况确实要求我们直接计算矩阵的逆,或者说求逆并不困难.简单讨论如下:

1) 三角阵的逆矩阵

首先指出,在线性代数里我们证明了

上(下)三角矩阵的逆矩阵也是上(下)三角矩阵.

考虑下三角矩阵 L,它的逆矩阵也是下三角矩阵,设为

$$Y = (y_1, y_2, \cdots, y_n),$$

其中 y_i 是 L 的逆矩阵 Y 的第 i 列$(i = 1, 2, \cdots, n)$,求出所有 y_i,即为求出了 $Y = L^{-1}$.

Y 的计算方法如下:

- 根据矩阵的分块运算得到

$$LY = L(y_1, y_2, \cdots, y_n) = I_n = (e_1, e_2, \cdots, e_n).$$

- 从而得到**一系列线性方程组** $Ly_j = e_j, j = 1:n$,或者写成

$$\sum_{k=1}^{n} l_{ik} y_{kj} = \delta_{ij}, \quad \text{其中 } i = 1:n, j = 1:n.$$

因为 $l_{ik} = 0(k > i)$,所以方程组可以进一步修改为

$$\sum_{k=1}^{i} l_{ik} y_{kj} = \delta_{ij}, \quad \text{其中 } i = 1:n, j = 1:n.$$

- 注意到 $k < j$ 时,$y_{kj} = 0$,因此基本关系式为

$$\sum_{k=j}^{i} l_{ik} y_{kj} = \delta_{ij}, \quad \text{其中 } i = j:n, j = 1:n.$$

- 所以,最后的计算公式为

$$y_{jj} = 1/l_{jj},$$

$$y_{ij} = -\frac{\left(\sum_{k=j}^{i-1} l_{ik} y_{kj}\right)}{l_{ii}}, \quad i = j+1:n, j = 1:n.$$

- 借助 Mathematica,容易计算出算法需要的乘除工作量为

$$\sum_{j=1}^{n} \sum_{i=j}^{n} (i - j + 1) \approx \frac{n^3}{6}.$$

- 同样的分析,知道算法需要的加减工作量也大概为 $\dfrac{n^3}{6}$.

算法尽可能地**利用了矩阵和逆矩阵的特点**.如果直接用向前代入法求解

$$Ly_j = e_j, \quad j = 1:n,$$

需要的乘除工作量则是

$$\frac{n^2}{2} \cdot n = \frac{n^3}{2} \gg \frac{n^3}{6}.$$

数值实验 4.3 编写程序实现下三角矩阵逆矩阵的计算.

(1) 假设矩阵 $A = \begin{bmatrix} 1 & 0 & 0 \\ 2 & 3 & 0 \\ 4 & 5 & 6 \end{bmatrix}$,求 A^{-1} 并验证程序的正确性;

(2) 随机生成一组 2^n 阶($n=1:10$)的下三角非奇异阵,计算它们的逆矩阵并记录运行时间;

(3) 直接用向前代入法求(2)中的逆矩阵,对比两种算法的运行时间.

可以利用 MATLAB,C++,Python 等完成,不建议使用 Mathematica.

类似的,**上三角矩阵 U 的逆矩阵 $Z=U^{-1}$ 的求法为**

$$z_{jj}=1/u_{jj},$$

$$z_{ij}=-\frac{\left(\sum_{k=i+1}^{j}u_{ik}z_{kj}\right)}{u_{ii}},\quad i=j-1:-1:1,j=1:n.$$

数值实验 4.4　仿照数值实验 4.3 自行设计上三角矩阵求逆的数值实验.

2) 利用 LU 分解求一般矩阵的逆

可以利用 LU 分解求一般矩阵的逆,它的实现有**两种方法**:

方法 1　**通过解线性方程组实现,计算流程如下:**

- $A=LU$,需要工作量各约为$\frac{n^3}{3}$的乘除和加减;

- $LUX=I_n$,$LUx_j=e_j$,$j=1:n$,得到关于 X 列向量的方程组;

- $Ly_j=e_j$,$j=1:n$,需要工作量各约为$\frac{n^3}{6}$的乘除和加减;

- $Ux_j=y_j$,求解 n 个上三角系统,需要工作量各约为$\frac{n^3}{2}$的乘除和加减;

- 综上,算法需要的乘除和加减工作量各约为

$$\frac{n^3}{3}+\frac{n^3}{6}+\frac{n^3}{2}=n^3.$$

注　这里利用了三角阵求逆算法才使得工作量仅有 n^3,否则为$\frac{4n^3}{3}$.

方法 2　**通过逆矩阵的乘积实现,计算流程如下:**

- 计算 $A=LU$;

- 求 L^{-1};

- 求 U^{-1};

- $A^{-1}=(LU)^{-1}=U^{-1}L^{-1}$;

- 其中,上三角矩阵和下三角矩阵相乘的工作量是

$$\sum_{i=1}^{n}\left(\sum_{j\leqslant i}(n-i+1)+\sum_{j>i}(n-j+1)\right)\approx\frac{n^3}{3};$$

- 综上,算法需要的乘除和加减工作量各约为

$$\frac{n^3}{3}+\frac{n^3}{6}\cdot 2+\frac{n^3}{3}=n^3.$$

数值实验 4.5 给出前面**两种**计算 A^{-1} 方法的程序实现.

（1）自行给出测试矩阵，验证程序的正确性；

（2）通过对程序运行时间的分析，验证算法的工作量分析.

可以利用 MATLAB,C＋＋,Python 等完成，不建议使用 Mathematica.

4.5.2 $A^{-1}b$ 同直接解的区别

绝大多数情况下，我们都不建议用 $x=A^{-1}b$ 求解线性方程组.原因如下：

• **求逆方法需要更多的工作量**.讨论逆矩阵的计算时，尽管利用了三角阵的一些特点，但耗费的工作量依旧是 n^3 左右.而如果直接用带 LU 分解的高斯消去法求解，需要的工作量仅是其三分之一.

• **求逆还会降低解的精度**.如对 $3x=18$，使用 3 位十进制计算时，得到

$$x=3^{-1}\times 18=0.333\times 18=5.99,$$

而不是 $x=6.00$.随着方程组规模的增加，求逆算法的缺点会越发显著.

• **求逆会破坏矩阵的结构性**.尽管上（下）三角矩阵的逆矩阵还是上（下）三角矩阵，但更多情况下，**逆矩阵的结构和原矩阵的结构存在很大差别**.比如说，带状结构或者稀疏矩阵的逆不再保持相似结构.

数值验证：MATLAB 提供了求逆函数 inv 以及直接求解指令 \,利用它们运行下面的程序.

```
% 精度与运行时间
n=2000;A=rand(n,n);x=rand(n,1);b=A*x;
% 运行时间
tic
x1=inv(A)*b;
toc
tic
x2=A\b;
toc
% 精度
norm(x1-x)
norm(x2-x)
% 矩阵结构
B=diag(rand(5,1))+diag(rand(4,1),-1)+diag(rand(4,1),1)
inv(B)
```

由于采用了随机函数，关于时间的一个输出是

时间已过 0.219920 秒

时间已过 0.134534 秒

直接求解花费了更少的运行时间.

关于精度的结果为 2.6536e-10 和 9.4555e-11,直接求解方法的精度略高.
不过在一些极端情况下,二者**差别会加大**.

而三对角阵的逆为

$$
\begin{bmatrix}
-1.1304 & 1.6033 & -0.5022 & -0.3297 & 1.1421 \\
1.1949 & -0.1060 & 0.0332 & 0.0218 & -0.0755 \\
-0.9263 & 0.0822 & 0.8797 & 0.5775 & -2.0007 \\
-0.4968 & 0.0441 & 0.4718 & -0.4167 & 1.4436 \\
1.2579 & -0.1116 & -1.1945 & 1.0549 & 1.3270
\end{bmatrix},
$$

这是一个**稠密**的"**满**"矩阵.

4.6 误差分析

4.6.1 问题的"好"和"坏"

一些在数学上等价的问题,在实际计算中却有很大的差别.很明显,

$$
\begin{bmatrix} 1 & 0 \\ 0 & 1 \end{bmatrix}
\begin{bmatrix} x_1 \\ x_2 \end{bmatrix} =
\begin{bmatrix} 1 \\ 1 \end{bmatrix}
$$

是一个"好"问题.而如果 ε 很小,上述问题的等价问题

$$
\begin{bmatrix} 1 & 0 \\ 0 & \varepsilon \end{bmatrix}
\begin{bmatrix} x_1 \\ x_2 \end{bmatrix} =
\begin{bmatrix} 1 \\ \varepsilon \end{bmatrix}
$$

却是一个"坏"问题.比如,若右端有扰动 $(0,\varepsilon)^{\mathrm{T}}$,解将由 $(1,1)^{\mathrm{T}}$ 变成 $(1,2)^{\mathrm{T}}$.

两个问题是同解的,但是"好坏"却差别很大,深层次(数学上)的原因是什么呢?为了回答这个问题,我们需要一点**数学上的准备**.

4.6.2 向量范数

现代数学中最重要的概念非极限莫属,而极限描述的关键则是**距离**.

所谓的向量范数,就是为了把 3 维空间中**距离的概念推广**到 n 维空间.

在向量空间 $\mathbf{R}^n$ 中,定义映射

$$
f = \| \cdot \| : \mathbf{R}^n \to \mathbf{R},
$$

如果该映射满足:

- $\|x\| \geqslant 0, \|x\| = 0 \Leftrightarrow x = \mathbf{0}$(正定性);
- $\|\alpha x\| = |\alpha| \cdot \|x\|, \alpha \in \mathbf{R}$(齐次性);
- $\|x + y\| \leqslant \|x\| + \|y\|$(三角不等式).

这个映射就称为 $\mathbf{R}^n$ 空间中的**向量范数**.简单来说,范数就是一个定义在线性空间上满足某些性质的函数.

1）常用范数

常用的范数主要有 1- 范数,2- 范数和 ∞- 范数,分别定义如下:

- 1- 范数:

$$\| \boldsymbol{x} \|_1 = \sum_{i=1}^{n} | x_i |.$$

- 2- 范数:

$$\| \boldsymbol{x} \|_2 = \left(\sum_{i=1}^{n} | x_i |^2 \right)^{\frac{1}{2}}.$$

- ∞- 范数:

$$\| \boldsymbol{x} \|_{\infty} = \max_{i} | x_i |.$$

以上三种范数都是更一般 p- 范数:

$$\| \boldsymbol{x} \|_p = \left(\sum_{i=1}^{n} | x_i |^p \right)^{\frac{1}{p}}$$

的特例.有兴趣的读者可以尝试**证明**:当 $p \to \infty$ 时,p- 范数就是无穷范数.(**提示**:利用夹逼定理)

例 8　设 $\boldsymbol{x} = (-1.6, 1.2)^{\mathrm{T}}$,则 $\| \boldsymbol{x} \|_1, \| \boldsymbol{x} \|_2, \| \boldsymbol{x} \|_{\infty}$ 分别为多少?

解　根据定义得到

$$\| \boldsymbol{x} \|_1 = 2.8, \quad \| \boldsymbol{x} \|_2 = 2, \quad \| \boldsymbol{x} \|_{\infty} = 1.6.$$

2）常用范数间的大小关系

常用范数之间具有一些**简单**的**不等关系**,比如:

$$\| \boldsymbol{x} \|_1 \geqslant \| \boldsymbol{x} \|_2 \geqslant \| \boldsymbol{x} \|_{\infty}.$$

我们以 2 维向量为例,根据定义得到

$$\| \boldsymbol{x} \|_1 = | x_1 | + | x_2 |, \quad \| \boldsymbol{x} \|_2 = \sqrt{x_1^2 + x_2^2},$$
$$\| \boldsymbol{x} \|_{\infty} = \max\{ | x_1 |, | x_2 | \}.$$

它们之间的大小关系是很明显的,且不难推广到一般情况.

我们还可以得到几个**反向**的**不等关系**,具体如下:

- $\| \boldsymbol{x} \|_1 \leqslant \sqrt{n} \| \boldsymbol{x} \|_2$.证明需要利用 **Cauchy-Schwarz 不等式**:

$$(\boldsymbol{a}, \boldsymbol{b})^2 \leqslant (\boldsymbol{a}, \boldsymbol{a})(\boldsymbol{b}, \boldsymbol{b}),$$

令 $\boldsymbol{a} = \boldsymbol{x}, \boldsymbol{b} = (\text{sign}(x_1), \cdots, \text{sign}(x_n))^{\mathrm{T}}$ 即可.

- $\| \boldsymbol{x} \|_2 \leqslant \sqrt{n} \| \boldsymbol{x} \|_{\infty}$.这个结论非常显然.
- $\| \boldsymbol{x} \|_1 \leqslant n \| \boldsymbol{x} \|_{\infty}$.这个结论同样显然.

由此可以引入**范数等价**的概念:

定义 4.4　给定线性空间 X 上的范数 $\| \cdot \|_p, \| \cdot \|_q$,它们**等价**当且仅当 $\exists c_1, c_2 > 0$,使得 $c_1 \| \boldsymbol{x} \|_q \leqslant \| \boldsymbol{x} \|_p \leqslant c_2 \| \boldsymbol{x} \|_q$ 成立.

3)向量范数的性质

我们不加证明地给出两个定理:

定理 4.2 若 $f(x)=\parallel x \parallel$ 是 $\mathbf{R}^n$ 上的向量范数,则它是 x 的**连续函数**.

定理 4.3 在 $\mathbf{R}^n$ 空间,若 $\parallel \cdot \parallel_p$ 和 $\parallel \cdot \parallel_q$ 是任意两个范数,则它们**等价**.

这个定理表明:在有限维空间中,向量的范数彼此都是等价的.

4)距离与序列极限

设 $x,y\in\mathbf{R}^n$,则它们之间的距离为 $\parallel x-y \parallel$.即范数是距离的推广.

有了距离就可以定义 $\mathbf{R}^n$ 中的极限,具体如下:

$$\lim_{k\to\infty}x^{(k)}=x \Leftrightarrow \lim_{k\to\infty}\parallel x-x^{(k)} \parallel=0.$$

一般情况下,**向量的极限可以归结为分量的极限来处理**.这是因为

$$\lim_{k\to\infty}x^{(k)}=x \Leftrightarrow \lim_{k\to\infty}x_i^{(k)}=x_i, \quad i=1,2,\cdots,n.$$

4.6.3 矩阵范数

向量范数度量了向量的大小和数值,矩阵范数同样也是为了**度量矩阵的大小和数值**.一个 $n\times n$ 的矩阵可以视为一个 n^2 维的向量,因此,可以仿照向量范数给出矩阵范数的一般定义.但在实际中,用的更多的是**矩阵的诱导范数**.

1)矩阵的诱导范数

定义 4.5 矩阵 A 的**诱导范数** $\parallel A \parallel$ 定义为

$$\parallel A \parallel = \max_{x\neq 0}\frac{\parallel Ax \parallel}{\parallel x \parallel} = \max_{\parallel x \parallel=1}\parallel Ax \parallel.$$

这里借助于向量的范数来定义矩阵范数.直观上说,矩阵范数度量的是矩阵对向量的**最大拉伸**,度量方式按照给定的向量范数进行.

可以证明**诱导范数首先是一个范数**,即这样定义的范数满足:

- $\parallel A \parallel \geqslant 0$,$\parallel A \parallel =0 \Leftrightarrow A=O$(正定性);
- $\parallel \alpha A \parallel = \mid \alpha \mid \cdot \parallel A \parallel$,$\alpha\in\mathbf{R}$(齐次性);
- $\parallel A+B \parallel \leqslant \parallel A \parallel + \parallel B \parallel$(三角不等式).

但诱导范数还有两个不一样的特性:

- $\parallel Ax \parallel \leqslant \parallel A \parallel \cdot \parallel x \parallel$(**相容性条件**(Consistency Conditions));
- $\parallel AB \parallel \leqslant \parallel A \parallel \cdot \parallel B \parallel$(**子可乘性条件**(Sub-multiplicative Conditions)).

按照定义,很容易证明这两个性质.

注意,也有不是诱导范数的矩阵范数,比如 Frobenius 范数:

$$\parallel A \parallel_{\mathrm{F}} = \left(\sum_{i=1}^{n}\sum_{j=1}^{n}\mid a_{ij}\mid^2\right)^{\frac{1}{2}}.$$

它也满足子可乘性条件,但一般数值会过大,比如:

$$\parallel I_n \parallel_{\mathrm{F}} = \sqrt{n}.$$

2）矩阵的常见诱导范数及其计算

常见的矩阵诱导范数有 1- 范数, ∞- 范数和 2- 范数.

（1）**1- 范数的计算公式**为

$$\| \boldsymbol{A} \|_1 = \max_j \sum_{i=1}^n | a_{ij} |,$$

它是一个**列范数**.按照定义 $\| \boldsymbol{A} \| = \max_{\| \boldsymbol{x} \| = 1} \| \boldsymbol{A}\boldsymbol{x} \|$ 来证,只需说明**两件事情**:

- 首先, $\| \boldsymbol{A}\boldsymbol{x} \|_1$ 的值不超过

$$\max_j \sum_{i=1}^n | a_{ij} |,$$

即后者是 $\| \boldsymbol{A}\boldsymbol{x} \|_1$ 的一个上界.具体证明如下:设 $\sum_{j=1}^n | x_j | = 1$,则

$$(\boldsymbol{A}\boldsymbol{x})_i = \sum_{j=1}^n a_{ij} x_j,$$

$$\| \boldsymbol{A}\boldsymbol{x} \|_1 = \sum_{i=1}^n \left| \sum_{j=1}^n a_{ij} x_j \right| \leqslant \sum_{i=1}^n \sum_{j=1}^n | a_{ij} | | x_j | = \sum_{j=1}^n | x_j | \sum_{i=1}^n | a_{ij} |$$

$$\leqslant \max_j \sum_{i=1}^n | a_{ij} | \sum_{j=1}^n | x_j | = \max_j \sum_{i=1}^n | a_{ij} |.$$

- 其次,存在某个 $\boldsymbol{x}^*: \| \boldsymbol{x}^* \|_1 = 1$,使得

$$\| \boldsymbol{A}\boldsymbol{x}^* \|_1 = \max_j \sum_{i=1}^n | a_{ij} |$$

成立.比如,若第 1 列元素的绝对值之和最大,取 $\boldsymbol{x}^* = \boldsymbol{e}_1$ 即可.

（2）**∞- 范数的计算公式**为

$$\| \boldsymbol{A} \|_\infty = \max_i \sum_{j=1}^n | a_{ij} |,$$

它是一个**行范数**.有兴趣的读者可参考前面给出相应的证明.

例 9 设

$$\boldsymbol{A} = \begin{bmatrix} 2 & -1 & 1 \\ 1 & 0 & 1 \\ 3 & -1 & 4 \end{bmatrix}$$

计算矩阵 $\boldsymbol{A}$ 的 1- 范数和 ∞- 范数.

解 根据公式有

$$\| \boldsymbol{A} \|_1 = \max\{2+1+3, 1+0+1, 1+1+4\} = 6,$$

$$\| \boldsymbol{A} \|_\infty = \max\{2+1+1, 1+0+1, 3+1+4\} = 8.$$

（3）**2- 范数的计算公式**为

$$\| \boldsymbol{A} \|_2 = \max_{\boldsymbol{x} \neq \boldsymbol{0}} \frac{\| \boldsymbol{A}\boldsymbol{x} \|_2}{\| \boldsymbol{x} \|_2} = \sqrt{\rho(\boldsymbol{A}^\top \boldsymbol{A})}.$$

关于这个公式,你需要知道以下几点:

- $\rho(A)$ 是矩阵 A 的**谱半径**,其定义为

$$\rho(A) = \max_{\lambda \in \sigma(A)} |\lambda|,$$

其中 $\sigma(A)$ 表示 A 的特征值全体.由于特征值可能是复数,因此 $|\cdot|$ 指的是**模**.

- 特别的,如果 A 是**对称阵**,则 $\rho(A) = \|A\|_2$.这是因为

$$\|A\|_2 = \sqrt{\rho(A^{\mathrm{T}}A)} = \sqrt{\rho(A^2)} = \rho(A).$$

- 只有小规模问题的 2-范数可以按公式直接来求.

- 对于规模稍微大些的问题,模最大的特征值要通过数值方法来估算.

例 10　计算上一例题中矩阵的 2-范数 $\|A\|_2$.

解　首先计算得到

$$A^{\mathrm{T}} = \begin{bmatrix} 2 & 1 & 3 \\ -1 & 0 & -1 \\ 1 & 1 & 4 \end{bmatrix}, \quad A^{\mathrm{T}}A = \begin{bmatrix} 14 & -5 & 15 \\ -5 & 2 & -5 \\ 15 & -5 & 18 \end{bmatrix}.$$

接下来计算 $|\lambda I - A^{\mathrm{T}}A| = 0$,得到

$$f(\lambda) = \lambda^3 - 34\lambda^2 + 41\lambda - 4 = 0.$$

很容易计算得到

$$f(0) = -4 < 0, \quad f(1) = 4 > 0,$$
$$f(2) = -50 < 0, \quad f(34) = 1390 > 0,$$

因此三个根所在区间分别为 $(0,1),(1,2),(2,34)$.为求 $\rho(A^{\mathrm{T}}A)$,采用

$$x_{k+1} = x_k - \frac{x_k^3 - 34x_k^2 + 41x_k - 4}{3x_k^2 - 68x_k + 41}, \quad x_0 = 34.0, \quad k = 0,1,2,\cdots,$$

计算得到 32.8388,32.7524,32.7519,32.7519,32.7519.因此

$$\|A\|_2 = \sqrt{\rho(A^{\mathrm{T}}A)} \approx \sqrt{32.7519} \approx 5.72293.$$

注　从以上计算过程可以看出,2-范数的计算比其它两个要复杂得多.

最后给出一个重要结论:**对任意的诱导范数均有 $\rho(A) \leqslant \|A\|$**.这是因为

$$|\lambda| \cdot \|x\| = \|Ax\| \leqslant \|A\| \cdot \|x\| \Rightarrow |\lambda| \leqslant \|A\|.$$

即矩阵的任何一个诱导范数都不小于谱半径.如果把矩阵诱导范数全体视为一个集合,谱半径就是它的一个下界.

下面不加证明地给出一个定理:

定理 4.4　设 $A \in \mathbf{R}^{n \times n}$,则 $\rho(A) = \inf_{\|\cdot\|} \|A\|$,其中 inf 表示下确界.

关于下确界 $\alpha = \inf S$,其定义包含两层含义:

- α 首先是一个下界:$\forall x \in S, \alpha \leqslant x$;

- 比这个值大一点点的数都不是集合的下界,即

$$\forall \varepsilon > 0, \exists x \in S, x < \alpha + \varepsilon.$$

3) 矩阵空间中的距离和极限

有了范数,就可以定义距离.我们把 $\|A - B\|$ 称为矩阵 A, B 间的距离.

有了距离,就可以定义极限.定义

$$\lim_{k \to \infty} A^{(k)} = A \Leftrightarrow \lim_{k \to \infty} \| A - A^{(k)} \| = 0.$$

一个非常重要的结论:

定理 4.5 $\lim_{k \to \infty} B^k = O \Leftrightarrow \rho(B) < 1.$

证明 $\Rightarrow$ 的证明如下:

$$B^k \to O \Rightarrow \| B^k \| \to 0,$$

$$| \lambda | = \rho(B) \Rightarrow \exists x \neq 0, Bx = \lambda x, B^k x = \lambda^k x,$$

$$0 \leqslant | \lambda |^k \cdot \| x \| = \| \lambda^k x \| = \| B^k x \| \leqslant \| B^k \| \cdot \| x \| \to 0,$$

$$| \lambda |^k \to 0 \Rightarrow | \lambda | < 1.$$

$\Leftarrow$ 的证明如下:

$$\rho(B) < 1 \Rightarrow \exists \varepsilon, \rho(B) < 1 - \varepsilon,$$

$$\rho(B) = \inf \| B \| \Rightarrow \exists \| \cdot \|, \| B \| \leqslant \rho(B) + \varepsilon < 1,$$

$$\| B^k \| \leqslant \| B \|^k \leqslant (\rho(B) + \varepsilon)^k \to 0 \Rightarrow B^k \to O.$$

4.6.4 线性系统的误差分析

接下来对线性系统进行误差分析.它的输入是 A, b,输出是 x.

如果 $Ax = b$ 这个系统发生扰动,会有如下三种情形:

1) A 不变,b 有扰动情形

- 设扰动方程为 $A(x + \Delta x) = b + \Delta b$.
- 则误差方程为 $A \Delta x = \Delta b$.
- 求解得到 $\Delta x = A^{-1} \Delta b$,取范数得到

$$\| \Delta x \| \leqslant \| A^{-1} \| \cdot \| \Delta b \|.$$

- 上述关系是绝对误差,利用 $\| b \| = \| Ax \| \leqslant \| A \| \cdot \| x \|$ 可得

$$\frac{\| \Delta x \|}{\| x \|} \leqslant (\| A \| \cdot \| A^{-1} \|) \frac{\| \Delta b \|}{\| b \|}.$$

2) b 不变,A 有扰动情形

- 设扰动方程为 $(A + \Delta A)(x + \Delta x) = b$.
- 误差方程为 $A \Delta x + \Delta A x + \Delta A \Delta x = 0$.
- 丢掉高阶项,得到 $A \Delta x \approx - \Delta A x$,进而

$$\Delta x \approx - A^{-1} \Delta A x, \quad \| \Delta x \| \lessapprox \| A^{-1} \| \cdot \| \Delta A \| \cdot \| x \|.$$

- 相对误差分析为

$$\frac{\| \Delta x \|}{\| x \|} \lessapprox (\| A \| \cdot \| A^{-1} \|) \frac{\| \Delta A \|}{\| A \|}.$$

3) A, b 均有扰动情形

- 扰动方程为 $(A + \Delta A)(x + \Delta x) = b + \Delta b$.

- 类似的,把前面的分析综合起来可以得到

$$\frac{\|\Delta x\|}{\|x\|} \lesssim (\|A\| \cdot \|A^{-1}\|) \cdot \left(\frac{\|\Delta A\|}{\|A\|} + \frac{\|\Delta b\|}{\|b\|}\right).$$

4.6.5　条件数

从以上分析可以看出 $\|A\| \cdot \|A^{-1}\|$ 在误差分析中占据非常重要的地位,实际上,它就是误差的**放大因子(Amplify Factor)**.给出如下定义:

定义 4.6　称

$$\mathrm{cond}(A) = \|A\| \cdot \|A^{-1}\|$$

为矩阵 A 的条件数.如果 A 是奇异矩阵,则令 $\mathrm{cond}(A) = \infty$.

关于条件数,不加证明地给出如下**重要关系**:

$$\|A\| \cdot \|A^{-1}\| = \left(\max_{x \neq 0} \frac{\|Ax\|}{\|x\|}\right) \cdot \left(\min_{x \neq 0} \frac{\|Ax\|}{\|x\|}\right)^{-1}.$$

由此关系式可以看出:条件数描述了矩阵作用到任一非零向量 x 时

最大相对拉伸与最小相对压缩之间的比值.

线性变换和矩阵之间是一一对应的.给定矩阵

$$A = \begin{bmatrix} 1 & 2 \\ 4 & 4 \end{bmatrix},$$

它对应的线性变换为 T_A,如果此变换作用于单位圆则会得到一个椭圆.

在 Mathematica 中运行:

```
A={{1,2},{4,4}};B=Inverse[A].{x,y};
ContourPlot[{x^2+y^2==1,Norm[B]==1},{x,-6,6},{y,-6,6},
FrameStyle-> Thickness[0.008]]
```

得到如图 4.1 所示图形:

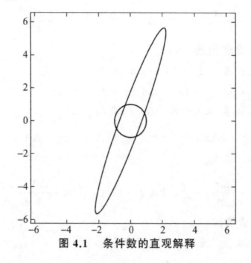

图 4.1　条件数的直观解释

在这个图形中,条件数就是椭圆的长轴和短轴的比值.

通俗地说,**条件数刻画了矩阵的奇异程度**:

- 条件数越大,奇异程度就越大;
- 反之,条件数越接近于 1,奇异程度就越小.

实际应用中,矩阵的条件数和奇异程度之间的关系不是完全量化对应的.用条件数来判别奇异程度过大与否并没有确切的标准,这不仅依赖于要解决的具体问题,还依赖于我们对问题近似解的容忍程度.

1) 条件数的性质

接下来只考虑非奇异矩阵.在诱导范数意义下,**条件数具有如下性质**:

- 对恒等矩阵,$\mathrm{cond}(\boldsymbol{I}_n) = 1$.
- 对任意矩阵 $\boldsymbol{A}$,$\mathrm{cond}(\boldsymbol{A}) \geqslant 1$.
- 对任意常数 $\gamma \neq 0$,$\mathrm{cond}(\gamma \boldsymbol{A}) = \mathrm{cond}(\boldsymbol{A})$.
- 对对角阵 $\boldsymbol{D} = \mathrm{diag}(d_1, d_2, \cdots, d_n)$,条件数计算公式为

$$\mathrm{cond}(\boldsymbol{D}) = \frac{\max\limits_{1 \leqslant i \leqslant n} |d_i|}{\min\limits_{1 \leqslant i \leqslant n} |d_i|}.$$

- 2- 范数条件数计算公式为

$$\mathrm{cond}(\boldsymbol{A})_2 = \|\boldsymbol{A}^{-1}\|_2 \|\boldsymbol{A}\|_2 = \sqrt{\frac{\lambda_{\max}(\boldsymbol{A}^{\mathrm{T}}\boldsymbol{A})}{\lambda_{\min}(\boldsymbol{A}^{\mathrm{T}}\boldsymbol{A})}}.$$

- 如果 $\boldsymbol{A}$ 是对称矩阵,则 2- 范数条件数计算公式为

$$\mathrm{cond}(\boldsymbol{A})_2 = \frac{\lambda_{\max}}{\lambda_{\min}}.$$

如果条件数太大,就称矩阵是**病态矩阵**.在实际计算中,由计算机带来的舍入误差是不可避免的,而**病态矩阵对应的线性系统在求解时会放大这些误差**.

2) 希尔伯特(Hilbert) 矩阵

一个非常著名的病态矩阵是 Hilbert 矩阵,它的一般定义为

$$\boldsymbol{H}_n = \begin{bmatrix} 1 & \dfrac{1}{2} & \cdots & \dfrac{1}{n} \\ \dfrac{1}{2} & \dfrac{1}{3} & \cdots & \dfrac{1}{n+1} \\ \vdots & \vdots & \ddots & \vdots \\ \dfrac{1}{n} & \dfrac{1}{n+1} & \cdots & \dfrac{1}{2n-1} \end{bmatrix}.$$

理论分析表明,Hilbert 矩阵的条件数大概是 $e^{3.5n}$,即条件数随矩阵维数指数增长.

对 Hilbert 矩阵构成的系统求解是困难的(详见本章上机题).尽管 Hilbert 矩阵的逆矩阵具有理论表达式,但只要牵涉数值计算,误差就将会被放大.

4.6.6 条件数的计算

1) 条件数的估算

条件数只是一个粗略估算计算误差的工具,**其准确值并没有太大意义**.计算条件数时,考虑到求逆的工作量等原因,一般都会选择估算 $\|A^{-1}\|$.

一个广泛应用的**估算** $\|A^{-1}\|$ **的算法**如下:

- 假设 u 是给定的,考虑

$$y = (A^{T}A)^{-1}u = A^{-1}((A^{T})^{-1}u).$$

- 求解两个线性系统 $A^{T}w = u, Ay = w$,然后有估计:

$$\|A^{-1}\| \geqslant \frac{\|y\|}{\|w\|}.$$

- u 必须仔细选取,常见的策略有 $u_i = \pm 1, i = 1:n$ 或者随机选取两种.

2) 利用 MATLAB 计算或估算范数、条件数

MATLAB 计算范数的指令为 norm,计算条件数的指令为 cond,估算范数和条件数的指令分别为 normest, condest.

选择合适的参数,可实现不同范数、条件数的计算或估算.以下代码供参考:

```
% % MATLAB norm and cond test
clear;clc
% test norm for vector
x=[1 2 3 -4 6]
n1=norm(x,1)
n2=norm(x,2)
n3=norm(x,Inf)
n4=norm(x,inf)
% test norm for matrix
A=[1 2 3 4;4 5 9 2;4 7 1 1;2 3 3 4]
m1=norm(A,1)
m2=norm(A,2)
m3=norm(A,inf)
% test cond for matrix
c1=cond(A,1)
c2=cond(A,2)
c3=cond(A,inf)
% test cond for matrix 2
B=hilb(4)
b1=cond(B,1)
% test normest condest for matrix
C=hilb(2000);
```

```
tic;Ctest1=norm(C),toc;
tic;Ctest2=normest(C),toc;
tic;Ctest3=cond(C),toc;
tic;Ctest4=condest(C),toc;
```

请对比相应的条件数数值以及指令运行时间.

4.6.7　再谈第二类初等变换

在高斯消去法的讨论中,并没有涉及第二类初等变换.第二类初等变换原则上说不改变线性方程组的解,**但它通常会改变相应的数值解**.简单来说,它会改变矩阵的条件数.而问题是

　　　　我们一般不知道进行变换后,新矩阵的条件性到底如何!
但可以提供一个特殊的变换策略:

定理 4.6（Higham（2002））　把矩阵 A 的每一行通过第二类初等变换**均变为2-范数意义下的单位行向量**,得到矩阵 M,则

$$\mathrm{cond}(M) \leqslant \frac{2}{\det(M)}.$$

这种调整称为行平衡（Row-Equilibration）,**它是一种最优行调整策略**.即成立

$$\mathrm{cond}(M) \leqslant \mathrm{cond}(A).$$

需要指出的是,这只是关于行调整的一个粗糙的结果,调整后的**条件数具体能够减少多少暂时也是未知的**.如果再引入列调整,分析会更加困难.

4.6.8　余量

如何验证一个解 $\hat{x}$ 是否适合原方程 $Ax = b$? 通常是将其代入方程,看方程成立的"程度".即计算**余量**

$$r = b - A\hat{x},$$

看它与 **0** 的接近程度.前面已经指出,余量就是一种向后误差分析.具体讨论如下:

- 方程两边同时乘以非零常数,**解不变,但余量会发生改变**.
- 也就是说,由于问题的行调整,余量可以变得任意大或者小.
- 鉴于这个原因,考虑相对余量:$\dfrac{\|r\|}{\|A\| \cdot \|\hat{x}\|}$.
- 余量同 Δx 的关系:
$$r = b - A\hat{x} = Ax - A\hat{x} = A\Delta x \Rightarrow \Delta x = A^{-1}r.$$
- 因此得到近似关系:
$$\frac{\|\Delta x\|}{\|x\|} \lessapprox \mathrm{cond}(A) \frac{\|r\|}{\|A\| \cdot \|\hat{x}\|}.$$

- 当条件数较小时,相对余量和解的相对误差具有一致性.
- 反之,当条件数很大时,小的相对余量并不能说明解的相对误差较小.

4.6.9　问题好坏的判别与处理

问题的好坏可以通过条件数来粗略判定,但也有一些经验可供参考.例如:
- 在用选主元高斯消去法时还出现了**小主元**;
- 系数矩阵里的某些行或者列**近似线性相关**;
- 矩阵元素间**数量级差别很大**,并且没有一定规则.

以上情形,均有可能是病态问题.

而对于病态问题,通常的处理方式如下:
- **用更高的精度进行计算**(双精度、四精度等);
- **预处理技术**:$Ax = b \Leftrightarrow PAx = Pb$,选择 P 使 PA 的条件数降下来(如何选择合适的 P 是大规模问题计算中一个非常重要的技术问题).

4.7　习题

1. 用高斯消去法求解

$$\begin{bmatrix} 2 & -1 & 3 \\ 4 & 2 & 5 \\ 1 & 2 & 0 \end{bmatrix} \begin{bmatrix} x_1 \\ x_2 \\ x_3 \end{bmatrix} = \begin{bmatrix} 1 \\ 4 \\ 7 \end{bmatrix},$$

并写出对应矩阵 LU 分解的 L 和 U.

2. 用列主元高斯消去法求解

$$\begin{bmatrix} 4 & 3 & 2 \\ 6 & -3 & -1 \\ 2 & 6 & 7 \end{bmatrix} \begin{bmatrix} x_1 \\ x_2 \\ x_3 \end{bmatrix} = \begin{bmatrix} 2 \\ 7 \\ -5 \end{bmatrix}.$$

3. 写出线性系统对应矩阵 PLU 分解的 P, L, U 矩阵并求解

$$\begin{bmatrix} 1 & 0 & 1 \\ 2 & -1 & 0 \\ -1 & 2 & 1 \end{bmatrix} \begin{bmatrix} x_1 \\ x_2 \\ x_3 \end{bmatrix} = \begin{bmatrix} 4 \\ -2 \\ 4 \end{bmatrix}.$$

4. 写出线性系统对应矩阵 PLU 分解的 P, L, U 矩阵并求解

$$\begin{bmatrix} 1 & 2 & 3 & 0 \\ 2 & 1 & 2 & 3 \\ 0 & 2 & 1 & 2 \\ 0 & 0 & 2 & 1 \end{bmatrix} \begin{bmatrix} x_1 \\ x_2 \\ x_3 \\ x_4 \end{bmatrix} = \begin{bmatrix} 0 \\ -2 \\ -1 \\ -3 \end{bmatrix}.$$

5. 给定严格对角占优矩阵

$$A = \begin{bmatrix} b_1 & c_1 & & & & \\ & b_2 & c_2 & & & \\ & & b_3 & c_3 & & \\ & & & \ddots & \ddots & \\ & & & & b_{n-1} & c_{n-1} \\ a_2 & a_3 & a_4 & \cdots & a_n & b_n \end{bmatrix},$$

请根据矩阵特点设计一个计算其 LU 分解的算法,并给出 **L** 和 **U**.

6. 请画出 $\mathbf{R}^2$ 中 1- 范数,2- 范数和 ∞- 范数意义下的单位圆.

7. 设

$$A = \begin{bmatrix} 3 & 1 & 1 \\ -1 & 1 & 1 \\ 1 & 2 & 1 \end{bmatrix}, \quad x = \begin{bmatrix} -1 \\ 3 \\ 2 \end{bmatrix},$$

计算 $\| x \|_\infty$,$\| A \|_\infty$ 和 $\| Ax \|_\infty$,并比较 $\| Ax \|_\infty$ 与 $\| A \|_\infty \cdot \| x \|_\infty$ 的大小.

8. 设

$$A = \begin{bmatrix} 4 & 1 & 1 \\ 1 & 4 & 1 \\ 1 & 1 & 4 \end{bmatrix},$$

计算 $\| A \|_1$,$\| A \|_2$ 和 $\mathrm{cond}(A)_2$.

9. 设

$$A_n = \begin{bmatrix} 1 & 1 \\ 1 & 1 - \dfrac{1}{n} \end{bmatrix},$$

计算:(1) A_n^{-1};(2) $\mathrm{cond}(A)_\infty$;(3) $\displaystyle\lim_{n \to \infty} \frac{\mathrm{cond}(A)_\infty}{n}$.

10. 设

$$A = \begin{bmatrix} 2.0001 & -1 \\ -2 & 1 \end{bmatrix}, \quad b = \begin{bmatrix} 7.0003 \\ -7 \end{bmatrix},$$

且已知 $Ax = b$ 的精确解为 $x = \begin{bmatrix} 3 \\ -1 \end{bmatrix}$.

(1) 计算 $\mathrm{cond}(A)_\infty$;

(2) 取 $y = \begin{bmatrix} 2.91 \\ -1.01 \end{bmatrix}$,计算 $r_y = b - Ay$;

(3) 取 $z = \begin{bmatrix} 2 \\ -3 \end{bmatrix}$,计算 $r_z = b - Az$;

(4) 计算 $\| y - x \|_\infty$ 和 $\| z - x \|_\infty$;

(5) 比较所有计算结果,解释事情发生的原因.

11.（上机题）已知 Hilbert 矩阵 $\boldsymbol{H}_n = (h_{ij})_{n \times n}$ 的元素为 $h_{ij} = \dfrac{1}{i+j-1}$，完成如下几个问题：

（1）编程给出计算 $\boldsymbol{H}_n$ 的行范数函数；

（2）编程计算 $\boldsymbol{H}_n$ 的行范数条件数，可调用求逆函数，比如 Mathematica 中的求逆函数 Inverse[H]，MATLAB 中的 inv(H)（其它语言自行查找）；

（3）对 $n = 1, 2, \cdots, 20$，计算 $\boldsymbol{H}_n$ 的行范数条件数，并画出 n 同条件数的对数之间的关系图；

（4）令 $\boldsymbol{x} = (1.0, 1.0, \cdots, 1.0)^{\mathrm{T}}$，$\boldsymbol{b} = \boldsymbol{H}_n \boldsymbol{x}$，对 $n = 1, 2, \cdots, 20$，解 $\boldsymbol{H}_n \hat{\boldsymbol{x}} = \boldsymbol{b}$，并计算

$$\boldsymbol{x} - \hat{\boldsymbol{x}}, \quad \boldsymbol{b} - \boldsymbol{H}_n \hat{\boldsymbol{x}}$$

以及它们的无穷范数；

（5）通过以上数值实验，你理解到了什么？

12.（上机题）可以用**误差修正**来提升线性方程组解的精度，具体过程如下：

- 假设得到了 $\boldsymbol{Ax} = \boldsymbol{b}$ 的某个近似解 $\boldsymbol{x}_0 \approx \boldsymbol{x}$，设余量为 $\boldsymbol{r}_0 = \boldsymbol{b} - \boldsymbol{Ax}_0$.
- 通常而言，余量 $\boldsymbol{r}_0$ 不是像我们要求得那么小.
- 建立余量的方程（修正方程）

$$\boldsymbol{As} = \boldsymbol{r}_0,$$

并求解得到 $\boldsymbol{s}_0$.

- 如果 $\boldsymbol{s}_0$ 是上面修正方程的精确解，则

$$\boldsymbol{x}_1 = \boldsymbol{x}_0 + \boldsymbol{s}_0$$

就是精确解.但一般情况下只能得到一个新的近似值 $\boldsymbol{x}_1$，计算新的余量 $\boldsymbol{r}_1$.

- 重复前面的过程，得到

$$\boldsymbol{x}_n = \boldsymbol{x}_{n-1} + \boldsymbol{s}_{n-1},$$

直到结果满意为止.

理解上述算法，并完成如下要求：

（1）验证如果 $\boldsymbol{s}_0$ 能精确求解得到，则 $\boldsymbol{x}_1 = \boldsymbol{x}_0 + \boldsymbol{s}_0$ 就是精确解.

（2）由于要反复求解同一个矩阵对应的线性系统，所以采用 LU 分解.使用 LU 分解的时候应该注意什么？编程实现针对这一算法的 LU 分解程序.

（3）选取随机点构造 Vandermonde 矩阵，验证数值验证方法的可行性.比如：

① 令 $\boldsymbol{V}$ 是一个 Vandermonde 矩阵，$\boldsymbol{x}^*$ 任取，则

$$\boldsymbol{Vx} = \boldsymbol{Vx}^*$$

的解应该非常接近 $\boldsymbol{x}^*$.用列主元 Gauss 消去法求解时，是这样吗？

② 随机选取一个 $\boldsymbol{x}_0$，利用前面的算法进行误差修正，考虑计算效果.

③ 多选取几个 Vandermonde 矩阵进行数值研究，看看会发生什么.

④ 如果对 Hilbert 矩阵对应的系统重复这样的过程，结果又是如何？

（4）请评价这一算法.

5 插值与逼近

插值和逼近是两种重要的技术手段,无论是在**实际应用**中,还是在**数值方法的理论推导与分析**中都有着重要的地位.本章介绍这两种方法的基础内容,包括多项式插值、分段多项式插值、最佳一致逼近与最佳平方逼近.而有理多项式插值、高维插值、B样条函数等内容将在本系列书的提高篇里讲述.

5.1 离散问题

在现实世界中,我们获得的信息几乎都是按照离散的方式呈现的.因此,对于离散数据的处理变得极其重要,它关乎我们对现实世界的理解和掌控.

一般情况下,我们得到的离散信息可能是片面甚至虚假的,因此要对信息进行仔细的甄别和细致可靠的分析.但在随后的讨论中,我们都假设给定的离散信息是**真实并且"合理"的**.

此外,信息呈现的方式有很多种,我们**仅仅讨论数据集形式**的信息呈现方式,也即并不涉及如何把一些诸如文字类的信息数据化等问题.

综上,**我们仅对离散好的数据信息进行处理**.

比如,观察某商品在一段时间内的价格变化情况,得到如下数据:

时间(年)	1	2	3	4	5	6	7
价格(万元)	1.00	1.59	2.78	4.20	6.23	8.49	12.00

要对这组数据进行处理,首先应该在坐标平面上**标出对应的数据点**.

在 Mathematica 中运行如下代码:

```
x=Range[1,7];
y={1.00,1.59,2.78,4.20,6.23,8.49,12.00};
data=Transpose[{x,y}];
p1=ListPlot[data,PlotStyle->Red,
PlotRange->All,Frame->True,
FrameStyle->Black,AspectRatio->1/2]
```

会得到如图 5.1 所示图形:

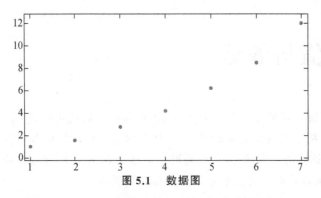

图 5.1   数据图

从图形上可以看出,价格呈现**上升趋势**.而如果添加控制指令:

        Mesh -> Full, Joined -> True
可以得到一种处理后的图形(见图 5.2):

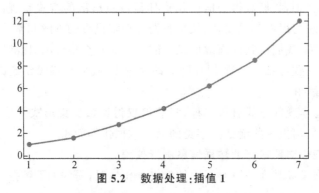

图 5.2   数据处理:插值 1

在这种处理方式中,我们直接把数据点通过折线连接了起来.换句话说,就是找到一个函数 $y = f(x)$,让它通过所有给定的数据点.这种方式就是**插值**.

定义 5.1   给定一组点

$$\{x_i, y_i\} \quad (i = 0, 1, \cdots, n),$$

并且 $x_0 < x_1 < \cdots < x_n$,若函数 $f(x)$ 使得

$$f(x_i) = y_i \quad (i = 0, 1, \cdots, n)$$

成立,则 $y = f(x)$ 就是这一组数据点的**一个插值函数**,求 $y = f(x)$ 的过程称为**函数插值**.

插值函数不是唯一的.事实上,经过一组数据点的函数必然有无穷多个.

若在 ListPlot 最后添加控制指令:

        InterpolationOrder -> 2
可以得到新的图形(见图 5.3):

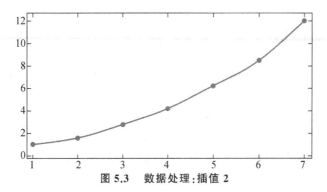

图 5.3　数据处理：插值 2

从图形上看，这个插值函数的光滑性比上一个要好.

除插值这种方式外，还有其它的处理方式.考虑到要处理的数据总会含有某些误差，**因此没有必要要求函数一定要准确地通过给定的数据点.**

在 Mathematica 中运行如下代码：

```
x=Range[1,7];
y={1.00,1.59,2.78,4.20,6.23,8.49,12.00};
data=Transpose[{x,y}];f[t_]=Fit[data,{1,t,t^2},t];
p1=ListPlot[data,PlotStyle->Red,PlotRange->All,
Frame->True,FrameStyle->Black,AspectRatio->1/2,
Mesh->Full];
p2=Plot[f[t],{t,1,7},PlotStyle->Black];
Show[p1,p2]
```

将会得到如图 5.4 所示图形：

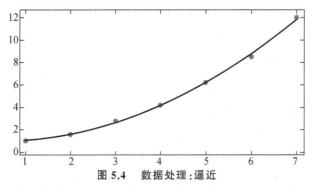

图 5.4　数据处理：逼近

这种方式就是函数**逼近**.在这个图形中，我们用一个二次函数近似**替代**离散数据，函数没有严格地通过所有数据点.**但在某种度量下，它产生的误差在所有二次函数中是最小的.**

以上是离散数据两种常见的处理方式，它们之间**既有区别**，也有共性：都是把**离散数据连续化**，进而就可以对该函数进行求值、求导数、计算积分等操作.

5.2 一般插值问题

前面给出的插值定义非常粗糙,**它仅仅表述了函数插值是一个怎样的操作**.按照那个定义,插值函数必然有无穷多个.那么,选择什么样类型的函数进行插值、如何在特定的函数类中找到合适且唯一的插值函数将是下一步的工作.

在进行具体插值工作之前,我们还应该明确函数插值的目的是什么;或者通过函数插值,我们能得到什么.一般来说,**通过插值我们可以做到**:

- 画出一条通过给定数据点的连续曲线;
- 计算列表型函数的中间值;
- 求列表型函数的"导数"或者"积分"值;
- 快速方便地求出(复杂)数学函数的值;
- 得到复杂函数的简单替代函数.

事实上,**一旦得到了离散数据的连续近似**,高等数学课程中关于连续函数或者可导函数的处理手段都可以拿来做进一步分析,并用之于离散数据.

甚至于,即便对一些连续函数通过插值得到它们相应的近似替代函数,然后对替代函数进行分析,很多结果也是非常有价值的.

5.2.1 对插值函数的要求

不同目的下的数据处理会对插值函数有着不同的要求.比如,仅仅为了观察某种商品的价格走势,给出一条折线或者说一个分段线性函数就足够了;但如果我们还要分析商品价格变化的快慢,就需要插值函数尽可能的光滑.而在通过离散数据进行曲线设计时,会对插值函数光滑性有更高的要求.

但不管什么情况,我们总是期望两点:

- 插值函数应该比被插值函数具有**更简单的形式**或者处理起来更方便;
- 插值函数应该**继承**被插值函数(或者离散数据点)的**某些特性**,这些特性包括但不限于**单调性、凸凹性、周期性**等.

不同插值目的对简单和继承特性的要求也不一样.总之,还要关心**两个度**:

- 插值函数的**简单程度**;
- 插值函数与所拟合的数据**在性态方面的接近程度**.

最后要指出的是,实际的插值函数可能只**会保持一项或几项特性**.

哪些函数可以用来插值呢? 能用来插值的函数应该形式简单,处理方便.常见的插值函数有

多项式、分段多项式、三角函数、有理函数、指数函数.

一般来说,我们主要使用多项式插值和分段多项式插值.理由如下:

• 多项式和分段多项式仅仅利用到了有限次加、减、乘、除这四种基础运算，因此便于在计算机上实现；

• （分段）多项式的估值、求导、求积分相对容易.

尽管大部分情况下分段多项式插值足够我们使用了，但三角函数插值、有理函数插值甚至指数函数插值依然有其应用的空间.比如，三角函数插值对于周期问题无疑是一个较好的选择，而有理函数插值能直接处理具有奇异性或者近似奇异性的问题.这些内容会在后续教材中一一讨论.

5.2.2　多项式插值

1）多项式插值的定义

定义 5.2（多项式插值）　　给定一组点 $\{x_i, y_i\}(i = 0, 1, \cdots, n)$，且
$$x_0 < x_1 < \cdots < x_n,$$
求次数不超过 n 的多项式 $p_n(x)$ 使得
$$p_n(x_i) = y_i, \quad i = 0, 1, \cdots, n$$
成立，其中，x_i 称为**插值节点**，$p_n(x)$ 称为 n **次插值多项式**.特别的，如果数据点满足 $y_i = f(x_i)$，则 $y = f(x)$ 是**被插值函数**.

注　n 次插值多项式未必是 n 次多项式.

2）n 次多项式空间 P_n

n 次多项式空间 P_n 是由次数不超过 n 的多项式全体构成.关于它，我们要了解如下内容：

• P_n 是一个线性空间；

• P_n 的维数是 $n + 1$；

• P_n 常见的基底是 $1, x, x^2, \cdots, x^n$，这组基底称为**单项式基底**；

• 任何 $n + 1$ 个线性无关且次数不超过 n 次的多项式都构成其一组基底；

• 给定 P_n 空间的一组基 $\varphi_0(x), \varphi_1(x), \cdots, \varphi_n(x)$，则
$$\forall\, p(x) \in P_n, \quad p(x) = \sum_{j=0}^{n} c_j \varphi_j(x).$$

5.2.3　单项式基底下的多项式插值

把多项式表示为诸如
$$1 + 2x + 3x^2 + \cdots + (n+1)x^n$$
的形式是我们的习惯，所以先讨论这种情况下的多项式插值.过程如下：

• 设 n 次插值多项式为 $p_n(x) = t_0 + t_1 x + t_2 x^2 + \cdots + t_n x^n$.

• 根据插值条件，得到
$$p_n(x_i) = t_0 + t_1 x_i + t_2 x_i^2 + \cdots + t_n x_i^n = y_i, \quad i = 0, 1, \cdots, n,$$
即

$$\begin{bmatrix} 1 & x_i & \cdots & x_i^n \end{bmatrix} \begin{bmatrix} t_0 \\ t_1 \\ \vdots \\ t_n \end{bmatrix} = \begin{bmatrix} y_0 \\ y_1 \\ \vdots \\ y_n \end{bmatrix}, \quad i = 0, 1, \cdots, n.$$

- 上述关系就是一个关于 $t_0, t_1, \cdots, t_n$ 的线性方程组：

$$\begin{bmatrix} 1 & x_0 & \cdots & x_0^n \\ 1 & x_1 & \cdots & x_1^n \\ \vdots & \vdots & \ddots & \vdots \\ 1 & x_n & \cdots & x_n^n \end{bmatrix} \begin{bmatrix} t_0 \\ t_1 \\ \vdots \\ t_n \end{bmatrix} = \begin{bmatrix} y_0 \\ y_1 \\ \vdots \\ y_n \end{bmatrix},$$

用矩阵符号记之为 $At = y$，其中 A 称为**插值矩阵**.

- 事实上，矩阵 A 是 **Vandermonde 矩阵**，当 x_i 互不相同时，A 可逆.
- 因而可得 $At = y$ 有解，且有唯一解.这意味着：**当插值节点互不相同时，多项式插值问题一定有唯一解**.
- 接下来，只需要求解 $At = y$，即可得到单项式基底下的插值多项式.

但我们**通常不会这么做**，原因有两点：

- 直接求解 $At = y$ 的工作量较大.
- 更糟糕的是，A 通常是一个**病态矩阵**.这意味着，耗费大量精力求解 $At = y$ 得到的结果很可能是不可靠的.

首先，看一组基函数 $1, x, x^2, \cdots, x^9$ 的图形（见图 5.5）：

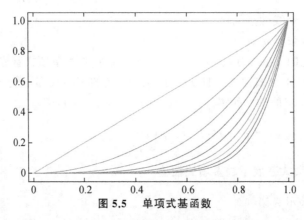

图 5.5　单项式基函数

从图中可以看出，当 x 接近于 0 或 1 时，高次基函数图形间的差别变小，它们不能很好地被区分.这直接导致单项式基底的数值性态通常都很糟糕.

另外，通过一段简单的 MATLAB 代码：

```
x=10* rand(1,10);
for i=1:10 A(i,:)=x.^(i-1); end
cond(A)
```

直观展现 A 的条件性.多次运行后会发现,它的条件数基本都在 10^{10} 以上.这意味着,通过求解 $At = y$ 来解决插值问题是行不通的.

5.2.4 一般基底下的插值多项式

使用习惯的单项式基底进行多项式插值遇到了困难,因此有必要探讨一下用一般的基底表示多项式时的插值问题.**从数学上来看,**

不同的基底之间并没有实质的区别!

- 假设有一组 P_n 的基底:
$$\varphi_0(x), \varphi_1(x), \cdots, \varphi_n(x) \in P_n.$$

- **任意次数不超过 n 的多项式可写成**
$$p_n(x) = t_0 \varphi_0(x) + t_1 \varphi_1(x) + \cdots + t_n \varphi_n(x).$$

- 仿照前面得到矩阵形式 $At = y$,即
$$\begin{bmatrix} \varphi_0(x_0) & \varphi_1(x_0) & \cdots & \varphi_n(x_0) \\ \varphi_0(x_1) & \varphi_1(x_1) & \cdots & \varphi_n(x_1) \\ \vdots & \vdots & \ddots & \vdots \\ \varphi_0(x_n) & \varphi_1(x_n) & \cdots & \varphi_n(x_n) \end{bmatrix} \begin{bmatrix} t_0 \\ t_1 \\ \vdots \\ t_n \end{bmatrix} = \begin{bmatrix} y_0 \\ y_1 \\ \vdots \\ y_n \end{bmatrix},$$

这里的 A 称为一般**插值矩阵**.

- 不同的基底对应不同的插值矩阵.实际计算中,对不同的 $At = y$ 求解时,它们在效率、精度、稳定性方面有不小的差别.

接下来提一个问题:

什么情况下,$At = y$ 能够被快速准确地求解?

该问题最简单的答案显然是当 $A = I$ 时,系统求解起来最为方便.

实际中还可能会用到正交多项式等基底,这些我们在需要的时候再作讨论.当插值矩阵是单位阵时,对应的就是 **Lagrange 插值多项式.**为系统起见,关于常见插值多项式的计算与分析转入下一节.

5.3 常用插值公式与算法

5.3.1 Lagrange 型插值多项式

当矩阵 A 是单位阵时,对角线上元素为 1,其它元素为 0,得到
$$\varphi_j(x_i) = \delta_{ij} = \begin{cases} 1, & i = j, i = 0 : n, \\ 0, & i \neq j. \end{cases}$$

若可以求出这样的 $\varphi_j(x)$,它们就称为 **Lagrange 插值基**,并记为 $l_j(x)$.它们又称**基本插值多项式**.

接下来进行如下讨论:

- $l_j(x)$ 为次数不超过 n 的多项式.
- $l_j(x_i)=0(i\neq j)$ 意味着 x_i 是它的根,且它总共有 n 个不同的根.
- 每一个 $(x-x_i)$ 都是 $l_j(x)$ 的**因子**,因此有分解:

$$l_j(x)=\alpha_j(x-x_0)\cdots(x-x_{j-1})(x-x_{j+1})\cdots(x-x_n).$$

- 根据 $l_j(x_j)=1$,得到

$$\alpha_j=\frac{1}{\prod\limits_{\substack{i=0\\i\neq j}}^{n}(x_j-x_i)}.$$

- 从而可得

$$l_j(x)=\frac{\prod\limits_{\substack{i=0\\i\neq j}}^{n}(x-x_i)}{\prod\limits_{\substack{i=0\\i\neq j}}^{n}(x_j-x_i)}.$$

当 $A=I$ 时,$t_i=y_i$ 成立.这意味着

$$p_n(x)=y_0l_0(x)+y_1l_1(x)+\cdots+y_nl_n(x),$$

或者更详细地写为

$$p_n(x)=\sum_{j=0}^{n}y_jl_j(x)=\sum_{j=0}^{n}y_j\frac{\prod\limits_{\substack{i=0\\i\neq j}}^{n}(x-x_i)}{\prod\limits_{\substack{i=0\\i\neq j}}^{n}(x_j-x_i)},$$

其中,$p_n(x)$ 称为 n 次 **Lagrange 插值多项式**,记为 $L_n(x)$.

有如下定理:

定理 5.1　给定一组点 $\{x_i,y_i\}(i=0,1,\cdots,n)$,并且

$$x_0<x_1<\cdots<x_n,$$

则存在唯一的次数不超过 n 的多项式 $p_n(x)$,使得

$$p_n(x_i)=y_i$$

对任意的 $i=0,1,\cdots,n$ 成立.

注 1　请读者自行验证 $l_0(x),l_1(x),\cdots,l_n(x)$ 是**线性无关**的.

注 2　多项式 $l_0(x),l_1(x),\cdots,l_n(x)$ 是 P_n 的一组基,对 $\forall p(x)\in P_n$ 有

$$p(x)=\sum_{j=0}^{n}p(x_j)l_j(x)=\sum_{i=0}^{n}p(x_i)l_i(x).$$

注 3　Lagrange 基函数的图形如图 5.6 所示(把区间 $[0,1]$ 作 5 等分得到):

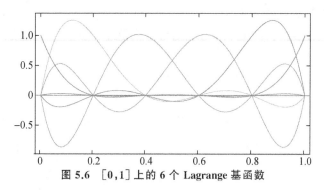

图 5.6 [0,1]上的 6 个 **Lagrange** 基函数

从图形上看,Lagrange 型基底具有更好的可区分性.

例 1 给定数据点

x	-2	0	1	3
y	-7	-1	4	6

试计算 $L_3(x)$.

解 根据 $x_0=-2,x_1=0,x_2=1,x_3=3$,得到基函数为

$$l_0(x)=\frac{(x-0)(x-1)(x-3)}{(-2-0)(-2-1)(-2-3)}, \quad l_1(x)=\frac{(x+2)(x-1)(x-3)}{(0+2)(0-1)(0-3)},$$

$$l_2(x)=\frac{(x+2)(x-0)(x-3)}{(1+2)(1-0)(1-3)}, \quad l_3(x)=\frac{(x+2)(x-0)(x-1)}{(3+2)(3-0)(3-1)},$$

再根据 $y_0=-7,y_1=-1,y_2=4,y_3=6$,可得

$$L_3(x)=-7l_0(x)-l_1(x)+4l_2(x)+6l_3(x)$$

$$=\frac{7}{30}x(x-1)(x-3)-\frac{1}{6}(x+2)(x-1)(x-3)$$

$$-\frac{2}{3}(x+2)x(x-3)+\frac{1}{5}(x+2)x(x-1)$$

$$=-\frac{2x^3}{5}+\frac{4x^2}{15}+\frac{77x}{15}-1.$$

注 1 可以看出,如果只要求出 $L_3(x)$ 的一个表达式,是比较简单的.

注 2 但是求 $L_3(x)$ 展开后的表达式,需要一定的运算才能得到.

注 3 如果直接对 $L_3(x)$ 进行求值、求导、求积分都不容易.

5.3.2 插值误差余项

在进一步探讨 Lagrange 插值多项式之前,先考察一下**插值误差**.首先,在每一个插值节点处,插值多项式和被插值函数一致,也即

$$p_n(x_i)=y_i, \quad e(x_i)=y_i-p_n(x_i)=0.$$

但是在非节点处,误差就未必为 0 了.

例如,对函数 $y = \sin x$ 在 $[0, \pi]$ 上进行等距节点处的 2 次插值,得到如图 5.7 所示图形:

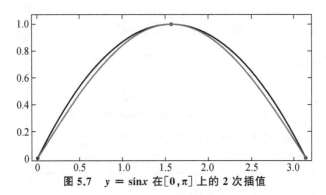

图 5.7　$y = \sin x$ 在 $[0, \pi]$ 上的 2 次插值

尽管这个 2 次插值效果尚可,但在非节点处差别还是明显的.

我们称 $R_n(x) = f(x) - p_n(x)$ 为**插值余项**.给出如下定理:

定理 5.2　设 $f(x)$ 在包含 $n+1$ 个互异节点 $x_0, x_1, \cdots, x_n$ 的区间 $[a, b]$ 上具有 n 阶连续导数,且在 (a, b) 内存在 $n+1$ 阶导数,则对于任意的 $x \in [a, b]$,有

$$R_n(x) = f(x) - p_n(x) = \frac{f^{(n+1)}(\xi)}{(n+1)!} W_{n+1}(x),$$

其中 $\xi \in (a, b)$,$W_{n+1}(x) = (x - x_0)(x - x_1) \cdots (x - x_n)$.

这个定理的**证明思路**如下:

- 注意到 $R_n(x)$ 具有 $n+1$ 个互异的零点 x_i,即 $R_n(x_i) = 0$.
- 因此,必然有分解:
$$R_n(x) = K(x)(x - x_0) \cdots (x - x_n) = K(x) W_{n+1}(x).$$
- 当 $x \neq x_i \ (i = 0, 1, \cdots, n)$ 时,$W_{n+1}(x) \neq 0$,则 $K(x) = \dfrac{R_n(x)}{W_{n+1}(x)}$.
- 但我们要找的是 $K(x)$ 其它形式的表达式.
- 考虑函数:
$$\varphi(t) = R_n(t) - K(x) W_{n+1}(t),$$
则 $x, x_0, x_1, \cdots, x_n$ 都是这个关于 t 的函数的零点.
- 利用 $n+1$ 次 Rolle 定理得到:存在 $\xi \in (a, b)$,有 $\varphi^{(n+1)}(\xi) = 0$.
- 事实上,计算函数的高阶导数,得到
$$\varphi^{(n+1)}(t) = f^{(n+1)}(t) - (n+1)! K(x) \quad (\text{因为} (W_{n+1}(t))^{(n+1)} = (n+1)!),$$
令 $t = \xi$,由 $\varphi^{(n+1)}(\xi) = 0$ 即可求出 $K(x) = \dfrac{f^{(n+1)}(\xi)}{(n+1)!}$.
- 最后得到

$$R_n(x) = \frac{f^{(n+1)}(\xi)}{(n+1)!} W_{n+1}(x).$$

关于这个定理,要说明的几点如下:

注 1　式中的 $\xi = \xi(x)$,也就是说 ξ 是变量,不是常数.

注 2　如果 $f(x)$ 是次数不超过 n 的多项式,则 $p_n(x) = f(x)$.

注 3　所有的 Lagrange 基函数之和为 1,即

$$\sum_{i=0}^{n} l_i(x) = \sum_{i=0}^{n} 1 \cdot l_i(x) = 1.$$

这个结果可以看成是**注 2 的推论**,后面还会继续使用它.

注 4　如果 $\max\limits_{a \leqslant x \leqslant b} |f^{(n+1)}(x)| \leqslant M_{n+1}$,我们有

$$|R_n(x)| \leqslant \frac{M_{n+1}}{(n+1)!} |W_{n+1}(x)|.$$

利用这个式子可以对插值进行误差分析.

例 2　设 $f(x) = \frac{2}{\sqrt{\pi}} \int_0^x e^{-t^2} dt$,$x_0 = 4, x_1 = 6$,估计 $|f(x) - p_1(x)|$.

解　在 $[4,6]$ 上作 $f(x)$ 的线性插值多项式 $p_1(x)$,则

$$R_1(x) = f(x) - p_1(x) = \frac{1}{2} f''(\xi)(x-4)(x-6), \quad \xi \in (4,6).$$

又

$$f'(x) = \frac{2}{\sqrt{\pi}} e^{-x^2}, \quad f''(x) = -\frac{4x}{\sqrt{\pi}} e^{-x^2},$$

$$f'''(x) = \frac{4}{\sqrt{\pi}}(2x^2 - 1) e^{-x^2} > 0, \; x \in (4,6) \Rightarrow f''(x) \uparrow,$$

所以

$$|R_1(x)| \leqslant \frac{1}{2} |f''(4)| |(5-4)(5-6)| \approx 0.508 \times 10^{-6}.$$

5.3.3　Lagrange 插值的优缺点讨论

多项式插值问题的解是存在唯一的,无论是 Lagrange 型插值多项式还是随后讨论的 Newton 型插值多项式,这些结果在数学上必然是等价的.它们的**区别在于表达式不同,在于随后的使用方式不同**.

Lagrange 型插值多项式的理论公式并不复杂,它的基函数

$$l_j(x) = \frac{(x-x_0)\cdots(x-x_{j-1})(x-x_{j+1})\cdots(x-x_n)}{(x_j-x_0)\cdots(x_j-x_{j-1})(x_j-x_{j+1})\cdots(x_j-x_n)}$$

除了可以用连乘符号 $\prod$ 简记外,**还可以理解为**

分子 $=(x-$ 所有剩余节点$)$ 的连乘，

分母 $=($ 当前节点 $-$ 所有剩余节点$)$ 的连乘.

尽管有这样的规律性,公式本身可能依旧会很复杂.比如插值节点为

$$x_0=0, \quad x_1=1, \quad x_2=2, \quad \cdots, \quad x_{10}=10,$$

那么其中的一个基函数为

$$l_1(x)=\frac{x(x-2)(x-3)\cdots(x-10)}{(1-0)(1-2)(1-3)\cdots(1-10)},$$

再由基函数和函数值的组合得到插值多项式,可以想象:对这种插值多项式化简或直接求值、求积分、求导必然是相当麻烦.

这样来看,Lagrange 型多项式插值的**优点**是**表达式容易求、条件性好**,而**缺点**则是**不容易求值、求导、求积分**.这只是明面上的分析,讲完 Newton 型插值多项式以后,我们再做一点更深层次的讨论.

5.3.4 Newton 型插值公式

1) Lagrange 插值的另外一个问题

除运算量较大这个缺点外,实际中 Lagrange 插值还会遇到另外的困难.前面的讨论都是建立在节点组给定的基础上的,而这并不符合实际情况,因为我们很难一下子就知道用多少节点或者用哪些节点才能达到插值目的.

这时的解决方案通常都是使用尝试的方法.现给出**一个简化的问题**:给定一组节点 $x_0,x_1,\cdots,x_{k-1}$ 对函数进行插值,如果对插值效果不满意,考虑**新增加一个节点** x_k,那么新的插值多项式应如何求?

直接采用 Lagrange 插值多项式解决这个问题会遇到一定的困难.考虑到数据点的继承性,我们尝试用**递归**思想来解决它.

讨论过程如下：

- 设 $x_0,x_1,\cdots,x_{k-1}$ 对应的插值多项式是 $p_{k-1}(x)$.
- 设 $x_0,x_1,\cdots,x_{k-1},x_k$ 对应的插值多项式是 $p_k(x)$.
- **问题**:两个插值多项式之间**有何关系**? 很明显,根据插值条件有

$$p_{k-1}(x_i)=p_k(x_i), \quad i=0,1,\cdots,k-1.$$

- 构造函数

$$p(x)=p_k(x)-p_{k-1}(x),$$

这是一个次数不超过 k 的多项式.显然,$x_i(i=0,1,\cdots,k-1)$ 都是其零点,对应的 $x-x_i$ 都是它的因子,因此有分解:

$$p(x)=\alpha_k(x-x_0)(x-x_1)\cdots(x-x_{k-1})=\alpha_k W_k(x).$$

- 根据 $p_k(x_k)=p_{k-1}(x_k)+\alpha_k W_k(x_k)=y_k$ 得到

$$\alpha_k=\frac{y_k-p_{k-1}(x_k)}{W_k(x_k)}, \quad p_k(x)=p_{k-1}(x)+\alpha_k W_k(x).$$

这就完成了从 $p_{k-1}(x)$ 到 $p_k(x)$ 的**递归计算**.

- 如果逐步增加节点的个数,会得到

$$p_k(x) = \alpha_0 + \alpha_1(x - x_0) + \cdots + \alpha_k(x - x_0)\cdots(x - x_{k-1}),$$

这是前面分析的一个**副产品**.

2) 对 α_k 的进一步分析

从数学上来说,我们已经解决了问题.但从运算量的角度看,求系数 α_k 需要的工作量依旧非常大.这是因为除了要计算 $p_{k-1}(x_k)$ 外,还要计算 $W_k(x_k)$.

因为 α_k 是 $p_k(x)$ 最高次项的系数,而 $p_k(x)$ 可以通过计算**直接给出**,即

$$p_k(x) = \sum_{j=0}^{k} f(x_j) \prod_{\substack{i=0 \\ i \neq j}}^{k} \frac{x - x_i}{x_j - x_i},$$

对比两种结果的最高次项系数,可以得到

$$\alpha_k = \sum_{j=0}^{k} \frac{f(x_j)}{\prod_{\substack{i=0 \\ i \neq j}}^{k} (x_j - x_i)}.$$

这一结果具有**轮换对称性**,是一个很漂亮的结果,但计算依旧繁琐.

如何更高效地完成 α_k 的计算呢?回头看推导过程,不妨直接设

$$p_k(x) = \alpha_0 + \alpha_1(x - x_0) + \cdots + \alpha_k(x - x_0)\cdots(x - x_{k-1}),$$

利用这个表达式,求 $\alpha_0, \alpha_1, \alpha_2, \cdots$ 的过程如下:

- 最显然的,有 $\alpha_0 = f(x_0)$.
- 其次,有

$$\alpha_1 = \frac{f(x_1) - f(x_0)}{x_1 - x_0}.$$

- 再次根据

$$f(x_2) = f(x_0) + \alpha_1(x_2 - x_0) + \alpha_2(x_2 - x_0)(x_2 - x_1),$$

得到

$$\alpha_2 = \frac{1}{(x_2 - x_0)(x_2 - x_1)}[f(x_2) - f(x_0) - \alpha_1(x_2 - x_0)]$$

$$= \frac{1}{(x_2 - x_0)(x_2 - x_1)}[f(x_2) - f(x_0) - \alpha_1(x_2 - x_1 + x_1 - x_0)]$$

$$= \frac{1}{(x_2 - x_0)(x_2 - x_1)}[f(x_2) - f(x_1) - \alpha_1(x_2 - x_1)]$$

$$= \frac{1}{x_2 - x_0}\left(\frac{f(x_2) - f(x_1)}{x_2 - x_1} - \frac{f(x_1) - f(x_0)}{x_1 - x_0}\right).$$

- 可以继续计算 α_3,这里略去.

综上,我们可以看到一种**形式上的规律性**.

5.3.5 差商与 Newton 插值

上述规律性其实早已经被数学家们发现.在微积分形成之初,人们就尝试用离散数据近似计算函数的导数值和高阶导数值,在这个过程中就形成了下述差商的概念,它独立于我们的插值过程之外.

定义 5.3 设 0 阶差商为 $f[x_i] = f(x_i)$,则 1 阶差商定义为

$$f[x_i, x_j] = \frac{f[x_j] - f[x_i]}{x_j - x_i},$$

2 阶差商定义为

$$f[x_i, x_j, x_k] = \frac{f[x_j, x_k] - f[x_i, x_j]}{x_k - x_i},$$

k 阶差商定义为

$$f[x_0, x_1, \cdots, x_k] = \frac{f[x_1, \cdots, x_k] - f[x_0, \cdots, x_{k-1}]}{x_k - x_0}.$$

显然,这是一个**递归型**定义.

差商拥有它自己的一个体系.根据差商的定义,用**数学归纳法**可以证明:

$$f[x_0, x_1, \cdots, x_k] = \sum_{m=0}^{k} \frac{f(x_m)}{\prod\limits_{\substack{i=0 \\ i \neq m}}^{k} (x_m - x_i)}.$$

对比前面的计算结果,我们发现

$$\alpha_k = f[x_0, x_1, \cdots, x_k],$$

即**插值多项式的系数可以通过计算差商得到**.因此,n 次插值多项式为

$$\begin{aligned}
p_n(x) = &f[x_0] + f[x_0, x_1](x - x_0) \\
&+ f[x_0, x_1, x_2](x - x_0)(x - x_1) \\
&+ \cdots + f[x_0, x_1, \cdots, x_n](x - x_0)\cdots(x - x_{n-1}).
\end{aligned}$$

这种类型的插值多项式称为 n 次 **Newton 型插值多项式**.它相当于把

$$1, \quad x - x_0, \quad (x - x_0)(x - x_1), \quad \cdots, \quad (x - x_0)(x - x_1)\cdots(x - x_{n-1})$$

作为**多项式空间 P_n 的一组基**.

此外,可以验证这时的**插值矩阵是一个下三角矩阵**(过程略).

考虑区间 $[0, 2]$,取等距节点

$$x_0 = 0, \quad x_1 = 0.5, \quad x_2 = 1, \quad x_3 = 1.5, \quad x_4 = 2,$$

其上 5 个基函数

$$\begin{aligned}
&1, \quad x - x_0, \quad (x - x_0)(x - x_1), \quad (x - x_0)(x - x_1)(x - x_2), \\
&(x - x_0)(x - x_1)(x - x_2)(x - x_3)
\end{aligned}$$

的图形如图 5.8 所示:

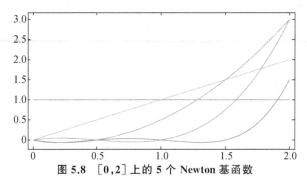

图 5.8 [0,2] 上的 5 个 Newton 基函数

从图形上看,数值性态比单项式基底好多了.

1) Newton 型插值多项式的计算流程

给定数据点

$$(x_0, y_0), \quad (x_1, y_1), \quad \cdots, \quad (x_n, y_n),$$

计算 Newton 型插值多项式,一般分为**两个步骤**:

- 列表计算差商.比如 4 个节点时的差商表为

k	x_k	0 阶	1 阶	2 阶	3 阶
0	x_0	$f[x_0]$	$f[x_0,x_1]$	$f[x_0,x_1,x_2]$	$f[x_0,x_1,x_2,x_3]$
1	x_1	$f[x_1]$	$f[x_1,x_2]$	$f[x_1,x_2,x_3]$	
2	x_2	$f[x_2]$	$f[x_2,x_3]$		
3	x_3	$f[x_3]$			

其中,1 到 3 阶差商按照递归关系计算.

- 根据差商表中第一行结果,得到插值多项式为

$$\begin{aligned}
N_3(x) = {} & f[x_0] + f[x_0,x_1](x-x_0) \\
& + f[x_0,x_1,x_2](x-x_0)(x-x_1) \\
& + f[x_0,x_1,x_2,x_3](x-x_0)(x-x_1)(x-x_2).
\end{aligned}$$

例 3 给定数据点

x	-2	0	1	3
y	-7	-1	4	6

试计算 $N_3(x)$.

解 差商表如下:

k	x_k	0 阶	1 阶	2 阶	3 阶
0	-2	-7	3	$\dfrac{2}{3}$	$-\dfrac{2}{5}$
1	0	-1	5	$-\dfrac{4}{3}$	
2	1	4	1		
3	3	6			

因此,插值多项式为

$$N_3(x) = -7 + 3(x+2) + \frac{2}{3}(x+2)x - \frac{2}{5}(x+2)x(x-1).$$

如果进行化简,依旧会得到

$$N_3(x) = -\frac{2x^3}{5} + \frac{4x^2}{15} + \frac{77x}{15} - 1.$$

注 从上可以看出 **Newton 型插值**需要的运算量要少.事实上,如果令

$$w_j = \frac{1}{\prod\limits_{\substack{i=0 \\ i \neq j}}^{n}(x_j - x_i)}, \quad l_j(x) = w_j \prod\limits_{\substack{i=0 \\ i \neq j}}^{n}(x - x_i),$$

直接计算出所有 w_j 所需的乘除工作量大约是 n^2,而 Newton 法只需计算一个三角形的表格,每个数据需要 1 次除法,总的乘除工作量约是 $\dfrac{n^2}{2}$.

例 4 给定数据点

x	1	-2	3	0
y	4	-7	6	-1

试计算 $\widetilde{N}_3(x)$.

解 差商表如下:

k	x_k	0 阶	1 阶	2 阶	3 阶
0	1	4	$\dfrac{11}{3}$	$-\dfrac{8}{15}$	$-\dfrac{2}{5}$
1	-2	-7	$\dfrac{13}{5}$	$-\dfrac{2}{15}$	
2	3	6	$\dfrac{7}{3}$		
3	0	-1			

因此,插值多项式为

$$\widetilde{N}_3(x) = 4 + \frac{11}{3}(x-1) - \frac{8}{15}(x-1)(x+2) - \frac{2}{5}(x-1)(x+2)(x-3).$$

如果进行化简,依旧会得到

$$\widetilde{N}_3(x) = -\frac{2x^3}{5} + \frac{4x^2}{15} + \frac{77x}{15} - 1 = N_3(x).$$

注 本例中数据是上一道例题中数据的一个乱序.尽管直接得到的插值多项式与前不同,但通过化简,二者还是一样的.事实上,

计算 **Newton** 型插值多项式时,不必关心插值节点的排列顺序.

2)差商的性质

我们不加证明地罗列以下几个差商的基本性质:

- **性质 1** 前面已经给出了如下的一个关系式:

$$f[x_0, x_1, \cdots, x_k] = \sum_{m=0}^{k} \frac{f(x_m)}{\prod\limits_{\substack{i=0 \\ i \neq m}}^{k}(x_m - x_i)}.$$

- **性质 2** 差商具有**对称性**.

根据性质 1 这很容易得到,比如:

$$f[x_0, x_1, x_2, x_3] = f[x_3, x_0, x_2, x_1].$$

- **性质 3** 差商同高阶导数具有如下关系:

$$f[x_0, x_1, \cdots, x_k] = \frac{f^{(k)}(\eta)}{k!}, \quad \eta \in (\min_{0 \leqslant i \leqslant k}\{x_i\}, \max_{0 \leqslant i \leqslant k}\{x_i\}).$$

它可以用来估算高阶导数的近似值.若采用**均匀节点**,差商可以用**差分**代替,此时它和高阶导数之间有更精确的关系(请查阅相关文献).

- **性质 4** 上面性质的**一个推论**是

$$f[x_0, x_1, \cdots, x_k, x] = \frac{f^{(k+1)}(\xi)}{(k+1)!},$$

其中,$\xi \in (\min\{x_0, x_1, \cdots, x_k, x\}, \max\{x_0, x_1, \cdots, x_k, x\})$.

进一步的,可以证明 Newton 插值多项式的误差余项可以写为

$$R_k(x) = f(x) - N_k(x) = f[x_0, x_1, \cdots, x_k, x]W_{k+1}(x).$$

这只是在 Lagrange 插值时讲到的插值误差的一个**不同的表达形式**而已,但是它便于计算某个具体点处的误差(**原因是什么**).

例 5 设函数 $f(x) = \sin x$,$x \in [0, \pi]$,若插值节点为

$$x_0 = 0, \quad x_1 = \frac{\pi}{3}, \quad x_2 = \frac{2\pi}{3}, \quad x_3 = \pi,$$

估计插值误差 $|R_3(x)| = |f(x) - N_3(x)|$ 的上界,并计算 $R_3\left(\dfrac{3\pi}{4}\right)$.

解 根据误差余项公式得到

$$\mid R_3(x)\mid = \mid f(x)-N_3(x)\mid = \left| \frac{f^{(4)}(\xi)}{4!}x\left(x-\frac{\pi}{3}\right)\left(x-\frac{2\pi}{3}\right)(x-\pi)\right|$$

$$\leqslant \frac{1}{24}\max_{0\leqslant x\leqslant \pi}\left|x\left(x-\frac{\pi}{3}\right)\left(x-\frac{2\pi}{3}\right)(x-\pi)\right| \quad \left(x=\frac{\pi}{2}(t+1)\right)$$

$$\leqslant \frac{1}{24}\left(\frac{\pi}{2}\right)^4 \max_{-1\leqslant t\leqslant 1}\left|(t+1)\left(t+\frac{1}{3}\right)\left(t-\frac{1}{3}\right)(t-1)\right|$$

$$\leqslant \frac{1}{24}\left(\frac{\pi}{2}\right)^4 \max_{-1\leqslant t\leqslant 1}(1-t^2)\left|t^2-\frac{1}{9}\right|$$

$$\leqslant \frac{1}{24}\left(\frac{\pi}{2}\right)^4 \times \frac{16}{81}$$

$$\leqslant \frac{\pi^4}{1944}\approx 0.0501076,$$

因此$[0,\pi]$上插值误差不超过 0.0501076.

要计算在具体点的误差,可以先计算 $f[x_0,x_1,x_2,x_3,x]$,列表如下:

k	x_k	0 阶	1 阶	2 阶	3 阶	4 阶
0	0.0	0.0	0.82700	-0.39486	0.0	0.037221
1	1.0472	0.86603	0.0	-0.39486	0.087701	
2	2.0944	0.86603	-0.82700	-0.28006		
3	3.1416	0.0	-0.90032			
4	2.3562	0.70711				

可得

$$R_3\left(\frac{3\pi}{4}\right)=0.037221 \cdot W_4\left(\frac{3\pi}{4}\right)=0.037221 \cdot (-0.63418)$$

$$=-0.023605.$$

注 1 从例子可以看出,插值误差余项公式适合估计误差限.

注 2 Newton 插值给出的误差余项公式适合计算具体点的误差.事实上,有

$$N_3(x)=\frac{9\sqrt{3}}{4\pi^2}x(\pi-x),$$

$$R_3\left(\frac{3\pi}{4}\right)=\sin\frac{3\pi}{4}-N_3\left(\frac{3\pi}{4}\right)=-0.023599,$$

这与前面的结果保持一致.Newton 型插值误差余项公式能计算某一点处的误差并不稀奇,在**函数值已知的情况下**,插值误差本就可以直接计算得到,Newton 型插值误差余项公式不过是提供了一种计算方法而已.

5.3.6 Newton 型插值的进一步探讨

1）Newton 型插值多项式编程说明

关于 Newton 型插值多项式的实现，我们说明三件事情：

• 首先，我们不给出 Newton 型插值多项式的算法或者程序.要指出的是，利用差商表计算 Newton 型插值多项式时，**最后用到的数据只有最上面的一行**.因此有人提出通过覆盖的方式编写程序，但这**并不好**：

—— 一般来说，我们并不知道多少个插值节点才是最合适的.如果采用覆盖的编程方式，程序**无法逐次增加节点**，应用起来很不方便.事实上，构造差商表时，每增加一个节点只需新计算一条对角线，而已有的数据照旧可以使用.

—— 实际应用中不会采用高次多项式进行插值（原因随后讨论），因此**覆盖节省的存储可以忽略不计**.

基于这两点，实际编程中可直接构建整个差商表.

• 其次，Newton 型插值多项式可以同 Horner 算法相结合，高效实现插值函数的求值和求导运算.请完成如下数值实验：

数值实验 5.1 请编写一个函数，实现如下功能：

（1）给定一组数据点，能生成这组节点上的 Newton 型插值多项式的系数；

（2）利用插值节点和系数，能够计算任一指定点处的函数值和导数值.

要求用 Horner 算法计算函数值和导数值，并把功能（1）和（2）封装在一起.

• 最后，节点的排列顺序会影响差商表，但插值多项式却和节点次序无关.此外，一般情况下**递增节点组的数值稳定性是令人满意的**.有人从数值稳定性方面对节点组的排列做了细致的研究，但考虑到节点个数一般都不很大，因此研究节点组的最优排序并没有太大价值，这里不再介绍.实际使用时可**优先选择递增节点组**，如果做不到就按照使用习惯操作.

2）Lagrange 插值和 Newton 插值的对比

要对比这两种插值，无非是对比**工作量、数值稳定性、后续使用**等方面.

• 就**单次使用**来说，计算 Newton 插值多项式需要的工作量更少一些.

• 但**重复使用**时，Lagrange 插值完全占优.这是因为

$$L_n(x) = \sum_{j=0}^{n} y_j l_j(x) = \sum_{j=0}^{n} y_j \prod_{\substack{i=0 \\ i \neq j}}^{n} \frac{x - x_i}{x_j - x_i},$$

如果被插值函数改变，只需要改变 y_j 的值即可.对 Newton 插值多项式来说，**如果被插值函数发生改变，整个差商表都需要重新建立**.

• 基于以上分析，如果仅仅是计算插值多项式，可以选择 Newton 型；如果要重复使用或者做理论分析，Lagrange 型更好.

• Newton 型的数值稳定性不如 Lagrange 型，这从插值矩阵就可以看出.因此

有观点认为,**Newton 型插值多项式应该被取代.**

- Newton 型可以同 Horner 算法相结合,求值和求导运算具有很大的优势.
- 至于积分运算,二者都不太方便.事实上,我们更愿意直接数值求积分.

数值实验 5.2 编程完成如下实验:

(1) 给出两个函数,分别用来计算 Lagrange 插值和 Newton 插值多项式.

(2) 设

$$f(x) = \frac{1}{\sqrt{2\pi}} e^{-\frac{x^2}{2}}, \quad x \in [-3, 3],$$

选取 7 个节点,构造两类插值多项式,画图(需要计算更多点处的函数值)并对比运行时间(注意不可以直接使用 MATLAB,Mathematica 的作图函数).

(3) 选取更多的节点,重复你的实验.

5.3.7 Lagrange 插值公式的改进及其应用

前面提到了 Lagrange 插值的一些缺点,从生成插值多项式和使用它进行计算的角度看,Lagrange 插值确有一定的改进空间.对此,我们进行简单的探讨.

1) 改进型 Lagrange 插值

Lagrange 插值的表达式为

$$L_n(x) = \sum_{j=0}^{n} f(x_j) \prod_{\substack{i=0 \\ i \neq j}}^{n} \frac{x - x_i}{x_j - x_i} = \sum_{j=0}^{n} f(x_j) l_j(x).$$

通常认为,**它不适合直接计算**,主要是因为工作量大且不便于新增节点.其实,这个**困局很容易破解.**首先,

$$l_j(x) = \prod_{\substack{i=0 \\ i \neq j}}^{n} \frac{x - x_i}{x_j - x_i} = \frac{1}{\prod_{\substack{i=0 \\ i \neq j}}^{n} (x_j - x_i)} \cdot \frac{W_{n+1}(x)}{x - x_j},$$

令 $w_j = \dfrac{1}{\prod\limits_{\substack{i=0 \\ i \neq j}}^{n} (x_j - x_i)}$(不妨称为权系数),则

$$l_j(x) = w_j \frac{W_{n+1}(x)}{x - x_j},$$

因此

$$L_n(x) = \sum_{j=0}^{n} f(x_j) w_j \frac{W_{n+1}(x)}{x - x_j} = W_{n+1}(x) \sum_{j=0}^{n} \frac{w_j}{x - x_j} f(x_j).$$

这一公式称为**修正或者改进型(Modified)Lagrange 插值.**两点说明:

- 直接计算出所有的 w_j 需要 n^2 次左右的乘除运算,工作量约是 Newton 法的 2 倍;

- 当被插值函数改变,利用新插值多项式求值时需要 $O(n)$ 次的乘除运算,工作量比 Newton + Horner 法略大.

这种形式的 Lagrange 插值和 Newton 插值已经具备了一定的可比性.事实上,我们还可以做得更好,接下来考虑一种更高效的 Lagrange 插值.

2) 质心型 Lagrange 插值

根据插值误差余项中的一个推论,可以得到如下关系:

$$1 = \sum_{j=0}^{n} l_j(x) = W_{n+1}(x) \sum_{j=0}^{n} \frac{w_j}{x - x_j},$$

用这一结果去除前面修正公式,并约去 $W_{n+1}(x)$,得到

$$L_n(x) = \frac{\sum_{j=0}^{n} \frac{w_j}{x - x_j} f(x_j)}{\sum_{j=0}^{n} \frac{w_j}{x - x_j}}, \quad \text{如果 } x \neq x_j.$$

这一公式称为**质心型(Barycentric)Lagrange 插值**(请对比该公式和质心的计算公式),它具有**完美的数学对称性**.

关于这个公式,有如下的一些说明:

- **该公式非常适合数值计算**.实际中,Newton 插值公式的数值稳定性受节点组顺序的影响,而这一方法的稳定性完全不依赖于节点组的顺序.
- 事实上,两种 Lagrange 插值改进公式的**数值稳定性都非常好**.
- 即使权系数 w_j 受到扰动,$L_n(x)$ 的依旧是一个插值函数,可以验证:
$$\lim_{x \to x_j} L_n(x) = f(x_j), \quad \text{对任意的权系数 } w_j \text{ 均成立.}$$
不过这时 $L_n(x)$ 可能不再是一个多项式,而是一个有理多项式.

- 当 $x \to x_j$ 时,上述插值公式看起来会产生稳定性问题,因为

$$\frac{w_j}{x - x_j}$$

会很大并且计算不准确.但分子分母都是如此,**实际影响反而不大**!

- 除了数值稳定性超过 Newton 插值,该方法的计算量也不大.事实上,可以用类似 Newton 法的方法**计算权系数 w_j**,具体如下:
  — 如果对节点组 $x_0, x_1, \cdots, x_{k-1}$ 已经计算出 $w_j^{(k-1)}, j = 0:k-1$.
  — 假设新增加一个节点 x_k,则
$$w_j^{(k)} = w_j^{(k-1)} / (x_j - x_k), \quad j = 0:k-1,$$
$$w_k^{(k)} = \frac{1}{(x_k - x_1) \cdots (x_k - x_{k-1})}.$$

- 该算法的工作量是 Newton 法计算 α_k 时的 2 倍,但它的**优势在于 w_j 不依赖于被插值函数**,当被插值函数发生改变时,计算新插值多项式需要的工作量只有 $O(n)$,这比 Newton 法要改变整个差商表要好得多.

- 在节点组取特殊值的情况下,如取均匀节点或者Chebyshev 正交多项式的零点时,**权系数可以直接计算出来**,非常方便.

- 比如说,**等距节点时**:

— 如果设 $x_j = x_0 + jh, j = 1:n, h$ 是步长,则

$$w_j = \cfrac{1}{\prod\limits_{\substack{i=0 \\ i \neq j}}^{n}(x_j - x_i)} = \cfrac{1}{h^n \prod\limits_{\substack{i=0 \\ i \neq j}}^{n}(j - i)}$$

$$= \frac{(-1)^{n-j}}{h^n j!(n-j)!} = \frac{(-1)^{n-j}}{h^n n!} C_n^j.$$

— 如果是质心型 Lagrange 插值公式,系数可以调整为

$$w_j^* = (-1)^{n-j} C_n^j.$$

- 最后指出,**权系数可以重新调整大小(Re-Scaling)**.但是,由于对称性,这并不改变插值结果,反而有助于减少舍入误差带来的影响.

基于以上这些特点,该公式(方法)正被越来越多的人(或专业软件) 使用.

数值实验 5.3 请编程序实现质心型 Lagrange 插值,输出要求提供权系数和在一点的函数值,并通过你编写的函数完成如下数值实验:

(1) 设

$$f(x) = \frac{1}{\sqrt{2\pi}} e^{-\frac{x^2}{2}}, \quad x \in [-3, 3],$$

选取 7 个节点,给出插值多项式,画出相应的图形,并对比它与 Lagrange 和 Newton 插值多项式的运行时间(同样不允许直接使用内置函数画图);

(2) 增加节点的个数,重复你的实验;

(3) 假设节点受到了一定的随机扰动,对比它与 Newton 插值的结果.

3) Vandermonde 矩阵的逆

在讨论单项式基时我们提到,由于 Vandermonde 矩阵的条件数很大,因此不适合直接求解插值系数.但是,我们可以**采用插值的方法直接求出 Vandermonde 矩阵的逆矩阵**.

假设给定 Vandermonde 矩阵

$$\mathbf{V} = \begin{bmatrix} 1 & 1 & \cdots & 1 \\ x_0 & x_1 & \cdots & x_n \\ \vdots & \vdots & \ddots & \vdots \\ x_0^n & x_1^n & \cdots & x_n^n \end{bmatrix},$$

设其逆矩阵为

$$\mathbf{W} = (w_{ij})_{(0:n) \times (0:n)} \in \mathbf{R}^{(n+1) \times (n+1)},$$

这个矩阵可以**通过如下过程计算**:

- 根据 $\boldsymbol{WV}=\boldsymbol{I}_{n+1}$，可以得到 $\sum_{j=0}^{n} w_{ij} x_k^j = \delta_{ik}, i=0:n, k=0:n.$

- 令 $p_i(x)=\sum_{j=0}^{n} w_{ij} x^j$，则 $p_i(x_k)=\delta_{ik}, k=0:n, p_i(x)$ 就是 $l_i(x)$，即

$$p_i(x)=l_i(x)=\prod_{\substack{j=0 \\ j \neq i}}^{n} \frac{x-x_j}{x_i-x_j}=\sum_{j=0}^{n} w_{ij} x^j.$$

- 问题的关键就在于**如何通过 $l_i(x)$ 求出 w_{ij}**.方法如下：
  — 先计算

$$W_{n+1}(x)=(x-x_0)(x-x_1)\cdots(x-x_n)=\sum_{j=0}^{n+1} a_j x^j$$

的系数 a_j.采用**递归**的方法计算，**运算的关键是**

$$(a_{k-1} x^{k-1}+\cdots+a_j x^j+\cdots+a_1 x+a_0)(x-x_{k-1})$$
$$=a_{k-1} x^k+\cdots+(a_{j-1}-x_k a_j) x^j+\cdots+(-x_{k-1}) a_0.$$

即递归展开 $W_{n+1}(x)$，每次都是上一次的结果乘以因子 $(x-x_k)$，**这个乘积直接算即可**.易知求出所有系数的乘除工作量是 $O(n^2)$，但这些**系数是共用的**，对所有的 i **只需算一次，无需重复计算！**

  — 再采用综合除法计算

$$q_i(x)=W_{n+1}(x)/(x-x_i)$$

的系数，借助 Horner 算法来完成.

  — 通过 Horner 算法计算 $q_i(x_i)$，然后求出 $l_i(x)=\dfrac{q_i(x)}{q_i(x_i)}$ 的全部系数.

  — 综上可知求 W 的 $(n+1)^2$ 个元素只需要 $O(n^2)$ 的乘除工作量.

  — 系数也可以用质心型插值公式的权系数计算，因为 $l_i(x)=w_i q_i(x)$.

最后指出：**求 Vandermonde 矩阵的逆矩阵还有更为有效的计算方法**，该方法利用矩阵的 LU 分解，有兴趣的读者请查阅相关文献.

数值实验 5.4   请完成如下数值实验（求 Vandermonde 矩阵的逆）：

（1）全部借助 Horner 算法，完成 Vandermonde 逆矩阵的计算；

（2）借助于质心型 Lagrange 插值的权系数以及 Horner 算法完成计算；

（3）选取不同规模的节点验证你的程序，并对比两个算法的运行速度.

5.3.8　一种带导数的插值

前面的插值仅仅利用到了被插值函数的函数值，为了更好地反映函数的性态，有时还需要考虑插值节点处的导数值.

插值条件中含有了导数值，就是**带导数的插值**.下面我们通过一个例题来解释如何进行带导数的插值.

例 6 求一个 3 次多项式曲线 $y = p_3(x)$，使它经过点 $A(0,0)$，$B(2,5)$，并且与圆周 $x^2 + y^2 = 2$ 在 $(1,1)$ 处相切.

解 根据题意，$p_3(x)$ 满足

$$p_3(0) = 0, \quad p_3(2) = 5, \quad p_3(1) = 1, \quad p_3'(1) = -1.$$

先计算插值多项式 $p_2(x)$：$p_2(0) = 0$，$p_2(2) = 5$，$p_2(1) = 1$，结果为

$$p_2(x) = 1 \times \frac{x(x-2)}{1(1-2)} + 5 \times \frac{x(x-1)}{2(2-1)} = \frac{3}{2}x^2 - \frac{x}{2}.$$

对 $q_3(x) = p_3(x) - p_2(x)$ 来说，它有 $0,1,2$ 三个零点，因此

$$q_3(x) = \alpha x(x-1)(x-2),$$

所以得到

$$p_3(x) = p_2(x) + q_3(x) = \frac{3}{2}x^2 - \frac{x}{2} + \alpha x(x-1)(x-2),$$

$$p_3'(1) = 3 - \frac{1}{2} - \alpha = -1 \Rightarrow \alpha = \frac{7}{2},$$

$$p_3(x) = \frac{3}{2}x^2 - \frac{x}{2} + \frac{7}{2}x(x-1)(x-2),$$

化简得到

$$p_3(x) = \frac{7x^3}{2} - 9x^2 + \frac{13x}{2}.$$

注 带导数插值问题的一种处理手段就是**先用函数值数据构造一个低次多项式**，然后找到二者的联系，最后再用导数条件确定一些未知的系数. 需要指出的是，**并非任意一个带导数插值问题都有解或唯一解，要具体问题具体分析**.

5.3.9 Hermite 插值

Hermite 插值是一种特殊类型的带导数插值，具有完整的处理技术. 定义如下：

定义 5.4 给定区间 $[a,b]$ 中 $n+1$ 个互异节点 $x_i(i = 0,1,\cdots,n)$ 上的函数值以及直到 m_i 阶的导数值 $f(x_i), f'(x_i), \cdots, f^{(m_i)}(x_i)$，令

$$m = \sum_{i=0}^{n} (m_i + 1) - 1,$$

若存在次数不超过 m 的多项式 $H_m(x)$，使得每个 $x_i(i = 0,1,\cdots,n)$ 处

$$H_m(x_i) = f(x_i), \quad H_m'(x_i) = f'(x_i), \quad \cdots, \quad H_m^{(m_i)}(x_i) = f^{(m_i)}(x_i),$$

则称 $H_m(x)$ 为 $f(x)$ 的 m 次 **Hermite 插值多项式**.

注 1 Hermite 插值又称为**重节点上的插值**.

注 2 每个节点处，从函数值到高阶导数值都是**连续出现的**，否则该带导数的插值就不是 Hermite 插值.

我们不加证明地给出两个结论，其中关于解的存在且唯一性，有如下定理：

定理 5.3　当被插值函数 $f(x)$ 在节点 x_i 处具有 m_i 阶连续导数时，Hermite 插值多项式 $H_m(x)$ 存在且唯一.

关于 Hermite 插值的误差，有如下定理：

定理 5.4　当 $f(x) \in C^{m+1}[a,b]$ 时，Hermite 插值的误差余项为

$$f(x) - H_m(x) = \frac{f^{(m+1)}(\xi)}{(m+1)!} \prod_{i=0}^{n} (x - x_i)^{m_i+1}, \quad \xi \in (a,b).$$

1) Lagrange 型 Hermite 插值

给定 $f(x)$ 在互不相同节点 $x_0, x_1, \cdots, x_n$ 上的函数表：

x	x_0	x_1	$\cdots$	x_{n-1}	x_n
$f(x)$	$f(x_0)$	$f(x_1)$	$\cdots$	$f(x_{n-1})$	$f(x_n)$
$f'(x)$	$f'(x_0)$	$f'(x_1)$	$\cdots$	$f'(x_{n-1})$	$f'(x_n)$

是否存在一个 $2n+1$ 次的多项式 $H(x)$ 满足

$$H(x_i) = f(x_i), \quad H'(x_i) = f'(x_i), \quad i = 0, 1, \cdots, n.$$

这是一种特殊类型的 Hermite 插值，它可以采用类似于 Lagrange 插值的方法求解.过程如下：

- **子问题 1**：求一个 $2n+1$ 次多项式 $\alpha_i(x)$，使其满足

$$\alpha_i(x_j) = \delta_{ij}, \quad \alpha_i'(x_j) = 0, \quad j = 0, 1, \cdots, n.$$

- **子问题 2**：求一个 $2n+1$ 次多项式 $\beta_i(x)$，使其满足

$$\beta_i(x_j) = 0, \quad \beta_i'(x_j) = \delta_{ij}, \quad j = 0, 1, \cdots, n.$$

- **如果两个子问题都可以解决，则插值多项式为**

$$H_{2n+1}(x) = \sum_{i=0}^{n} f(x_i)\alpha_i(x) + \sum_{i=0}^{n} f'(x_i)\beta_i(x).$$

子问题 1 的求解：

- 首先，$\alpha_i(x)$ 是一个 $2n+1$ 次多项式；
- 当 $j \neq i$ 时，$\alpha_i(x_j) = 0, \alpha_i'(x_j) = 0$；
- 因此，x_j 至少是 $\alpha_i(x)$ 的一个 2 重根；
- 因此，有因式分解

$$\alpha_i(x) = \prod_{\substack{j=0 \\ j \neq i}}^{n} (x - x_j)^2 (\widetilde{A}_i x + \widetilde{B}_i);$$

- 为计算方便，将其改写为

$$\alpha_i(x) = l_i^2(x)(A_i(x - x_i) + B_i);$$

- 利用条件 $\alpha_i(x_i) = 1, l_i(x_i) = 1$ 得到 $B_i = 1$；
- 利用条件 $\alpha_i'(x_i) = 0$ 得到 $A_i = -2l_i'(x_i)$；
- 最终可得

$$\alpha_i(x) = l_i^2(x)(-2l_i'(x_i)(x - x_i) + 1).$$

子问题 2 的求解：

- 同样，$\beta_i(x)$ 也是一个 $2n+1$ 次多项式；
- 当 $j \neq i$ 时，$\beta_i(x_j)=0$，$\beta_i'(x_j)=0$；
- 因此，x_j 至少是 $\beta_i(x)$ 的一个 2 重根；
- 又 $\beta_i(x_i)=0$，$\beta_i'(x_i)=1$，所以 x_i 是 $\beta_i(x)$ 的单根；
- 仿照问题 1 的处理方式，有因式分解
$$\beta_i(x)=C_i(x-x_i)l_i^2(x);$$
- 利用条件 $\beta_i'(x_i)=1$ 得到 $C_i=1$；
- 最终可得
$$\beta_i(x)=(x-x_i)l_i^2(x).$$

需要说明的是，Lagrange 型 Hermite 插值的求解难度略大，但后续部分会用到这里的结果，故给出以上简单介绍。

2）Newton 型 Hermite 插值多项式

接下来的求解方法依赖如下的定理：

定理 5.5（Hermite-Gennochi）   若 $f \in C^n[a,b]$，且 $x_i \in [a,b]\ (i=0,1,\cdots,n)$ 互异，则
$$f[x_0,x_1,\cdots,x_n]=\int\cdots\int_{\tau_n}f^{(n)}(t_0x_0+t_1x_1+\cdots+t_nx_n)\mathrm{d}t_1\cdots\mathrm{d}t_n,$$

其中 $\tau_n=\left\{(t_1,\cdots,t_n)\ \Big|\ t_1 \geqslant 0,\cdots,t_n \geqslant 0,\sum\limits_{i=1}^{n}t_i \leqslant 1\right\}$，$t_0=1-\sum\limits_{i=1}^{n}t_i$.

这个定理的**一个自然的推论是差商是关于节点的连续函数**. 分析如下：

- $t_0x_0+t_1x_1+\cdots+t_nx_n$ 是连续函数；
- 如果 $f^{(n)}$ 连续，它们的复合也是连续的；
- 对应的含参变量的积分也是连续的.

按照这个结论，**重节点上的差商可以这样计算**：

- $f[x_0,x_0]=\lim\limits_{x \to x_0}f[x_0,x]=\lim\limits_{x \to x_0}\dfrac{f(x)-f(x_0)}{x-x_0}=f'(x_0).$

- 更多节点时：
$$f[\underbrace{x_0,\cdots,x_0}_{k+1}]=\lim\limits_{x_i \to x_0}f[x_0,x_1,\cdots,x_k]=\lim\limits_{\xi \to x_0}\frac{f^{(k)}(\xi)}{k!}=\frac{f^{(k)}(x_0)}{k!}.$$

- 其它情况：
$$f[x_0,x_0,x_1]=\frac{f[x_0,x_1]-f[x_0,x_0]}{x_1-x_0}=\frac{f[x_0,x_1]-\lim\limits_{x \to x_0}f[x_0,x]}{x_1-x_0}$$
$$=\frac{f[x_0,x_1]-f'(x_0)}{x_1-x_0}.$$

有了重节点上的差商，Hermite 插值多项式可以这样求：

$$H_m(x) = f[x_0] + f[x_0, x_0](x - x_0) + \cdots + f[x_0, \cdots, x_0](x - x_0)^{m_0}$$
$$+ f[x_0, \cdots, x_0, x_1](x - x_0)^{m_0 + 1}$$
$$+ f[x_0, \cdots, x_0, x_1, x_1](x - x_0)^{m_0 + 1}(x - x_1) + \cdots.$$

至于重节点上的差商，一样可以通过差商表计算.例子如下：

例 7 设

$$H(0) = 3, \quad H'(0) = 4, \quad H(1) = 5, \quad H'(1) = 6, \quad H''(1) = 7,$$

求满足条件的 4 次多项式 $H_4(x)$.

解 列差商表如下：

k	x_k	$f(x_k)$	1 阶	2 阶	3 阶	4 阶
0	0	3	4	-2	6	$-\dfrac{13}{2}$
1	0	3	2	4	$-\dfrac{1}{2}$	
2	1	5	6	$\dfrac{7}{2}$		
3	1	5	6			
4	1	5				

可得

$$H_4(x) = 3 + 4x - 2x^2 + 6x^2(x - 1) - \frac{13}{2}x^2(x - 1)^2.$$

此外，利用 Hermite 插值，例 6 的另一个解法如下：

例 6 另解 $p_3(x)$ 满足

$$p_3(0) = 0, \quad p_3(2) = 5, \quad p_3(1) = 1, \quad p_3'(1) = -1,$$

列差商表如下：

k	x_k	$f(x_k)$	1 阶	2 阶	3 阶
0	0	0	1	-2	$\dfrac{7}{2}$
1	1	1	-1	5	
2	1	1	4		
3	2	5			

因此

$$p_3(x) = x - 2x(x - 1) + \frac{7}{2}x(x - 1)^2 = \frac{7x^3}{2} - 9x^2 + \frac{13x}{2}.$$

注 这一方法比前面的求解方案简洁多了.

5.4　分段插值

掌握了多项式插值的一般理论以后，一个自然的问题就是

如何提高插值多项式的精确程度？

对于该问题，一个很容易想到的方案是**选择更多的插值节点，进行高次插值**.如果从绘制图形的思路来看，选择更多的点后得到的图形必然是更加精细的.这样的想法似乎并没有问题，但是否真的如此呢？

5.4.1　高次插值与 Runge 现象

首先，根据插值误差余项公式：

$$R_n(x) = f(x) - p_n(x) = \frac{f^{(n+1)}(\xi)}{(n+1)!} W_{n+1}(x),$$

粗略地看，$R_n(x)$ 同**两个因素**有关，即

节点的个数 $n+1$　　以及　　$f(x)$ 的 $n+1$ 阶导数.

当导函数一致有界，即 $\max\limits_{a \leqslant x \leqslant b} |f^{(n)}(x)| \leqslant M$ 对任意 n 成立时，

$$R_n(x) = \frac{f^{(n+1)}(\xi)}{(n+1)!} \prod_{i=0}^{n} (x - x_i),$$

$$\max\limits_{a \leqslant x \leqslant b} |R_n(x)| \leqslant \frac{M}{(n+1)!} (b-a)^{n+1} \to 0 \quad (n \to \infty).$$

比如，当 $f(x) = \sin x$，e^x 时，$p_n(x) \to f(x)$ 对任意 x 成立.

但并非所有的函数都如此，典型例子是

$$f(x) = \frac{1}{1 + 25x^2}, \quad x \in [-1, 1].$$

借助 Mathematica，它在 $[-1,1]$ 上高阶导数同相应阶乘的对比如下：

导数的阶	导数绝对值的最大值	阶的阶乘
10	3.54375×10^{13}	3.6288×10^{6}
11	1.77219×10^{15}	3.99168×10^{7}
12	1.16944×10^{17}	4.79002×10^{8}
13	7.00012×10^{18}	6.22702×10^{9}
14	5.32094×10^{20}	8.71783×10^{10}

从上表可以看出，**它的导数绝对值的最大值的增长速度比阶乘要快得多**.若对它选**择等距节点进行插值**，随着 n 的增加，会出现 **Runge 现象**.

比如,当 $n=10$,即用 11 个节点进行插值时,$f(x)$ 与插值多项式的对比图如图 5.9 所示:

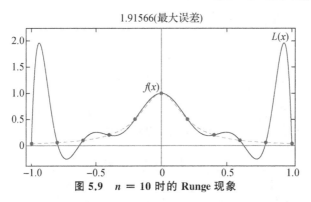

图 5.9 $n=10$ 时的 Runge 现象

从图中可以看出,插值多项式与被插值函数在图形中间的部分吻合相对较好,但在**端点附近出现了巨大偏差**.

如果增加节点的个数,比如 $n=19$ 时,图形如图 5.10 所示:

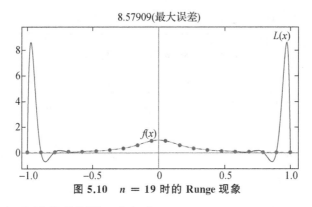

图 5.10 $n=19$ 时的 Runge 现象

从图中可以看出,两边的差别进一步加大.

这种插值的非一致收敛性被称为 **Runge 现象**.它产生的原因到底是什么? 如果把 n 逐步增加,依次观察 Runge 现象,考虑到高阶导数绝对值最大值的超快增长,很容易会形成这样一个结论:

高次插值容易引发 Runge 现象,因此不宜采用高次多项式插值.

这个结论并没有问题,**但它的推理却是不全面的**.在前面的数值实验中我们采用的是**等距节点**,如果采用随机节点,会出现什么状况呢?

暂不给出接下来数值验证的程序代码,最后一节再讨论它.

数值验证:选择 $n=11$ 进行随机测试,你可能会看到如图 5.11 ~ 5.14 所示的一组图形.

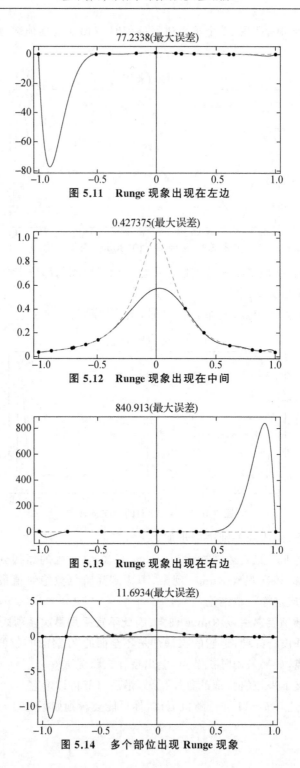

77.2338(最大误差)

图 5.11 Runge 现象出现在左边

0.427375(最大误差)

图 5.12 Runge 现象出现在中间

840.913(最大误差)

图 5.13 Runge 现象出现在右边

11.6934(最大误差)

图 5.14 多个部位出现 Runge 现象

从这组图形可以看出：Runge 现象出现的位置以及出现的次数都可能会随着节点组的改变而改变.

事实上，你还可以得到类似于图 5.15 所示的图形：

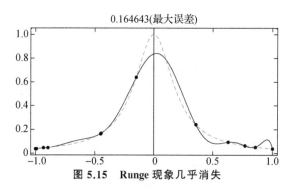

图 5.15   Runge 现象几乎消失

这张图里，Runge 现象可以说几乎没有，不过它需要经过多次尝试才能得到.

从以上数值验证实验中你至少可以知道：**Runge 现象的出现(位置或程度)同节点组有一定的关系**.事实上，不选择随机节点组，而是选择特殊的节点组，高次插值也可以做到没有(或者轻微出现)Runge 现象.为此，先介绍如下知识.

1）Chebyshev 正交多项式的零点

在多项式的相关理论中，正交多项式占据重要地位.Chebyshev 多项式是正交多项式的重要成员之一，关于它的数学研究非常完整，我们在学习函数逼近以及数值求积分时还会再次讨论它，这里只简单罗列它的几条性质.

• $T_n(x) = \cos(n\arccos x)$ 是一个 n 次多项式.比如 $T_{16}(x)$ 的图形如图 5.16 所示：

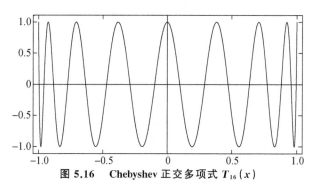

图 5.16   Chebyshev 正交多项式 $T_{16}(x)$

• 它们被称为正交多项式的原因是

$$\int_{-1}^{1} \frac{1}{\sqrt{1-x^2}} T_n(x) T_m(x) \mathrm{d}x = 0, \quad \forall n \neq m.$$

• $T_n(x)$ 在 $[-1,1]$ 上具有 n 个不同的零点(称为Chebyshev 点)：

$$x_k = \cos\left(\frac{2k-1}{n}\,\frac{\pi}{2}\right), \quad k = 1:n.$$

从 $T_{16}(x)$ 的图形可以看出：**零点呈非均匀分布，中间稀疏，两边密集.**

2）Chebyshev 点上的高次插值

前面选择均匀插值节点时，**插值效果不好**（偏差较大）的部分出现在两端，该问题的一个解决方案就是**提升端点处插值节点的密度.** 事实上，若采用Chebyshev正交多项式的零点做插值节点，正符合这个思路.

比如，选择 $T_{21}(x)$ 的零点对 $f(x)$ 进行插值，对比图形如图 5.17 所示：

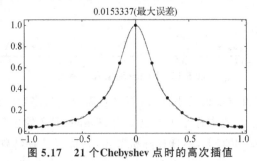

图 5.17　21 个Chebyshev 点时的高次插值

从图形以及最大误差来看，完全没有 Runge 现象.

若取 $n = 40$，对比图形如图 5.18 所示：

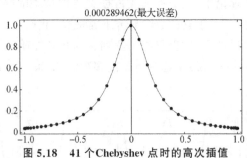

图 5.18　41 个Chebyshev 点时的高次插值

从图形以及最大误差来看，即使采用了 41 个节点，也没有发生 Runge 现象.

继续增加到 51 个节点，对比图形如图 5.19 所示：

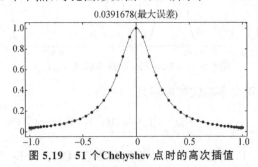

图 5.19　51 个Chebyshev 点时的高次插值

从图形以及最大误差来看,尽管没有发生 Runge 现象,但精度在降低.其原因是受到了舍入误差的影响.

继续增加到 56 个节点,对比图形如图 5.20 所示:

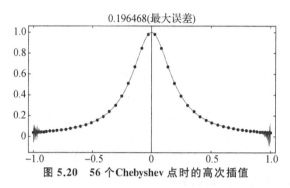

图 5.20   56 个Chebyshev 点时的高次插值

这个结果就不太正常了,其原因在于舍入误差的影响开始变大.这意味着,即使选择了"最优"的节点组,

插值多项式的次数也不能持续增加.

3)Runge 现象发生的原因

综上,可以粗略看出 Runge 现象发生的原因:

- 高阶导数绝对值增加很快,并且不是一致有界的.
- 节点等距分布,这也是关键原因(有数学上的证明).但如果选取了合适的节点组,也有可能得到一个很好的插值效果.

最终结论:等距节点下的高次多项式插值容易引起 Runge 现象.

4)高次插值的振荡性

实际应用中,高次多项式插值不受欢迎更多是因为它**摆动扭动太多**.也就是说,高次插值具有**振荡性**.下面的图 5.21 对高次插值来说是一种常态反映.

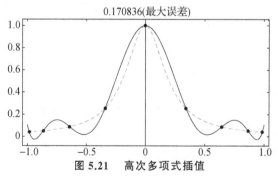

图 5.21   高次多项式插值

高等数学上说,2 阶导数为 0 的点可能就是图形的**拐点**.对于一个高次多项式来说,它的 2 阶导数依旧是高次多项式,这就意味着很可能会出现**凸凹性(图形的**

弯曲走向)不停发生改变的情况,以至于图形摆动太多,呈现振荡状.

5)高次多项式插值:总结篇

一般来说,我们不会采用高次多项式插值.原因如下:

- 计算比较复杂;
- 有可能会发生 Runge 现象,插值多项式非一致收敛;
- **摆动、振荡太多.**

可以说,很多情况下高次插值并不实用.那应该如何提升插值的精度呢?按照前面的数值验证实验,Chebyshev 点上的高次多项式插值可能会解决问题.但该方法不能持续提高精度,且振荡依旧存在,计算也比较复杂,更困难的是,我们

未必能得到Chebyshev 点上的数据!

事实上,高次多项式插值可以被分段多项式插值替代,后者的优点如下:

- **用低阶多项式拟合大量的数据;**
- **消除了高次插值的过分振荡和不收敛现象;**
- 计算相对简单.

5.4.2 分段线性插值

1)分段多项式插值优势的简单理论分析

等距节点的高次插值不具有一致收敛性,

但对实际计算来说,等距节点却非常方便!

注意到:当插值区间非常小时,低阶插值的效果非常好.这是因为

$$\max_{a \leqslant x \leqslant b} | R_n(x) | \leqslant \frac{M}{(n+1)!}(b-a)^{n+1},$$

则

- 当 $(b-a) < 1$ 时,$(b-a)^{n+1}$ $(n \to \infty)$ 是无穷小;
- 因此,相比 $b-a$ 比较大时,上式右端趋近于 **0** 的速度更快;
- 而当 n 不太大时,$(b-a)^{n+1}$ 也相对较小,因此总体误差也会小;
- 总之,在一个小区间上进行插值,效果一般都会很好.

因此,我们可尝试一下分段插值.

2)分段线性插值简介

最简单的分段插值是分段线性插值.所谓**分段线性插值**,简而言之就是用折线直接把数据点连接起来,然后就形成一个分段函数.

先进行一组**数值实验**,即对前面的

$$f(x) = \frac{1}{1 + 25x^2}, \quad x \in [-1, 1]$$

选取 11 个节点,插值结果如图 5.22 所示:

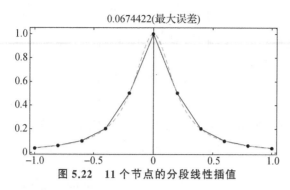

图 5.22 11 个节点的分段线性插值

从图中几乎看不到 Runge 现象.

如果选取更多的节点,比如说 101 个节点,对比图形如图 5.23 所示:

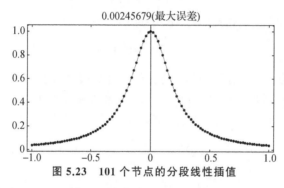

图 5.23 101 个节点的分段线性插值

从图中完全看不到 Runge 现象,且精度有所改善,但提升不明显.

接下来进行**理论分析**.假设给定区间$[a,b]$上的数据如下:

x	x_0	x_1	$\cdots$	x_{n-1}	x_n
$f(x)$	$f(x_0)$	$f(x_1)$	$\cdots$	$f(x_{n-1})$	$f(x_n)$

记 $h_i = x_{i+1} - x_i$,$h = \max\limits_{0 \leqslant i \leqslant n-1} \{h_i\}$.在$[x_i, x_{i+1}]$上进行线性插值,得到

$$L_{1,i}(x) = f(x_i) + f[x_i, x_{i+1}](x - x_i).$$

根据误差余项公式,**子区间上的插值误差余项**为

$$f(x) - L_{1,i}(x) = \frac{1}{2} f''(\xi_i)(x - x_i)(x - x_{i+1}), \quad \xi_i \in (x_i, x_{i+1}),$$

因此小区间上的误差估计为

$$\max_{x_i \leqslant x \leqslant x_{i+1}} |f(x) - L_{1,i}(x)| \leqslant \frac{h_i^2}{8} \max_{x_i \leqslant x \leqslant x_{i+1}} |f''(x)|.$$

令

$$\widetilde{L}_1(x) = \begin{cases} L_{1,0}(x), & x \in [x_0, x_1), \\ L_{1,1}(x), & x \in [x_1, x_2), \\ \vdots \\ L_{1,n-2}(x), & x \in [x_{n-2}, x_{n-1}), \\ L_{1,n-1}(x), & x \in [x_{n-1}, x_n], \end{cases}$$

就得到了分段线性插值函数 $\widetilde{L}_1(x)$. 它的误差(**整体误差**)为

$$\max_{a \leqslant x \leqslant b} |f(x) - \widetilde{L}_1(x)| = \max_{0 \leqslant i \leqslant n-1} \max_{x_i \leqslant x \leqslant x_{i+1}} |f(x) - \widetilde{L}_{1,i}(x)|$$

$$\leqslant \max_{0 \leqslant i \leqslant n-1} \frac{h_i^2}{8} \max_{x_i \leqslant x \leqslant x_{i+1}} |f''(x)|$$

$$\leqslant \frac{h^2}{8} \max_{a \leqslant x \leqslant b} |f''(x)|.$$

例 8 设 $f(x) = e^x$, 将 $[0,1]$ 作 n 等分, 记

$$x_i = \frac{i}{n}, \quad i = 0, 1, \cdots, n.$$

(1) 写出函数 $f(x)$ 在 $[0,1]$ 上的分段线性插值函数 $\widetilde{L}_1(x)$;

(2) 要使插值误差不超过 0.5×10^{-6}, n 至少应取多少?

解 (1) 在小区间 $[x_i, x_{i+1}]$ 上, 插值函数为

$$L_{1,i}(x) = n\left(e^{\frac{i+1}{n}} - e^{\frac{i}{n}}\right)\left(x - \frac{i}{n}\right) + e^{\frac{i}{n}}, \quad i = 0, 1, \cdots, n-1,$$

因此

$$\widetilde{L}_1(x) = \begin{cases} L_{1,0}(x), & x \in \left[0, \frac{1}{n}\right), \\ L_{1,1}(x), & x \in \left[\frac{1}{n}, \frac{2}{n}\right), \\ \vdots \\ L_{1,n-2}(x), & x \in \left[\frac{n-2}{n}, \frac{n-1}{n}\right), \\ L_{1,n-1}(x), & x \in \left[\frac{n-1}{n}, 1\right]. \end{cases}$$

(2) 根据误差关系以及 $f''(x) = e^x$, 可得

$$\frac{h^2}{8} \max_{0 \leqslant x \leqslant 1} |f''(x)| = \frac{1}{8}\left(\frac{1}{n}\right)^2 \cdot e \leqslant 0.5 \times 10^{-6},$$

解之得 $n \geqslant 824.361$, 因此取 $n = 825$.

3) 分段线性插值多项式的总结

- **优点**: 能消除高次插值的过分振荡和不收敛现象.
- **缺点**: 在插值函数的光滑性方面有所欠缺.

5.4.3   分段 Hermite 插值

实际应用中,我们总是希望插值函数具有更好的光滑性,其中的一个**改进方案**是**分段 Hermite 插值**.

给定 $a = x_0 < x_1 < \cdots < x_n = b$ 上的数据表如下:

x	x_0	x_1	$\cdots$	x_{n-1}	x_n
$f(x)$	$f(x_0)$	$f(x_1)$	$\cdots$	$f(x_{n-1})$	$f(x_n)$
$f'(x)$	$f'(x_0)$	$f'(x_1)$	$\cdots$	$f'(x_{n-1})$	$f'(x_n)$

记 $h_i = x_{i+1} - x_i, h = \max\limits_{0 \leqslant i \leqslant n-1} \{h_i\}$. 在每个小区间$[x_i, x_{i+1}]$上利用数据

x	x_i	x_{i+1}
$f(x)$	$f(x_i)$	$f(x_{i+1})$
$f'(x)$	$f'(x_i)$	$f'(x_{i+1})$

进行 Hermite 插值.**小区间$[x_i, x_{i+1}]$上的插值函数**为

$$H_{3,i}(x) = f(x_i) + f'(x_i)(x - x_i) + \frac{f[x_i, x_{i+1}] - f'(x_i)}{h_i}(x - x_i)^2$$
$$+ \frac{f'(x_{i+1}) - 2f[x_i, x_{i+1}] + f'(x_i)}{h_i^2}(x - x_i)^2(x - x_{i+1}),$$

它是利用 Newton 型 Hermite 插值公式得到的,**插值余项**为

$$f(x) - H_{3,i}(x) = \frac{f^{(4)}(\xi)}{4!}(x - x_i)^2(x - x_{i+1})^2, \quad \xi \in (x_i, x_{i+1}),$$

于是

$$\max_{x_i \leqslant x \leqslant x_{i+1}} |f(x) - H_{3,i}(x)| \leqslant \frac{1}{4!} \frac{h_i^4}{16} \max_{x_i \leqslant x \leqslant x_{i+1}} |f^{(4)}(x)|.$$

令

$$\widetilde{H}_3(x) = \begin{cases} H_{3,0}(x), & x \in [x_0, x_1), \\ H_{3,1}(x), & x \in [x_1, x_2), \\ \vdots \\ H_{3,n-2}(x), & x \in [x_{n-2}, x_{n-1}), \\ H_{3,n-1}(x), & x \in [x_{n-1}, x_n], \end{cases}$$

则

$$\widetilde{H}_3(x_i) = f(x_i), \quad \widetilde{H}_3'(x_i) = f'(x_i), \quad i = 0; n,$$

即 $\widetilde{H}_3(x)$ 满足插值条件,称它为 $f(x)$ 的**分段三次 Hermite 插值函数**.

$\widetilde{H}_3(x)$ 的插值误差为

$$
\begin{aligned}
\max_{a\leqslant x\leqslant b} |f(x)-\widetilde{H}_3(x)| &= \max_{0\leqslant i\leqslant n-1}\ \max_{x_i\leqslant x\leqslant x_{i+1}} |f(x)-\widetilde{H}_3(x)| \\
&= \max_{0\leqslant i\leqslant n-1}\ \max_{x_i\leqslant x\leqslant x_{i+1}} |f(x)-H_{3,i}(x)| \\
&\leqslant \max_{0\leqslant i\leqslant n-1} \frac{1}{4!}\ \frac{h_i^4}{16} \max_{x_i\leqslant x\leqslant x_{i+1}} |f^{(4)}(x)| \\
&\leqslant \frac{h^4}{384} \max_{a\leqslant x\leqslant b} |f^{(4)}(x)|.
\end{aligned}
$$

分段三次 Hermite 插值的余项和 $f(x)$ 的 4 阶导数有关,有下面的定理:

定理 5.6　如果 $f(x)\in C^4[a,b]$,则 $\widetilde{H}_3(x)\xrightarrow{\ \ 一致\ \ } f(x)$.

对 Runge 现象数值验证实验中的函数

$$
f(x)=\frac{1}{1+25x^2},\quad x\in[-1,1],
$$

选择 11 和 101 个等距节点进行分段 Hermite 插值,图形分别如图 5.24 和图 5.25 所示:

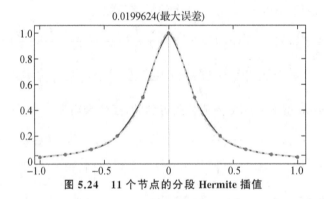

图 5.24　11 个节点的分段 Hermite 插值

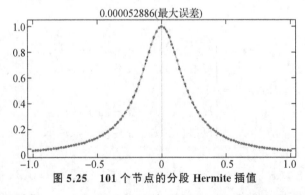

图 5.25　101 个节点的分段 Hermite 插值

选择 1001 和 10001 个等距节点进行分段 Hermite 插值,图形分别如图 5.26

和图 5.27 所示：

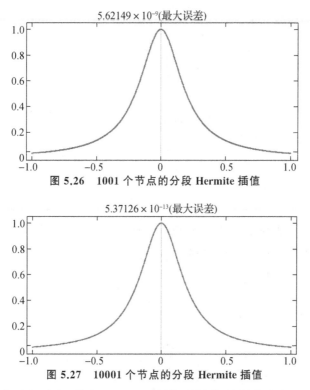

图 5.26　1001 个节点的分段 Hermite 插值

图 5.27　10001 个节点的分段 Hermite 插值

从以上图形可以看出，分段 Hermite 插值的计算效果非常好：

- 同分段线性插值一样，它能够**处理大量的数据而不产生 Runge 现象**；
- 同分段线性插值不一样的是，它的**插值误差更小，光滑性也更好**.

此外，需要**额外指出**的是：

- 分段 Hermite 插值是一种常见的插值方式，其特点是**具有较高的数值精度以及保持数据或者函数的单调性**.

- 分段 Hermite 插值对插值数据的要求比较高，但**在利用了函数值和导数值的情况下，整体的光滑性只达到了 $C^1[a,b]$**，这并不够好.为了改善这点，后面将引出三次样条插值.

1）分段 Hermite 插值的实现

事实上，包括我们刚才给出图形的程序，分段 Hermite 插值都**不需要提供导数值**，而只需要利用函数值求出导数的近似值即可.导数值的**近似计算方案**如下：

- 假设给定的数据点为 (x_i, y_i)，$i = 0:n$.
- 计算 1 阶差商：

$$\delta_i = \frac{y_{i+1} - y_i}{x_{i+1} - x_i}, \quad i = 0:n-1.$$

- 设节点处的导数值为 m_i，取 $m_0 = \delta_0, m_n = \delta_{n-1}$.
- 对于 $i = 1, 2, \cdots, n-1$，分情况如下：
  - 如果 $\delta_{i-1} = 0$，取 $m_i = 0$；
  - 如果 $\delta_{i-1} \neq 0$ 且 $\delta_i \cdot \delta_{i-1} > 0$，取

$$\frac{1}{m_i} = \frac{1}{2}\left(\frac{1}{\delta_{i-1}} + \frac{1}{\delta_i}\right);$$

  - 否则认为 x_i 为极值点，直接令 $m_i = 0$.

数值实验 5.5 假设给定的数据为

x	x_0	x_1	$\cdots$	x_{n-1}	x_n
$f(x)$	$f(x_0)$	$f(x_1)$	$\cdots$	$f(x_{n-1})$	$f(x_n)$

利用前面提供的算法补充完整分段三次 Hermite 插值所需要的数据，给出分段三次 Hermite 插值的程序，然后分别对

- $f_1(x) = \dfrac{1}{1 + 25x^2}$，$x \in [-1, 1]$，
- $f_2(x) = \sin x$，$x \in [0, 4\pi]$，
- $f_3(x) = \ln \dfrac{1 + x^2}{2 + 3x^2}$，$x \in [0, 10]$，

选择 $10, 100, 1000$ 个节点进行插值，并作图.

2) Lagrange 型分段 Hermite 插值

前面小区间上的分段三次 Hermite 插值多项式是用 Newton 型给出的.当然了,我们也可以利用 Lagrange 型给出插值多项式,并且这种形式在理论分析和后续使用方面具有一定优势,因此有必要讨论一下.

在每个小区间 $[x_i, x_{i+1}]$ 上利用数据：

x	x_i	x_{i+1}
$f(x)$	$f(x_i)$	$f(x_{i+1})$
$f'(x)$	$f'(x_i)$	$f'(x_{i+1})$

进行 Lagrange 型 Hermite 插值,过程如下：

根据表达式

$$\alpha_k(x) = l_k^2(x)(-2l_k'(x_k)(x - x_k) + 1), \quad k = i, i+1,$$

得到

$$\alpha_i(x) = \frac{(x - x_{i+1})^2}{h_i^3}(2x - 3x_i + x_{i+1}),$$

$$\alpha_{i+1}(x) = \frac{(x-x_i)^2}{h_i^3}(3x_{i+1} - x_i - 2x).$$

根据另一个表达式

$$\beta_k(x) = (x - x_k)l_k^2(x), \quad k = i, i+1,$$

得到

$$\beta_i(x) = \frac{(x-x_{i+1})^2(x-x_i)}{h_i^2}, \quad \beta_{i+1}(x) = \frac{(x-x_i)^2(x-x_{i+1})}{h_i^2}.$$

最后得到的插值多项式表示为

$$\begin{aligned}
H_{3,i}(x) = &f(x_i)\frac{(x-x_{i+1})^2}{h_i^3}(2x - 3x_i + x_{i+1}) \\
&+ f'(x_i)\frac{(x-x_{i+1})^2(x-x_i)}{h_i^2} \\
&+ f(x_{i+1})\frac{(x-x_i)^2}{h_i^3}(3x_{i+1} - x_i - 2x) \\
&+ f'(x_{i+1})\frac{(x-x_i)^2(x-x_{i+1})}{h_i^2},
\end{aligned}$$

得到一阶导数的表达式为

$$\begin{aligned}
H'_{3,i}(x) = &6f(x_i)\frac{(x-x_{i+1})(x-x_i)}{h_i^3} - 6f(x_{i+1})\frac{(x-x_{i+1})(x-x_i)}{h_i^3} \\
&+ f'(x_i)\frac{(x-x_{i+1})(3x - 2x_i - x_{i+1})}{h_i^2} \\
&+ f'(x_{i+1})\frac{(x-x_i)(3x - 2x_{i+1} - x_i)}{h_i^2},
\end{aligned}$$

得到二阶导数的表达式为

$$\begin{aligned}
H''_{3,i}(x) = &6f(x_i)\frac{2x - x_i - x_{i+1}}{h_i^3} - 6f(x_{i+1})\frac{2x - x_i - x_{i+1}}{h_i^3} \\
&+ 2f'(x_i)\frac{3x - 2x_{i+1} - x_i}{h_i^2} + 2f'(x_{i+1})\frac{3x - 2x_i - x_{i+1}}{h_i^2},
\end{aligned}$$

利用这个表达式,可以说明 $\widetilde{H}''(x)$ 一般是不连续的.

5.4.4　样条插值与三次样条插值

前面讨论了两种分段插值,综述如下:

- 分段线性插值形式简单,且只用到函数值,但是欠缺光滑性;
- 分段 Hermite 插值的要求比较高,既要知道函数值,还要知道相应的导数值,但其整体的光滑性只达到了 $C^1[a,b]$,并不能够满足实际的需要.

可否既降低插值要求,又能够达到相对好的光滑程度呢? 样条(spline)插值就是这样的一个工具.关于它,有几点需要大家了解：

- 样条的起源比较早,理论也比较成熟.这里我们仅阐述样条插值的基本思想,实际使用时直接借助数学软件或者相应的程序包即可.

- 样条插值**来源**于可变形的样条工具,那是一种在造船和工程制图时用来画出光滑形状的工具.

- 在我国,样条插值早期曾被称做"齿函数",后因工程学"放样"一词而得名.

样条一般分为**插值样条和 B 样条**,我们仅讨论前者.样条插值的**功用**如下：

- 用低阶的样条插值能产生和高阶的多项式插值类似的效果（精度高）；

- 可以避免被称为 Runge 现象的数值不稳定现象的出现（数值稳定性好）；

- 另外,低阶的样条插值还具有"保凸"的重要性质（光滑性好）.

数值验证：前面 $f(x)$ 在 $101,10001$ 个节点上的三次样条插值分别如图 5.28 和图 5.29 所示.从图中可以看出,三次样条插值函数能够处理大量数据点,而且精度高,光滑性也很好.

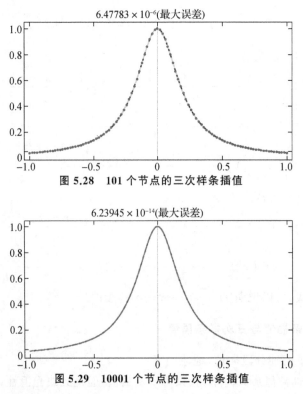

图 5.28　101 个节点的三次样条插值

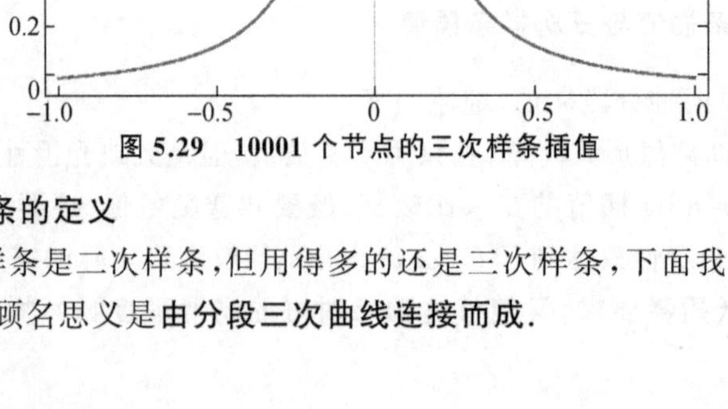

图 5.29　10001 个节点的三次样条插值

1) 三次样条的定义

最简单的样条是二次样条,但用得多的还是三次样条,下面我们仅讨论三次.所谓三次样条,顾名思义是**由分段三次曲线连接而成**.

定义 5.5　设 $\triangle := \{a = x_0 < x_1 < \cdots < x_n = b\}$ 是 $[a,b]$ 的一个划分,其上的一个**三次样条插值函数** $S:[a,b] \to \mathbf{R}$ 满足

- $S(x) \in C^2[a,b]$,即它是 $[a,b]$ 上的一个 2 阶连续可导函数;
- $S(x)\Big|_{[x_j, x_{j+1}]}$ 是一个 3 次多项式;
- $S(x_j) = y_j$,即它满足插值条件.

按照定义,在每个小区间 $[x_j, x_{j+1}]$ 上,三次样条插值函数可以**表示**为
$$S(x) = A_j + B_j x + C_j x^2 + D_j x^3,$$
同时,它还要满足**节点处的连接条件**.事实上,要确定一个三次样条插值,一共需要确定 $4n$ 个参数.但是,我们只有

- $S(x_j) = y_j, j = 0, 1, \cdots, n$,共 $n+1$ 个条件;
- $S(x_j - 0) = S(x_j + 0), j = 1, 2, \cdots, n-1$,共 $n-1$ 个条件;
- $S'(x_j - 0) = S'(x_j + 0), j = 1, 2, \cdots, n-1$,共 $n-1$ 个条件;
- $S''(x_j - 0) = S''(x_j + 0), j = 1, 2, \cdots, n-1$,共 $n-1$ 个条件.

即总共只有 $4n-2$ 个约束条件,还剩余 **2 个自由度**.通常来说,我们应该结合实际需要选定剩余的 **2 个约束条件**,而额外的约束条件通常是边界条件.

几种常见的**边界条件**如下:

- 当端点处的斜率 $y'(x_0) = y_0', y'(x_n) = y_n'$ 给定时有约束(Ⅰ):
$$S'(a) = y_0', \quad S'(b) = y_n',$$

这里 y_0', y_n' 分别表示左右端点处已知的导数值.

- 当端点处的力矩 $y''(x_0) = y_0'', y''(x_n) = y_n''$ 给定时有约束(Ⅱ):
$$S''(a) = y_0'', \quad S''(b) = y_n'',$$

这里 y_0'', y_n'' 分别表示左右端点处已知的 2 阶导数值.如果 $S''(a) = S''(b) = 0$,此条件又称为**自然边界条件**,对应的三次样条称为**自然三次样条**.

- 当 $S(a) = S(b)$ 时,若函数的变化是周期性的,给定约束(Ⅲ):
$$S^{(k)}(a) = S^{(k)}(b), \quad k = 1, 2,$$

这一条件又称为**周期边界条件**.

以上是三种常用边界条件,应根据实际问题来选取,条件也可以混合使用.此外,还可以将 $[x_0, x_1]$ 左延伸,$[x_{n-1}, x_n]$ 右延伸,也能得到一种边界条件.

2)三次样条函数的直接计算

例 9　求 3 个点 x_0, x_1, x_2 上的自然三次样条函数.

解　设 $[x_0, x_1]$ 上的三次函数为
$$S_0(x) = A_0 + B_0 x + C_0 x^2 + D_0 x^3,$$
而 $[x_1, x_2]$ 上的三次函数为
$$S_1(x) = A_1 + B_1 x + C_1 x^2 + D_1 x^3.$$

根据函数值的条件得到

$$A_0 + B_0 x_0 + C_0 x_0^2 + D_0 x_0^3 = y_0,$$
$$A_0 + B_0 x_1 + C_0 x_1^2 + D_0 x_1^3 = y_1,$$
$$A_1 + B_1 x_1 + C_1 x_1^2 + D_1 x_1^3 = y_1,$$
$$A_1 + B_1 x_2 + C_1 x_2^2 + D_1 x_2^3 = y_2,$$

又根据 1 阶导数的连续性得到

$$B_0 + 2C_0 x_1 + 3D_0 x_1^2 = B_1 + 2C_1 x_1 + 3D_1 x_1^2,$$

根据 2 阶导数的条件得到

$$2C_0 + 6D_0 x_1 = 2C_1 + 6D_1 x_1,$$
$$2C_0 + 6D_0 x_0 = 0,$$
$$2C_1 + 6D_1 x_2 = 0.$$

以上共计 8 个未知数,8 个方程,求解这个线性方程组即可(过程略).

需要说明的是,**这种求解方法形式复杂,规律性不强,不适合实际的计算**.

3) 三次样条函数的高效计算

我们需要**更有效的计算方案**,才能应付大规模数据点上的插值问题.

首先,设 $\{a = x_0 < x_1 < \cdots < x_n = b\}$ 是 $[a,b]$ 的一个划分,$\{y_j \mid j = 0,1,\cdots, n\}$ 是对应节点处的函数值,并设 $h_j = x_{j+1} - x_j$.

根据定义,三次样条插值函数在每个小区间上是 **3 次多项式**,那么

它的 2 阶导数是线性的.

这是三次样条插值函数计算的**关键**所在.

由此,三次样条插值函数的一种高效计算方法如下:

- **关键点**:假设 $M_j = S''(x_j)$,称之为力矩(moment).
- 对小区间 $[x_j, x_{j+1}]$ 来说,M_j, M_{j+1} 足够表示出样条函数的 **2 阶导数**,并且同下一个区间 $[x_{j+1}, x_{j+2}]$ **共用一个力矩** M_{j+1}.
- 根据 Lagrange 插值,在小区间 $[x_j, x_{j+1}]$ 上,有

$$S''(x) = M_j \frac{x_{j+1} - x}{h_j} + M_{j+1} \frac{x - x_j}{h_j}, \quad x \in [x_j, x_{j+1}].$$

- 积分得到 1 阶导数为

$$S'(x) = -M_j \frac{(x_{j+1} - x)^2}{2h_j} + M_{j+1} \frac{(x - x_j)^2}{2h_j} + A_j,$$

其中 A_j 是待定的常数.

- 再次积分得到样条函数为

$$S(x) = M_j \frac{(x_{j+1} - x)^3}{6h_j} + M_{j+1} \frac{(x - x_j)^3}{6h_j} + A_j(x - x_j) + B_j,$$

其中 A_j, B_j 是待定的常数.

- 确定 A_j, B_j：根据 $S(x_j) = y_j, S(x_{j+1}) = y_{j+1}$，得到

$$B_j = y_j - M_j \frac{h_j^2}{6},$$

$$A_j = \frac{y_{j+1} - y_j}{h_j} - \frac{h_j}{6}(M_{j+1} - M_j).$$

- $S(x)$ 已经由 M_j 表示出来，下面的关键是计算出力矩 M_j.
- $S'(x_j - 0) = S'(x_j + 0)$ 这个条件还没有使用.
- 把求出的参数代入到 $S'(x)$ 中得到

$$S'(x) = -M_j \frac{(x_{j+1} - x)^2}{2h_j} + M_{j+1} \frac{(x - x_j)^2}{2h_j}$$
$$+ \frac{y_{j+1} - y_j}{h_j} - \frac{h_j}{6}(M_{j+1} - M_j),$$

对任意 $x \in [x_j, x_{j+1}]$ 成立.

- 利用 $[x_{j-1}, x_j]$ 上的表达式求出导数的左极限为

$$S'(x_j - 0) = \frac{y_j - y_{j-1}}{h_{j-1}} + \frac{h_{j-1}}{3}M_j + \frac{h_{j-1}}{6}M_{j-1}.$$

- 利用 $[x_j, x_{j+1}]$ 上的表达式求出导数的右极限为

$$S'(x_j + 0) = \frac{y_{j+1} - y_j}{h_j} - \frac{h_j}{3}M_j - \frac{h_j}{6}M_{j+1}.$$

- 再根据 $S'(x_j - 0) = S'(x_j + 0)$ 得到

$$\frac{h_{j-1}}{6}M_{j-1} + \frac{h_j + h_{j-1}}{3}M_j + \frac{h_j}{6}M_{j+1} = \frac{y_{j+1} - y_j}{h_j} - \frac{y_j - y_{j-1}}{h_{j-1}},$$

当 $j = 1, 2, \cdots, n-1$ 时成立，总共 $n-1$ 个方程.

- 令

$$\lambda_j = \frac{h_j}{h_{j-1} + h_j}, \quad \mu_j = 1 - \lambda_j = \frac{h_{j-1}}{h_{j-1} + h_j},$$
$$d_j = \frac{6}{h_{j-1} + h_j}\left(\frac{y_{j+1} - y_j}{h_j} - \frac{y_j - y_{j-1}}{h_{j-1}}\right),$$

化简后得到系统：

$$\mu_j M_{j-1} + 2M_j + \lambda_j M_{j+1} = d_j, \quad j = 1, 2, \cdots, n-1.$$

- 若给定边界条件（Ⅰ），有

$$\lambda_0 = 1, \quad d_0 = \frac{6}{h_0}\left(\frac{y_1 - y_0}{h_0} - y_0'\right),$$
$$\mu_n = 1, \quad d_n = \frac{6}{h_{n-1}}\left(y_n' - \frac{y_n - y_{n-1}}{h_{n-1}}\right),$$

得到线性系统：

$$\begin{cases} 2M_0 + M_1 = d_0, \\ \mu_j M_{j-1} + 2M_j + \lambda_j M_{j+1} = d_j, \quad j = 1, 2, \cdots, n-1, \\ M_{n-1} + 2M_n = d_n. \end{cases}$$

这是一个**严格对角占优**的三对角系统，可以用追赶法求解.

以上推导采用了 Lagrange 型插值，采用 Newton 型插值一样可以，感兴趣的读者请自行完成.

确定 n 个小区间上的三次样条插值函数的加减和乘除总的**工作量**是 $O(n)$，其中构建三对角系统需要 $O(n)$ 的工作量，求解三对角系统需要 $O(n)$ 的工作量，确定最终的函数也需要 $O(n)$ 的工作量.这些**比直接求解** $4n$ 维的线性方程组的工作量要小得多.

上面的推导以边界条件（Ⅰ）为例，其它类型边界条件的推导是类似的.

注　选择周期边界条件时得到的系统不再是三对角系统，但依旧可以利用类似追赶法的方法求解，具体参考第 4 章三对角系统部分.

上述计算过程也可以**简述**如下：

- 定义参数：

$$\begin{cases} h_j = x_{j+1} - x_j, & j = 0:n-1, \\ \lambda_0 = 1, \\ d_0 = \dfrac{6}{h_0}\left(\dfrac{y_1 - y_0}{h_0} - y_0'\right), \\ \lambda_j = \dfrac{h_j}{h_{j-1} + h_j}, & j = 1:n-1, \\ \mu_j = 1 - \lambda_j = \dfrac{h_{j-1}}{h_{j-1} + h_j}, & j = 1:n-1, \\ d_j = \dfrac{6}{h_{j-1} + h_j}\left(\dfrac{y_{j+1} - y_j}{h_j} - \dfrac{y_j - y_{j-1}}{h_{j-1}}\right), & j = 1:n-1, \\ \mu_n = 1, \\ d_n = \dfrac{6}{h_{n-1}}\left(y_n' - \dfrac{y_n - y_{n-1}}{h_{n-1}}\right). \end{cases}$$

- 求解线性系统：

$$\begin{cases} 2M_0 + M_1 = d_0, \\ \mu_j M_{j-1} + 2M_j + \lambda_j M_{j+1} = d_j, \quad j = 1:n-1, \\ M_{n-1} + 2M_n = d_n. \end{cases}$$

- 一旦所有力矩 M_j 求出，通过下述公式确定最终的样条函数：

$$\begin{cases} A_j = \dfrac{y_{j+1} - y_j}{h_j} - \dfrac{h_j}{6}(M_{j+1} - M_j), \\[2mm] B_j = y_j - M_j \dfrac{h_j^2}{6}, \\[2mm] S(x) = M_j \dfrac{(x_{j+1} - x)^3}{6h_j} + M_{j+1} \dfrac{(x - x_j)^3}{6h_j} + A_j(x - x_j) + B_j, \end{cases}$$

其中，$x \in [x_j, x_{j+1}]$.

例 10　对于给定的插值条件：

x	0	1	2	3
y	0	1	1	0

试求满足 $S'(0) = 1, S'(3) = 2$ 的三次样条插值函数.

解　根据题意，设

$$M_0 = S''(0), \quad M_1 = S''(1), \quad M_2 = S''(2), \quad M_3 = S''(3).$$

在区间 $[0,1]$ 上，

$$S_0''(x) = -M_0(x-1) + M_1 x,$$

$$S_0'(x) = -\frac{M_0}{2}(x-1)^2 + \frac{M_1}{2}x^2 + A_0,$$

$$S_0(x) = -\frac{M_0}{6}(x-1)^3 + \frac{M_1}{6}x^3 + A_0 x + B_0,$$

$$S_0(0) = 0 \Rightarrow \frac{M_0}{6} + B_0 = 0 \Rightarrow B_0 = -\frac{M_0}{6},$$

$$S_0(1) = 1 \Rightarrow \frac{M_1}{6} + A_0 + B_0 = 1 \Rightarrow A_0 = 1 - \frac{M_1}{6} + \frac{M_0}{6},$$

$$S_0'(x) = -\frac{M_0}{2}(x-1)^2 + \frac{M_1}{2}x^2 + 1 - \frac{M_1}{6} + \frac{M_0}{6},$$

$$S_0'(0+0) = 1 - \frac{M_1}{6} - \frac{M_0}{3} = 1 \Rightarrow 2M_0 + M_1 = 0,$$

$$S_0'(1-0) = 1 + \frac{M_1}{3} + \frac{M_0}{6}.$$

在区间 $[1,2]$ 上，

$$S_1''(x) = -M_1(x-2) + M_2(x-1),$$

$$S_1'(x) = -\frac{M_1}{2}(x-2)^2 + \frac{M_2}{2}(x-1)^2 + A_1,$$

$$S_1(x) = -\frac{M_1}{6}(x-2)^3 + \frac{M_2}{6}(x-1)^3 + A_1(x-1) + B_1,$$

$$S_1(1) = 1 \Rightarrow \frac{M_1}{6} + B_1 = 1 \Rightarrow B_1 = 1 - \frac{M_1}{6},$$

$$S_1(2) = 1 \Rightarrow \frac{M_2}{6} + A_1 + B_1 = 1 \Rightarrow A_1 = \frac{M_1}{6} - \frac{M_2}{6},$$

$$S_1'(x) = -\frac{M_1}{2}(x-2)^2 + \frac{M_2}{2}(x-1)^2 + \frac{M_1}{6} - \frac{M_2}{6},$$

$$S_1'(1+0) = -\frac{M_1}{2} + \frac{M_1}{6} - \frac{M_2}{6} = -\frac{M_1}{3} - \frac{M_2}{6},$$

$$S_1'(2-0) = \frac{M_2}{2} + \frac{M_1}{6} - \frac{M_2}{6} = \frac{M_2}{3} + \frac{M_1}{6}.$$

在区间$[2,3]$上,

$$S_2''(x) = -M_2(x-3) + M_3(x-2),$$

$$S_2'(x) = -\frac{M_2}{2}(x-3)^2 + \frac{M_3}{2}(x-2)^2 + A_2,$$

$$S_2(x) = -\frac{M_2}{6}(x-3)^3 + \frac{M_3}{6}(x-2)^3 + A_2(x-2) + B_2,$$

$$S_2(2) = 1 \Rightarrow \frac{M_2}{6} + B_2 = 1 \Rightarrow B_2 = 1 - \frac{M_2}{6},$$

$$S_2(3) = 0 \Rightarrow \frac{M_3}{6} + A_2 + B_2 = 0 \Rightarrow A_2 = \frac{M_2}{6} - \frac{M_3}{6} - 1,$$

$$S_2'(x) = -\frac{M_2}{2}(x-3)^2 + \frac{M_3}{2}(x-2)^2 + \frac{M_2}{6} - \frac{M_3}{6} - 1,$$

$$S_2'(2+0) = -\frac{M_2}{2} + \frac{M_2}{6} - \frac{M_3}{6} - 1 = -\frac{M_2}{3} - \frac{M_3}{6} - 1,$$

$$S_2'(3-0) = \frac{M_3}{2} + \frac{M_2}{6} - \frac{M_3}{6} - 1 = 2 \Rightarrow M_2 + 2M_3 = 18.$$

综上,得到关于M_0, M_1, M_2, M_3的方程组为

$$\begin{cases} 2M_0 + M_1 = 0, \\ 1 + \dfrac{M_1}{3} + \dfrac{M_0}{6} = -\dfrac{M_1}{3} - \dfrac{M_2}{6}, \\ \dfrac{M_2}{3} + \dfrac{M_1}{6} = -\dfrac{M_2}{3} - \dfrac{M_3}{6} - 1, \\ M_2 + 2M_3 = 18, \end{cases}$$

整理得到

$$\begin{cases} 2M_0 + M_1 = 0, \\ M_0 + 4M_1 + M_2 = -6, \\ M_1 + 4M_2 + M_3 = -6, \\ M_2 + 2M_3 = 18, \end{cases}$$

解得

$$M_0 = \frac{4}{15}, \quad M_1 = -\frac{8}{15}, \quad M_2 = -\frac{62}{15}, \quad M_3 = \frac{166}{15},$$

最终得到

$$S(x) = \begin{cases} -\dfrac{2}{45}(x-1)^3 - \dfrac{4}{45}x^3 + \dfrac{17}{15}x - \dfrac{2}{45}, & x \in [0,1], \\[2mm] \dfrac{4}{45}(x-2)^3 - \dfrac{31}{45}(x-1)^3 + \dfrac{3}{5}(x-1) + \dfrac{49}{45}, & x \in [1,2], \\[2mm] \dfrac{31}{45}(x-3)^3 + \dfrac{83}{45}(x-2)^3 - \dfrac{53}{15}(x-2) + \dfrac{76}{45}, & x \in [2,3]. \end{cases}$$

注 读者可以尝试在小区间上用 Newton 型插值得到关于矩的方程组.

最后,不加证明地给出三次样条插值的收敛性定理:

定理 5.7(三次样条插值函数的收敛性定理) 如果 $f \in C^4[a,b]$, $S(x)$ 是相应的三次样条插值函数,则

$$\| f^{(k)} - S^{(k)} \|_\infty \leqslant c_k h^{4-k} \| f^{(4)} \|_\infty, \quad k = 0,1,2,3,$$

其中,$h = \max\limits_{0 \leqslant j \leqslant n-1} \{h_j\}$, $h_j = x_{j+1} - x_j$; c_k 是某些可以确定的常数(数值不作要求).

5.5 函数逼近

5.5.1 函数逼近简介

前面已经简单介绍了函数逼近,它一般具有如下的特点:

- 不一定要准确地通过给定的数据点;
- 近似函数的形式较为简单;
- 满足某种最优条件.

粗略地说,有如下定义:

定义 5.6 用简单函数 $p(x)$ 近似代替函数 $f(x)$ 的过程称为**函数逼近**,其中函数 $f(x)$ 称为**被逼近的函数**,$p(x)$ 称为**逼近函数**,两者之差

$$R(x) = f(x) - p(x)$$

称为逼近的**误差**或**余项**.

关于函数逼近**更精确一点**的提法如下:对于给定的函数 $f(x)$,

- 要求在一类较简单且便于计算的函数类空间 B 中寻找一个函数 $p(x)$;
- 使 $p(x)$ 与 $f(x)$ 之差在某种度量意义下最小.

那么,随后就有两个问题:

- 什么样的函数比较简单且便于计算?
- 如何度量(或者说定义)"最小"?

一般情况下,多项式类函数是进行函数逼近的优先选择.至于如何度量最小,则要涉及一般线性空间中的**范数**的概念.为此,我们要**先做一点数学上的介绍**.

1) 范数与距离

设 X 是一个线性空间,假设有函数 $\| \cdot \| : X \to \mathbf{R}$,它满足:

- $\| x \| \geqslant 0$, $\| x \| = 0 \Leftrightarrow x = \mathbf{0}$;
- $\| \alpha x \| = | \alpha | \cdot \| x \|$, $\alpha \in \mathbf{R}$;
- $\| x + y \| \leqslant \| x \| + \| y \|$(三角不等式),

则称 $\| \cdot \|$ 是 X 上的**范数**,定义了范数的线性空间被称为**线性赋范空间**.

有了范数就可以定义距离:设 $x, y \in X$,则 $\| x - y \|$ 称为它们之间的**距离**.

我们用得较多的一个空间是 $C[a,b]$ 空间,即 $[a,b]$ 上的连续函数全体.

设 $f \in C[a,b]$, $g \in C[a,b]$, $\lambda \in \mathbf{R}$,定义运算:

- 数乘:$(\lambda f)(x) = \lambda \cdot f(x)$;
- 加法:$(f+g)(x) = f(x) + g(x)$,

则 $C[a,b]$ **构成一个线性空间**.其中常用范数为

$$\| f \|_1 = \int_a^b | f(x) | \, \mathrm{d}x , \quad \| f \|_\infty = \max_{a \leqslant x \leqslant b} | f(x) | ,$$

$$\| f \|_2 = \sqrt{\int_a^b [f(x)]^2 \mathrm{d}x} .$$

请同 $\mathbf{R}^n$ 中的 1- 范数,2- 范数和 ∞- 范数进行对比.

2) 最佳逼近的定义

定义 5.7 设 X 是一个线性赋范空间,$M \subset X$(一般为 X 的子空间),$f \in X$,若存在 M 中的元素 φ 满足:

$$\| f - \varphi \| \leqslant \| f - \psi \| , \quad \forall \psi \in M ,$$

则称 φ 为 f 在 M 中的**最佳逼近元**.

选择不同的范数会得到不同的最佳逼近:

- 选择无穷范数时,得到**最佳一致逼近**;
- 选择 2- 范数时,得到**最佳平方逼近**.

注 我们很少使用 1- 范数考虑最佳逼近.

5.5.2 最佳一致逼近简介

1) 最佳一致逼近多项式

对函数来说,无穷范数度量的就是**最大误差**,即

$$\| f - g \|_\infty = \max_{a \leqslant x \leqslant b} | f(x) - g(x) | .$$

两个函数在某区间上的"最大"差别很小,二者的"整体"差别就很小,这也是一致的含义.所谓最佳一致逼近,就是求**最大误差最小**的逼近函数.而诸多最佳一致逼

近中,最重要的是最佳一致逼近多项式.

定义 5.8 设 $f \in C[a,b]$,若 $\exists\, p_n \in P_n$,使得对 $\forall\, q_n \in P_n$,有

$$\| f - p_n \|_\infty \leqslant \| f - q_n \|_\infty,$$

则称 $p_n(x)$ 是 $f(x)$ 的 n 次**最佳一致逼近多项式**.

由定义可知

$$\max_{a \leqslant x \leqslant b} | f(x) - p_n(x) | = \min_{q_n \in P_n} \max_{a \leqslant x \leqslant b} | f(x) - q_n(x) |.$$

关于最佳一致逼近多项式,有如下定理:

定理 5.8 设 $f \in C[a,b]$,则它的 n 次最佳一致逼近多项式存在且唯一.

在逼近论中,关于最佳一致逼近多项式的理论很成熟,有兴趣的读者请自行查阅.这里,我们主要关注的是**特定情况下如何求出**一个函数的最佳一致逼近多项式.为此,必须要介绍一下**偏差点**.

定义 5.9 设 $g \in C[a,b]$,如果 $\exists\, x_k \in [a,b]$ 使得

$$| g(x_k) | = \| g \|_\infty,$$

则称 x_k 为 $g(x)$ 在 $[a,b]$ 上的**偏差点**.当 $g(x_k) = \| g \|_\infty$ 时,x_k 称为 $g(x)$ 的**正偏差点**;当 $g(x_k) = - \| g \|_\infty$ 时,x_k 称为 $g(x)$ 的**负偏差点**.

接下来,直接给出最佳一致逼近多项式的核心定理 —— **特征定理**:

定理 5.9 设 $f \in C[a,b]$,$p_n(x) \in P_n$,则 $p_n(x)$ 是 $f(x)$ 的 n 次最佳一致逼近多项式的充分必要条件为 $f(x) - p_n(x)$ 在 $[a,b]$ 上至少有 $n+2$ 个交错偏差点,即存在 $a \leqslant x_0 < x_1 < \cdots < x_n < x_{n+1} \leqslant b$,使得

$$f(x_i) - p_n(x_i) = (-1)^i \sigma \| f - p_n \|_\infty, \quad i = 0,1,\cdots,n+1,$$

其中 $\sigma = 1$ 或 $\sigma = -1$.

该定理表明至少有 $n+2$ 个偏差点是交错出现的.特殊情况如下:

推论 1 设函数 $f(x) \in C[a,b]$,$p_n(x)$ 是相应的 n 次最佳一致逼近多项式,如果 $f^{(n+1)}(x)$ 在 (a,b) 内存在且保号,则

$$f(x) - p_n(x)$$

在 $[a,b]$ 内恰有 $n+2$ 个交错偏差点,且 a,b 也是偏差点.

我们可以用这个推论求出高阶导数保号情况下的最佳一致逼近多项式:若函数 $f(x) \in C[a,b]$,$f^{(n+1)}(x)$ 在 (a,b) 内保号,其 n 次最佳一致逼近多项式设为

$$p_n(x) = c_0 + c_1 x + \cdots + c_n x^n,$$

则 $f(x) - p_n(x)$ 在 $[a,b]$ 上有 $n+2$ 个交错偏差点:

$$a < x_1 < x_2 < \cdots < x_n < b,$$

且满足

$$f(a) - p_n(a) = -[f(x_1) - p_n(x_1)] = f(x_2) - p_n(x_2)$$
$$= \cdots = (-1)^n [f(x_n) - p_n(x_n)]$$
$$= (-1)^{n+1} [f(b) - p_n(b)],$$
$$f'(x_i) - p_n'(x_i) = 0, \quad i = 1,2,\cdots,n.$$

上述是含有 $2n+1$ 个参数、由 $2n+1$ 个方程组成的非线性方程组,**一般可用迭代法求解,特殊情形下可精确求解.**

例 11 求 $f(x)=\ln(1+x)$ 在 $[0,1]$ 上的 1 次最佳一致逼近多项式.

解 设 $f(x)$ 在 $[0,1]$ 上的 1 次最佳一致逼近多项式为 $p_1(x)=c_0+c_1x$,又因为 $f''(x)=-\dfrac{1}{(1+x)^2}$ 在 $(0,1)$ 内保号,所以

$$f(x)-p_1(x)$$

在 $[0,1]$ 上有 3 个偏差点 $0,x_1,1$,满足

$$f(0)-p_1(0)=-[f(x_1)-p_1(x_1)]=f(1)-p_1(1),$$
$$f'(x_1)-p_1'(x_1)=0,$$

即

$$-c_0=-[\ln(1+x_1)-c_0-c_1x_1]=\ln2-c_0-c_1,$$
$$\frac{1}{1+x_1}=c_1,$$

解得

$$c_0=\frac{1}{2}[\ln2-\ln(\ln2)-1]\approx0.0298301,\quad c_1=\ln2\approx0.693147,$$

从而 1 次最佳一致逼近多项式为 $p_1(x)=0.0298301+0.693147x$.

例 12 求 a,b,使得 $\max\limits_{1\leqslant x\leqslant2}\left|\dfrac{1}{x}-ax-b\right|$ 取最小值,并求出最小值.

解 设 $f(x)=\dfrac{1}{x}$ 在 $[1,2]$ 上的 1 次最佳一致逼近多项式为 $p_1(x)=b+ax$,又因为 $f''(x)=\dfrac{2}{x^3}$ 在 $(1,2)$ 内保号,故 $f(x)-p_1(x)$ 有偏差点 $1,x_1,2$,满足

$$f(1)-p_1(1)=-[f(x_1)-p_1(x_1)]=f(2)-p_1(2),$$
$$f'(x_1)-p_1'(x_1)=0,$$

可求得

$$b=\frac{3+2\sqrt{2}}{4},\quad a=-\frac{1}{2},\quad \min_{a,b}\max_{1\leqslant x\leqslant2}\left|\frac{1}{x}-ax-b\right|=\frac{3}{4}-\frac{1}{\sqrt{2}}.$$

注 1 更高阶时,也许只能借助于非线性方程组的数值解法.

推论 2 设 $f(x)\in C[a,b]$,则 $f(x)$ 的 n 次最佳一致逼近多项式 $p_n(x)$ 一定为 $f(x)$ 的某一个 n 次**插值多项式**.

证明 根据特征定理,$f-p_n(x)$ 在区间 $[a,b]$ 上至少有 $n+2$ 个交错偏差点.也即至少存在

$$a\leqslant x_0<x_1<x_2<\cdots<x_n<x_{n+1}\leqslant b,$$

使得$(f(x_i)-p_n(x_i))\cdot(f(x_{i+1})-p_n(x_{i+1}))<0,i=0:n$成立,因此
$$\exists\xi_i\in(x_i,x_{i+1}),\quad f(\xi_i)=p_n(\xi_i),\quad i=0:n,$$
从而$p_n(x)$是$\xi_0,\xi_1,\cdots,\xi_n$上的n次插值多项式.

注 2 这个结论提示我们,若能用最佳一致逼近多项式作为插值多项式,那么就有可能得到既满足误差要求又具有一致收敛性的插值多项式.

2) 再谈 Chebyshev 多项式

Chebyshev 多项式$T_n(x)=\cos(n\arccos x)$是重要的正交多项式之一,它除了正交性外还有一些**重要的性质**.罗列如下:

- **递归性**(三项递归关系),即

$$T_0(x)=1,\quad T_1(x)=x,\quad T_{n+1}(x)=2xT_n(x)-T_{n-1}(x),\quad n\geqslant1,$$

因此可以**用递归的方式计算出**高次 Chebyshev 多项式(常见的正交多项式都有类似的三项递归关系).

- T_n的**首次项系数**为2^{n-1},但$|T_n(x)|\leqslant1,x\in[-1,1]$.

- 同前,$T_n(x)$在区间$[-1,1]$上有n个互不相同的零点:

$$x_k=\cos\left(\frac{2k-1}{n}\frac{\pi}{2}\right),\quad k=1:n,$$

这些点称为 **Chebyshev 点**.此外,它在$[-1,1]$上有$n+1$个最值点:

$$x_k'=\cos\left(\frac{k\pi}{n}\right),\quad k=0:n,\quad x_0'=1,\quad x_n'=-1.$$

- **Minimax 性质**.在所有n次首一多项式中,$2^{1-n}T_n(x)$的**度量最小**(度量按照无穷范数).它提供了 0 的一个最佳逼近,但这个最佳逼近是在首一多项式中考虑的,因此不是前面的最佳一致逼近多项式.**证明如下**:

— 假设存在首一多项式$p_n(x):|p_n(x)|<2^{1-n},x\in[-1,1]$.

— 取$x_k'=\cos\left(\frac{k\pi}{n}\right),k=0:n.$

— 则根据极点处的函数值,一种情形(另一种类似)为

$$p_n(x_0')<2^{1-n}T_n(x_0'),\quad p_n(x_1')>2^{1-n}T_n(x_1'),\quad\cdots,$$

直到x_n'.因此多项式

$$p_n(x)-2^{1-n}T_n(x)$$

在$[-1,1]$上改变符号n次,但它的次数最多为$n-1$,这是不可能的.

利用 Minimax 性质,可以求特定函数的最佳一致逼近.

例 13 求x^n在$[-1,1]$上阶数低于n的最佳一致逼近多项式.

解 根据 Minimax 性质,可得最佳一致逼近多项式为

$$p(x)=x^n-2^{1-n}T_n(x),$$

且它最多是$n-1$阶的.

另外，根据公式

$$T_n(-x) = (-1)^n T_n(x),$$

很容易验证 $p(x)$ 是 $n-2$ 阶的.

注 1 事实上，任何一个 n 阶多项式

$$p_n(x) = a_n x^n + a_{n-1} x^{n-1} + \cdots + a_1 x + a_0$$

的低阶最佳一致逼近多项式都能求出，即 $p(x) = p_n(x) - a_n 2^{1-n} T_n(x)$.

注 2 上面求多项式的低阶最佳一致逼近多项式的方法不适用于一般函数. 但是，若通过某种方式(如 Taylor 展开)得到了目标函数的一个近似多项式，我们可以对该近似多项式进行修正，最终把**高次近似换成精度更高的低阶近似，从而获得比直接用低阶近似更高的精度**.

例 14 给出函数 $y = \cos x$ 在区间 $[-1,1]$ 上的一个 2 次逼近多项式，要求比直接用 Taylor 展开精度更高.

解 过程如下：

- 如果取 $\cos x \approx 1 - \dfrac{x^2}{2} + \dfrac{x^4}{24}$，在 $[-1,1]$ 上的最大误差为 0.0014.

- $T_4(x) = 8x^4 - 8x^2 + 1$，根据前面的做法，有

$$x^4 \approx x^4 - 2^{-3} T_4(x) = x^2 - \frac{1}{8} \Rightarrow \frac{x^4}{24} \approx \frac{x^2}{24} - \frac{1}{192},$$

这样做的误差不超过 $\dfrac{2^{-3}}{24} = \dfrac{1}{192} \approx 0.0052$.

- 这样，

$$\cos x \approx \left(1 - \frac{1}{192}\right) - x^2\left(\frac{1}{2} - \frac{1}{24}\right) \approx 0.99479 - 0.45833 x^2,$$

误差不超过 $0.0052 + 0.0014 < 0.007$.

- 如果直接选 $1 - \dfrac{x^2}{2}$，误差限是 0.042，上面的计算结果仅是它的 $\dfrac{1}{6}$.

注 3 但要注意，这样求出来的近似函数在 0 处取值并不是 1.

注 4 如果考虑的是区间 $[a,b]$ 上的函数 $y = f(x)$，进行下列变换即可：

$$x = \frac{b+a}{2} + \frac{b-a}{2} t,$$

$$y = f(x) = f\left(\frac{b+a}{2} + \frac{b-a}{2} t\right) = g(t).$$

3) 近似最佳一致逼近多项式

前面的推论表明，n 次最佳一致逼近多项式一定是某个 n 次插值多项式.

- 假设 $y = f(x) \in C^{n+1}[-1,1]$.

- 取 $[-1,1]$ 上 $n+1$ 个互异节点 $x_0, x_1, \cdots, x_n$，设插值多项式为 $L_n(x)$.

- 插值误差余项为

$$R_n(x) = f(x) - L_n(x) = \frac{f^{(n+1)}(\xi)}{(n+1)!} W_{n+1}(x).$$

- $W_{n+1}(x)$ 是首一多项式，根据前面的结论，对任意的 $W_{n+1}(x)$，有

$$\max_{-1 \leqslant x \leqslant 1} |W_{n+1}(x)| \leqslant \max_{-1 \leqslant x \leqslant 1} |T_{n+1}(x)| = 2^{-n}.$$

- 若 $x_0, x_1, \cdots, x_n$ 为 $T_{n+1}(x)$ 的零点，则 $W_{n+1}(x) = 2^{-n} T_{n+1}(x)$.

- 这样，得到

$$\max_{-1 \leqslant x \leqslant 1} |f(x) - L_n(x)| \leqslant \frac{2^{-n}}{(n+1)!} \max_{-1 \leqslant x \leqslant 1} |f^{(n+1)}(x)|.$$

- 如果是区间 $[a, b]$，类似可以得到

$$\max_{a \leqslant x \leqslant b} |f(x) - L_n(x)| \leqslant \left(\frac{b-a}{2}\right)^{n+1} \frac{2^{-n}}{(n+1)!} \max_{a \leqslant x \leqslant b} |f^{(n+1)}(x)|.$$

以 Chebyshev 正交多项式 $T_{n+1}(x)$ 的零点作为插值节点的插值多项式**并不能作为 n 次最佳一致逼近多项式**，但由于它的误差分布比较均匀，我们称得到了 n **次近似最佳一致逼近多项式**.而这也解释了前面出现 Runge 现象的数值验证实验中，选择 Chebyshev 点插值时效果要好很多的缘由.

事实上，节点的选取不仅影响到 $W_{n+1}(x)$，还影响到余项中高阶导数里的 ξ.同时，n 次近似最佳一致逼近多项式的计算误差**一般都会比理论误差限小**.

5.5.3　最佳平方逼近

1）为什么要研究最佳平方逼近

最佳一致逼近考虑的是**整个区间上绝对误差的最大值**，它的特点如下：

- 求解具有一定的难度；
- 如果最大误差很小，则整体逼近效果很好；
- 如果最大误差很大，特别是对仅在个别小区间上变化大的函数而言，**最佳一致逼近反而不能很好地反映真实情况**.

比如考虑如图 5.30 所示图形：

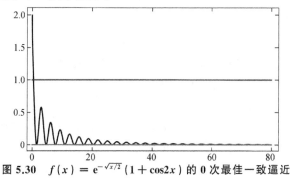

图 5.30　$f(x) = e^{-\sqrt{x}/2}(1 + \cos 2x)$ 的 0 次最佳一致逼近

从最佳一致逼近的角度看,$y=1$ 是函数 $f(x)$ 的 0 次最佳一致逼近(请证明它),但**从效果来看**,$y=0$ 的近似效果远超它.

事实上,最佳一致逼近**过分强调**最大误差的重要性了.而在处理实际问题时,我们既要考虑最大误差的数值,也要考虑出现最大误差的范围的大小,也就是说我们更应该考虑误差的**整体贡献**.

要考察误差函数的整体贡献,最方便的处理方式就是对它做积分.由此,既可以考虑 1- 范数,也可以考虑 2- 范数.但 2- 范数更"连续",处理起来更加方便,因此一般都考察误差函数的 2- 范数,而对应的逼近就是**最佳平方逼近**.

2) 内积与范数

为了更方便地讨论最佳平方逼近,先回顾一下**内积**的概念.

设 X 是一个**线性空间**,对 $\forall x,y \in X$ 都有**唯一**的实数与之对应,我们记该实数为 (x,y),若它满足:

- $\forall x,y \in X$,有 $(x,y)=(y,x)$;
- $\forall x,y \in X,\lambda \in \mathbf{R}$,有 $(\lambda x,y)=\lambda(x,y)$;
- $\forall x,y,z \in X$,有 $(x+y,z)=(x,z)+(y,z)$;
- $\forall x \in X$,有 $(x,x) \geqslant 0$,且 $(x,x)=0 \Leftrightarrow x=0$,

则 X 称为**内积空间**,又称 Hilbert 空间.二元运算 $(\cdot,\cdot)$ 称为**内积运算**,简称为内积,它是一个**具有对称性的双线性函数**.

此外,如果 $x,y \in X,(x,y)=0$,则称 x 与 y **正交**,记为 $x \perp y$.

常用的内积有两个:

- $\mathbf{R}^n:(\boldsymbol{x},\boldsymbol{y})=\sum_{i=1}^{n} x_i y_i$;

- $C[a,b]:(f,g)=\int_a^b f(x)g(x)\mathrm{d}x$.

内积空间中有一个非常重要的不等式:

定理 5.10(Cauchy-Schwarz) 设 X 是一个内积空间,则有
$$(x,y)^2 \leqslant (x,x)(y,y), \quad \forall x,y \in X.$$

利用 Cauchy-Schwarz 不等式,可以证明
$$\|x\| = \sqrt{(x,x)}$$

就是一个范数.事实上,对 $\mathbf{R}^n$ 和 $C[a,b]$,**内积定义的范数** $\|x\| \Leftrightarrow$ **2- 范数**.这也是学习最佳平方逼近之前要先介绍内积的原因.

3) 求最佳平方逼近

定义 5.10 设 X 是一个内积空间,$(\cdot,\cdot)$ 是内积,M 是 X 的有限维子空间,而 $\varphi_0,\varphi_1,\cdots,\varphi_m$ 是 M 的一组基,$f \in X$ 的**最佳平方逼近元** $\varphi \in M$ 满足:
$$\|f-\varphi\| \leqslant \|f-\psi\|, \quad \forall \psi \in M,$$

或者

$$\| f - \varphi \| = \min_{\psi \in M} \| f - \psi \| ,$$

其中范数为内积定义的范数.

下面讨论如何求最佳平方逼近元.

- 根据**基的含义**,可以设

$$\varphi = \sum_{i=0}^{m} c_i \varphi_i , \quad \psi = \sum_{i=0}^{m} a_i \varphi_i .$$

- 注意到

$$\min_{\psi \in M} \| f - \psi \| \Leftrightarrow \min_{\psi \in M} \| f - \psi \|^2 .$$

- 根据内积与 2-范数的关系,则

$$\| f - \psi \|^2 = (f - \psi , f - \psi).$$

- 把元素的基底表示代入,则得到**问题转化(I)**:求 $c_0 , c_1 , \cdots , c_m$ 使得

$$\left(f - \sum_{i=0}^{m} c_i \varphi_i , f - \sum_{j=0}^{m} c_j \varphi_j \right) = \min_{a_0 , a_1 , \cdots , a_m \in \mathbf{R}} \left(f - \sum_{i=0}^{m} a_i \varphi_i , f - \sum_{j=0}^{m} a_j \varphi_j \right).$$

- **问题转化(II)**:记

$$\Phi(c_0 , c_1 , \cdots , c_m) = \left(f - \sum_{i=0}^{m} c_i \varphi_i , f - \sum_{j=0}^{m} c_j \varphi_j \right),$$

$$\Phi(a_0 , a_1 , \cdots , a_m) = \left(f - \sum_{i=0}^{m} a_i \varphi_i , f - \sum_{j=0}^{m} a_j \varphi_j \right),$$

也就是求 $c_0 , c_1 , \cdots , c_m$ 使得

$$\Phi(c_0 , c_1 , \cdots , c_m) = \min_{a_0 , a_1 , \cdots , a_m \in \mathbf{R}} \Phi(a_0 , a_1 , \cdots , a_m),$$

这变成了一个**多元函数求极值问题**.

- 化简得到

$$\Phi(a_0 , a_1 , \cdots , a_m) = (f , f) - 2 \sum_{i=0}^{m} a_i (f , \varphi_i) + \sum_{i,j=0}^{m} a_i a_j (\varphi_i , \varphi_j),$$

对 a_k 求偏导,并令

$$\frac{\partial \Phi}{\partial a_k} = -2(f , \varphi_k) + 2 \sum_{i=0}^{m} a_i (\varphi_i , \varphi_k) = 0, \quad k = 0,1,\cdots,m.$$

注　2 阶项对 a_k 求导时只需考虑如下这些项:

$$\sum_{i \neq k} a_i a_k (\varphi_i , \varphi_k) + \sum_{j \neq k} a_k a_j (\varphi_k , \varphi_j) + a_k^2 (\varphi_k , \varphi_k).$$

- 随后得到**正规方程组**(也称**法方程组**):

$$\sum_{i=0}^{m} (\varphi_k , \varphi_i) a_i = (f , \varphi_k), \quad k = 0,1,\cdots,m.$$

- 写成矩阵向量形式则是

$$\begin{bmatrix} (\varphi_0,\varphi_0) & \cdots & (\varphi_0,\varphi_m) \\ (\varphi_1,\varphi_0) & \cdots & (\varphi_1,\varphi_m) \\ \vdots & \ddots & \vdots \\ (\varphi_m,\varphi_0) & \cdots & (\varphi_m,\varphi_m) \end{bmatrix} \begin{bmatrix} a_0 \\ a_1 \\ \vdots \\ a_m \end{bmatrix} = \begin{bmatrix} (f,\varphi_0) \\ (f,\varphi_1) \\ \vdots \\ (f,\varphi_m) \end{bmatrix}.$$

- 因 $\varphi_0,\varphi_1,\cdots,\varphi_m$ 是线性空间的基底,上述系统中的矩阵为 **Gram 矩阵**.线性代数中证明过该矩阵是**对称正定矩阵**,因此

正规方程组有唯一解 $c_0,c_1,\cdots,c_m$.

读者可以尝试用 Gram-Schmidt 正交化方法完成它是对称正定矩阵的证明.

- 此外,还需要证明 $c_0,c_1,\cdots,c_m$ 确实使得函数取到最小值.
- 即要证明 $\Phi(a_0,a_1,\cdots,a_m)-\Phi(c_0,c_1,\cdots,c_m)\geqslant 0$ 总成立,其中

$$\begin{bmatrix} (\varphi_0,\varphi_0) & \cdots & (\varphi_0,\varphi_m) \\ (\varphi_1,\varphi_0) & \cdots & (\varphi_1,\varphi_m) \\ \vdots & \ddots & \vdots \\ (\varphi_m,\varphi_0) & \cdots & (\varphi_m,\varphi_m) \end{bmatrix} \begin{bmatrix} c_0 \\ c_1 \\ \vdots \\ c_m \end{bmatrix} = \begin{bmatrix} (f,\varphi_0) \\ (f,\varphi_1) \\ \vdots \\ (f,\varphi_m) \end{bmatrix}.$$

下面采用直接方式来证.也可以通过 Hessian 矩阵做进一步分析,另外还有一种**通过正交性来分析**的方法,这里就不再探讨了.

- 根据前面的公式,可得

$$R = \Phi(a_0,a_1,\cdots,a_m)-\Phi(c_0,c_1,\cdots,c_m)$$
$$= (f-\psi,f-\psi)-(f-\varphi,f-\varphi)$$
$$= (f-\varphi+\varphi-\psi,f-\varphi+\varphi-\psi)-(f-\varphi,f-\varphi)$$
$$= 2(f-\varphi,\varphi-\psi)+(\varphi-\psi,\varphi-\psi)$$
$$= 2\left(f-\sum_{i=0}^{m}c_i\varphi_i,\sum_{j=0}^{m}(c_j-a_j)\varphi_j\right)+\left(\sum_{i=0}^{m}(c_i-a_i)\varphi_i,\sum_{j=0}^{m}(c_j-a_j)\varphi_j\right)$$
$$= \left(\sum_{i=0}^{m}(c_i-a_i)\varphi_i,\sum_{j=0}^{m}(c_j-a_j)\varphi_j\right)+2\sum_{j=0}^{m}(c_j-a_j)\left((f,\varphi_j)-\sum_{i=0}^{m}c_i(\varphi_i,\varphi_j)\right)$$
$$= \left(\sum_{i=0}^{m}(c_i-a_i)\varphi_i,\sum_{j=0}^{m}(c_j-a_j)\varphi_j\right)+0$$
$$= \left(\sum_{i=0}^{m}(c_i-a_i)\varphi_i,\sum_{j=0}^{m}(c_j-a_j)\varphi_j\right)\geqslant 0,$$

这就完成了最小值的证明.

通过以上分析,求最佳平方逼近元的问题最终化为了正规方程组的求解问题.使用时的**具体流程**如下:

- 找到相应的基底,把逼近元表示为基底的线性组合;
- 确定用什么形式的内积;
- 构造正规方程组并求解,得到系数向量;

- 用系数向量和基底表示逼近元.

4）离散情形的最佳平方逼近

给定数据如下：

x	x_1	x_2	x_3	$\cdots$	x_n
y	y_1	y_2	y_3	$\cdots$	y_n

讨论用函数来逼近这组数据.设 $\varphi_0(x),\varphi_1(x),\cdots,\varphi_m(x)$ 线性无关,令

$$q(x) = \sum_{i=0}^{m} a_i \varphi_i(x),$$

用 $q(x)$ 去拟合离散数据,就是**离散数据的最佳平方逼近**.

但是,已知数据属于离散空间,而拟合函数属于连续空间,二者并不一致.想要使用前面的结论,必须先回答如下几个问题：

X 是什么？M 是什么？内积如何定义？误差如何衡量？

如果要衡量该离散问题逼近效果的好坏,**一种思路**就是看

$$(q(x_1),q(x_2),\cdots,q(x_n))^{\mathrm{T}} \quad \text{和} \quad (y_1,y_2,\cdots,y_n)^{\mathrm{T}}$$

这两个向量的接近程度.因此该问题的误差可以定义为

$$\Phi(a_0,a_1,\cdots,a_m) = \sum_{k=1}^{n}(q(x_k)-y_k)^2,$$

求 $c_0,c_1,\cdots,c_m$,使得

$$\Phi(c_0,c_1,\cdots,c_m) = \min_{a_0,a_1,\cdots,a_m \in \mathbf{R}} \Phi(a_0,a_1,\cdots,a_m).$$

这就是该问题的最佳平方逼近,$p(x) = \sum_{i=0}^{m} c_i \varphi_i(x)$ 称为数据的**拟合函数**.

如果 $\varphi_i(x) = x^i (i=0,1,\cdots,m)$,则称 $p(x)$ 为 **m 次最小二乘多项式**.

根据关系 $q(x_k) = \sum_{i=0}^{m} a_i \varphi_i(x_k)$,得到

$$\begin{bmatrix} q(x_1) \\ q(x_2) \\ \vdots \\ q(x_n) \end{bmatrix} = \sum_{i=0}^{m} a_i \begin{bmatrix} \varphi_i(x_1) \\ \varphi_i(x_2) \\ \vdots \\ \varphi_i(x_n) \end{bmatrix}.$$

如果记

$$\boldsymbol{\varphi}_i = \begin{bmatrix} \varphi_i(x_1) \\ \varphi_i(x_2) \\ \vdots \\ \varphi_i(x_n) \end{bmatrix} \quad (i=0,1,\cdots,m), \quad \boldsymbol{y} = \begin{bmatrix} y_1 \\ y_2 \\ \vdots \\ y_n \end{bmatrix},$$

则 $(q(x_k))_{n\times 1}$ 就是 $\boldsymbol{\varphi}_i$ 的线性组合,而拟合系数 $c_0,c_1,\cdots,c_m$ 满足

$$\begin{bmatrix} (\boldsymbol{\varphi}_0, \boldsymbol{\varphi}_0) & \cdots & (\boldsymbol{\varphi}_0, \boldsymbol{\varphi}_m) \\ (\boldsymbol{\varphi}_1, \boldsymbol{\varphi}_0) & \cdots & (\boldsymbol{\varphi}_1, \boldsymbol{\varphi}_m) \\ \vdots & \ddots & \vdots \\ (\boldsymbol{\varphi}_m, \boldsymbol{\varphi}_0) & \cdots & (\boldsymbol{\varphi}_m, \boldsymbol{\varphi}_m) \end{bmatrix} \begin{bmatrix} c_0 \\ c_1 \\ \vdots \\ c_m \end{bmatrix} = \begin{bmatrix} (\boldsymbol{y}, \boldsymbol{\varphi}_0) \\ (\boldsymbol{y}, \boldsymbol{\varphi}_1) \\ \vdots \\ (\boldsymbol{y}, \boldsymbol{\varphi}_m) \end{bmatrix}.$$

例 15 观察物体的直线运动时得到如下数据：

t	0	0.9	1.9	3.0	3.9	5.0
s	0	10	30	51	80	111

试求该物体的运动方程.

解 首先通过作图（具体略），猜测拟合函数的形式为
$$f(t) = c_0 + c_1 t + c_2 t^2,$$
即基函数为 $1, t, t^2$，则

$$\boldsymbol{\varphi}_0 = \begin{bmatrix} 1 \\ 1 \\ 1 \\ 1 \\ 1 \\ 1 \end{bmatrix}, \quad \boldsymbol{\varphi}_1 = \begin{bmatrix} 0 \\ 0.9 \\ 1.9 \\ 3.0 \\ 3.9 \\ 5.0 \end{bmatrix}, \quad \boldsymbol{\varphi}_2 = \begin{bmatrix} 0 \\ 0.81 \\ 3.61 \\ 9 \\ 15.21 \\ 25 \end{bmatrix}, \quad \boldsymbol{y} = \begin{bmatrix} 0 \\ 10 \\ 30 \\ 51 \\ 80 \\ 111 \end{bmatrix}.$$

因此，得到正规方程组

$$\begin{bmatrix} 6 & 14.7 & 53.63 \\ 14.7 & 53.63 & 218.907 \\ 53.63 & 218.907 & 951.0323 \end{bmatrix} \begin{bmatrix} c_0 \\ c_1 \\ c_2 \end{bmatrix} = \begin{bmatrix} 282 \\ 1086 \\ 4567.2 \end{bmatrix},$$

解得
$$c_0 = -0.617901, \quad c_1 = 11.1601, \quad c_2 = 2.26838,$$
所以
$$f(t) = -0.617901 + 11.1601t + 2.26838t^2.$$

注 因为 $f(0) = -0.617901$ 不等于 0，考虑到 0 时刻的位置，可设
$$g(t) = at + bt^2,$$
此时最佳平方逼近是什么？请与本例题中的结果比较.

例 16 给定数据如下：

x	2.2	2.7	3.5	4.1
y	65	60	53	50

用最小二乘法求形如 $y = a\mathrm{e}^{bx}$ 的经验公式.

分析　拟合函数不是线性的,没法直接使用最小二乘法.尝试把函数变为

$$\ln y = \ln a + bx,$$

此时 x 和 $\ln y$ 构成线性关系.

解　把给定的数据变为

x	2.2	2.7	3.5	4.1
$Y = \ln y$	4.17439	4.09434	3.97029	3.91202

问题变为求 $Y = c_0 + c_1 x$ 形式的最小二乘解.取 $\varphi_0(x) = 1, \varphi_1(x) = x$,则

$$\boldsymbol{\varphi}_0 = (1,1,1,1)^{\mathrm{T}}, \quad \boldsymbol{\varphi}_1 = (2.2, 2.7, 3.5, 4.1)^{\mathrm{T}},$$
$$\boldsymbol{Y} = (4.17439, 4.09434, 3.97029, 3.91202)^{\mathrm{T}},$$

因此,得到正规方程组

$$\begin{bmatrix} 4 & 12.5 \\ 12.5 & 41.19 \end{bmatrix} \begin{bmatrix} c_0 \\ c_1 \end{bmatrix} = \begin{bmatrix} 16.151 \\ 50.1737 \end{bmatrix},$$

解得 $c_0 = 4.47596, c_1 = -0.140222$,所以

$$\ln y = 4.47596 - 0.140222x,$$
$$y = 87.8789 \mathrm{e}^{-0.140222x}.$$

类似的,我们也可以求 $y = \dfrac{1}{a+bx}$ 等形式的最小二乘解.

5) 超定方程组的最小二乘解

另一类常见的最小二乘解是关于超定方程组的.对于超定线性方程组

$$\boldsymbol{A}\boldsymbol{x} = \boldsymbol{b}, \quad \boldsymbol{A} \in \mathbf{R}^{m \times n}, \quad m > n,$$

它在一般情况下没有精确解.实际应用中,我们会求 $\boldsymbol{x}^*$ 使得

$$\| \boldsymbol{b} - \boldsymbol{A}\boldsymbol{x}^* \|_2^2 = \min_{x \in \mathbf{R}^n} \| \boldsymbol{b} - \boldsymbol{A}\boldsymbol{x} \|_2^2 = \min_{x \in \mathbf{R}^n} (\boldsymbol{b} - \boldsymbol{A}\boldsymbol{x}, \boldsymbol{b} - \boldsymbol{A}\boldsymbol{x}),$$

即用 $\boldsymbol{A}\boldsymbol{x}$ 去拟合 $\boldsymbol{b}$.注意到

$$\boldsymbol{A}\boldsymbol{x} = x_1 \boldsymbol{A}_1 + x_2 \boldsymbol{A}_2 + \cdots + x_n \boldsymbol{A}_n,$$

如果 $\boldsymbol{A}$ 是列满秩的,或者 $\boldsymbol{A}_1, \boldsymbol{A}_2, \cdots, \boldsymbol{A}_n$ 线性无关时,这就是最小二乘问题.

根据 $(\boldsymbol{A}_i, \boldsymbol{A}_j) = \boldsymbol{A}_i^{\mathrm{T}} \boldsymbol{A}_j$ 很容易验证,**超定方程组的正规方程组**为

$$\boldsymbol{A}^{\mathrm{T}} \boldsymbol{A} \boldsymbol{x} = \boldsymbol{A}^{\mathrm{T}} \boldsymbol{b}.$$

注 1　当 $\boldsymbol{A}$ 列满秩时,$\boldsymbol{A}^{\mathrm{T}} \boldsymbol{A}$ 是可逆矩阵,此时正规方程组一定有唯一解.

注 2　实际应用中,我们一般不会通过该正规方程组求解最小二乘问题,原因有以下两点:

- $\boldsymbol{A}^{\mathrm{T}} \boldsymbol{A}$ 的计算工作量过大;
- $\boldsymbol{A}^{\mathrm{T}} \boldsymbol{A}$ 的条件数可能很大,会影响求解精度.

事实上,最小二乘解的典型解法是利用矩阵的 **QR 分解**.

例 17 求下面超定方程组的最小二乘解:

$$\begin{bmatrix} 3 & 4 \\ -4 & 8 \\ 6 & 3 \end{bmatrix} \begin{bmatrix} x \\ y \end{bmatrix} = \begin{bmatrix} 5 \\ 1 \\ 3 \end{bmatrix}.$$

解 该超定方程组的正规方程组为

$$\begin{bmatrix} 3 & -4 & 6 \\ 4 & 8 & 3 \end{bmatrix} \begin{bmatrix} 3 & 4 \\ -4 & 8 \\ 6 & 3 \end{bmatrix} \begin{bmatrix} x \\ y \end{bmatrix} = \begin{bmatrix} 3 & -4 & 6 \\ 4 & 8 & 3 \end{bmatrix} \begin{bmatrix} 5 \\ 1 \\ 3 \end{bmatrix},$$

即

$$\begin{bmatrix} 61 & -2 \\ -2 & 89 \end{bmatrix} \begin{bmatrix} x \\ y \end{bmatrix} = \begin{bmatrix} 29 \\ 37 \end{bmatrix},$$

解得 $x \approx 0.4894, y \approx 0.4267$.

6) 连续情形的最佳平方逼近

设 $f(x) \in C[a,b]$,而 $\varphi_i(x) \in C[a,b](i=0:m)$ 线性无关,因此

$$M = \mathrm{span}\{\varphi_0(x), \varphi_1(x), \cdots, \varphi_m(x)\}$$

是 $C[a,b]$ 的一个 $m+1$ 维子空间.进一步的,设 $q(x), p(x) \in M$ 的表示分别为

$$q(x) = \sum_{i=0}^{m} a_i \varphi_i(x), \quad p(x) = \sum_{i=0}^{m} c_i \varphi_i(x).$$

记

$$\Phi(a_0, a_1, \cdots, a_m) = \| f-q \|_2^2 = \int_a^b \left(f(x) - \sum_{i=0}^{m} a_i \varphi_i(x) \right)^2 \mathrm{d}x,$$

求 $c_0, c_1, \cdots, c_m$ 使得

$$\| f-p \|_2 \leqslant \| f-q \|_2, \quad \forall q \in M,$$

即

$$\Phi(c_0, c_1, \cdots, c_m) = \min_{a_0, a_1, \cdots, a_m \in \mathbf{R}} \Phi(a_0, a_1, \cdots, a_m).$$

这就是**连续情形的最佳平方逼近**.$c_0, c_1, \cdots, c_m$ 是如下(正规)方程组的解:

$$\begin{bmatrix} (\varphi_0, \varphi_0) & \cdots & (\varphi_0, \varphi_m) \\ (\varphi_1, \varphi_0) & \cdots & (\varphi_1, \varphi_m) \\ \vdots & \ddots & \vdots \\ (\varphi_m, \varphi_0) & \cdots & (\varphi_m, \varphi_m) \end{bmatrix} \begin{bmatrix} c_0 \\ c_1 \\ \vdots \\ c_m \end{bmatrix} = \begin{bmatrix} (f, \varphi_0) \\ (f, \varphi_1) \\ \vdots \\ (f, \varphi_m) \end{bmatrix},$$

其中

$$(\varphi_i, \varphi_j) = \int_a^b \varphi_i(x) \varphi_j(x) \mathrm{d}x, \quad (f, \varphi_i) = \int_a^b f(x) \varphi_i(x) \mathrm{d}x.$$

若基函数 $\varphi_i(x) = x^i (i=0,1,\cdots,m)$,那么 $p(x)$ 称为 $f(x)$ 在区间 $[a,b]$ 上的 m 次最佳平方逼近多项式.

例 18 设 $f(x) = e^x, x \in [0,1]$，求 $f(x)$ 的 2 次最佳平方逼近多项式
$$p_2(x) = c_0 + c_1 x + c_2 x^2.$$

解 取基函数 $\varphi_0(x) = 1, \varphi_1(x) = x, \varphi_2(x) = x^2$，则

$$(\varphi_0, \varphi_0) = \int_0^1 1 \mathrm{d}x = 1, \quad (\varphi_0, \varphi_1) = \int_0^1 x \mathrm{d}x = \frac{1}{2},$$

$$(\varphi_0, \varphi_2) = \int_0^1 x^2 \mathrm{d}x = \frac{1}{3}, \quad (\varphi_1, \varphi_1) = \int_0^1 x^2 \mathrm{d}x = \frac{1}{3},$$

$$(\varphi_1, \varphi_2) = \int_0^1 x^3 \mathrm{d}x = \frac{1}{4}, \quad (\varphi_2, \varphi_2) = \int_0^1 x^4 \mathrm{d}x = \frac{1}{5},$$

$$(f, \varphi_0) = \int_0^1 e^x \mathrm{d}x = e - 1, \quad (f, \varphi_1) = \int_0^1 x e^x \mathrm{d}x = 1,$$

$$(f, \varphi_2) = \int_0^1 x^2 e^x \mathrm{d}x = e - 2,$$

得正规方程组为

$$\begin{bmatrix} 1 & \frac{1}{2} & \frac{1}{3} \\ \frac{1}{2} & \frac{1}{3} & \frac{1}{4} \\ \frac{1}{3} & \frac{1}{4} & \frac{1}{5} \end{bmatrix} \begin{bmatrix} c_0 \\ c_1 \\ c_2 \end{bmatrix} = \begin{bmatrix} e-1 \\ 1 \\ e-2 \end{bmatrix},$$

解得

$$c_0 = 39e - 105, \quad c_1 = 588 - 216e, \quad c_2 = 210e - 570,$$

即 $p_2(x) = 1.01299 + 0.851125x + 0.839184x^2$.

注 我们给出一个拟合效果图（见图 5.31）：

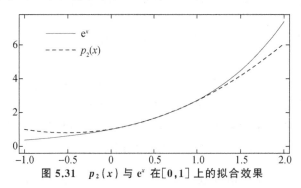

图 5.31 $p_2(x)$ 与 e^x 在 $[0,1]$ 上的拟合效果

由图可知，$[0,1]$ 上的拟合效果相当好，其最大误差大概为 0.0149828，但在 $[0,1]$ 之外区别很大.这是因为最佳平方逼近和内积相关，而连续函数的内积又依赖积分区间.一般而言，最佳平方逼近在**积分区间内的效果较好**，如果超出这个范围，效果则是未知的.

例 19 求 a,b,使得 $\int_0^1 (x^3 - a - bx^2)^2 \,\mathrm{d}x$ 取最小值.

解 该问题即求 $f(x) = x^3$ 在 $[0,1]$ 上形如
$$p(x) = a + bx^2$$
的最佳平方逼近.令 $\varphi_0(x) = 1, \varphi_1(x) = x^2$,则

$$(\varphi_0, \varphi_0) = \int_0^1 1 \mathrm{d}x = 1, \quad (\varphi_0, \varphi_1) = \int_0^1 x^2 \mathrm{d}x = \frac{1}{3},$$

$$(\varphi_1, \varphi_1) = \int_0^1 x^4 \mathrm{d}x = \frac{1}{5}, \quad (f, \varphi_0) = \int_0^1 x^3 \mathrm{d}x = \frac{1}{4},$$

$$(f, \varphi_1) = \int_0^1 x^5 \mathrm{d}x = \frac{1}{6},$$

得正规方程组为

$$\begin{bmatrix} 1 & \dfrac{1}{3} \\ \dfrac{1}{3} & \dfrac{1}{5} \end{bmatrix} \begin{bmatrix} a \\ b \end{bmatrix} = \begin{bmatrix} \dfrac{1}{4} \\ \dfrac{1}{6} \end{bmatrix},$$

解得

$$a = -\frac{1}{16}, \quad b = \frac{15}{16}.$$

注 1 容易计算出来

$$\int_0^1 (x^3 - a - bx^2)^2 \,\mathrm{d}x \geqslant \int_0^1 \left(x^3 + \frac{1}{16} - \frac{15}{16}x^2 \right)^2 \mathrm{d}x = \frac{1}{448}.$$

注 2 也可以先把 a,b 视为参数,直接积分得到关于它们的函数,再利用多元函数求最值的方法解决本问题,但过程无疑复杂很多.

5.6 利用数学软件完成插值与逼近

最后,简单介绍一下如何利用 MATLAB 和 Mathematica 完成插值与逼近.二者都提供了**集成化的工具**,通过简单的调用函数就可以完成这两项操作.对于一些**简单或适度规模**的插值与逼近问题,我们可以直接利用数学软件完成.但是,对于**较大规模**的问题,亲自编写高效的程序代码依旧非常重要.

5.6.1 利用 Mathematica 进行插值

1) 两个多项式插值函数
Mathematica 提供了两个插值函数:

$$\text{InterpolatingPolynomial} \quad \text{和} \quad \text{Interpolation}.$$

- **第一个函数** InterpolatingPolynomial，它的标准调用方式是

```
InterpolatingPolynomial[data,x]
```

其中，data 是插值数据，x 是自变量，返回一个 **Newton 型插值多项式**。例如：

```
data={{1,1},{5,3},{3,5},{4,6}};
InterpolatingPolynomial[data,x]
```

的输出结果为

$$\left(\left(-\frac{1}{12}5(x-3)-\frac{3}{4}\right)(x-5)+\frac{1}{2}\right)(x-1)+1,$$

如果再用 Simplify[%]，得到的结果为

$$3-\frac{55x}{12}+3x^2-\frac{5x^3}{12}.$$

注 1　可以看出，这个函数是用 Newton 型插值计算的。不过，输出结果并不是我们习惯的形式。

注 2　除此之外，这个函数可以直接计算**带导数的插值**。比如：

```
InterpolatingPolynomial[{4,7,2,{8,0},9},x];
poly=Expand[%]
Show[Plot[poly,{x,0,6}],ListPlot[{4,7,2,8,9}],
AspectRatio->1/2,Frame->True,FrameSty->Black]
```

这组命令中，data 只有一个坐标。**程序认为没有提供横坐标，并默认为**

$$1,\ 2,\ 3,\ 4,\ 5.$$

另外，$x=4$ 处函数值为 8，一阶导数值为 0。它的输出：

— 函数为

$$-\frac{728}{3}+\frac{4838x}{9}-\frac{1244x^2}{3}+\frac{10543x^3}{72}-\frac{145x^4}{6}+\frac{109x^5}{72}.$$

— 图形如图 5.32 所示：

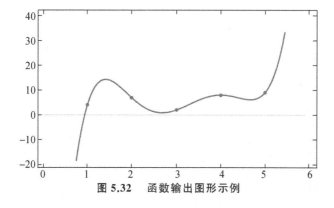

图 5.32　函数输出图形示例

注 3　该指令还刻意进行带符号插值. 比如：

```
InterpolatingPolynomial[{{0,1},{a,0},{b,0},{c,0}},x]
```

的输出结果为

$$1 + x\left(-\frac{1}{a} + (-a + x)\left(\frac{1}{ab} - \frac{-b+x}{abc}\right)\right).$$

注 4　该指令支持高维插值, 例子请直接查阅该函数的帮助文件.

- **第二个函数** Interpolation 的标准调用方式为

```
Interpolation[data,InterpolationOrder->n]
```

其中, data 是插值数据, 可包含导数值；InterpolationOrder 的默认值是 3.

它的输出是一个 (分段插值) 函数. 请运行指令：

```
f=Interpolation[{1,2,3,5,8,5}]
```

查看输出结果.

需要说明的是, 该结果是一个没有指明自变量的函数, 随后可以用 $f[t]$, $f[x]$, $f[u]$ 等表示.

这个命令还可以选择 Method, 再选择 Hermite 或者样条插值, 即

```
Method->"Hermite"   或   Method->"Spline"
```

例如：

```
data={1,2,3,5,8,5};
f=Interpolation[data,Method->"Spline"];
g=Interpolation[data,Method->"Hermite"];
p1=Plot[f[x],{x,1,6},Frame->True,
AspectRatio->1/2];
p2=Plot[g[x],{x,1,6},Frame->True,
AspectRatio->1/2];
p3=ListPlot[data,AspectRatio->1/2,Frame->True];
Show[p1,p3]   (*Show[p2,p3]*)
```

运行代码后, 得到的图形如图 5.33 所示：

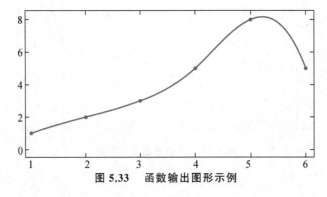

图 5.33　函数输出图形示例

我们还可以更改上面代码中 Show 的参数并进行对比. 事实上, f, g 之差的图形如图 5.34 所示:

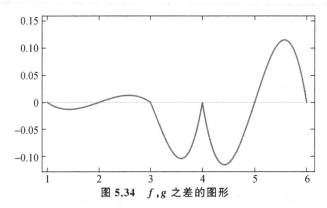

图 5.34 f, g 之差的图形

可见不同方法的插值差别还是明显的.

该函数还支持周期插值. 例如:

```
f=Interpolation[{1,5,7,2,3,1},
PeriodicInterpolation->True];
list={1,5,7,2,3,1};
g[k_]:=If[Mod[k,5]==0,list[[5]],list[[Mod[k,5]]]];
p1=Plot[f[x],{x,1,20},
AspectRatio->1/2,Frame->True,FrameSty->Black];
p2=DiscretePlot[g[k],{k,1,20},PlotSty->Red,
PlotMarkers->{Automatic,8},Filling->None];
Show[p1,p2]
```

该程序的运行结果如图 5.35 所示:

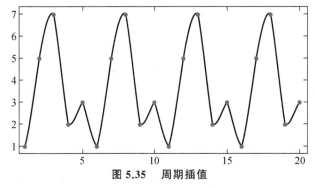

图 5.35   周期插值

如果把周期的选项去掉(默认非周期插值),得到的图形如图 5.36 所示:

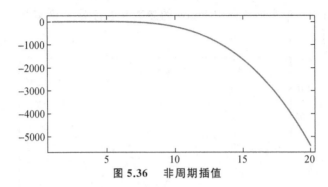

图 5.36 非周期插值

该命令还有其它的一些参数以及特殊使用方法,具体参考帮助文件.

2) 利用 Mathematica 研究 Runge 现象

为加深对插值函数的理解,下面给出数值验证 Runge 现象的 Mathematica 程序代码:

```
f[x_]=1/(1+25x^2);
(*equal nodes* )
n=10;xi=Table[-1+2*i/n,{i,0,n}]//N;
ps=Transpose[{xi,f[xi]}];
L[x_]=InterpolatingPolynomial[ps,x];
p1=Plot[{L[x],f[x]},{x,-1,1},
PlotRange->All,PlotSty->{Blue,{Green,Dashed}},
PlotLabels->Placed[{"L(x)","f(x)"},Above],
PlotLegends->Placed["(最大误差)"
NMaximize[{Abs[L[x]-f[x]],-1<=x<=1},x][[1]],
{0.73,0.75}],(*最大误差显示的位置 *)
Frame->True,AspectRatio->1/2,FrameSty->Black];
p2=ListPlot[ps,PlotSty->{Red}];
Show[p1,p2,Axes->{True,False}]
```

这是均匀节点上的插值实验程序,调用指令 InterpolatingPolynomial.同时,在显示图像时设置了坐标轴的显示选项,可按照个人喜好自行调整.

如果数据部分改为

```
n=10;xi=RandomReal[{-1,1},n];
PrependTo[xi,-1];AppendTo[xi,1];
```

就得到了**随机节点**上的插值实验程序.而如果把数据部分改为

```
n=10;sol=Solve[ChebyshevT[n+1,x]==0,x]//N;
xi=x/.sol;
```

就得到了**Chebyshev 点**上的多项式插值实验程序.

以上两种情况的代码,请读者自行修改.

要得到分段插值的数值验证结果,则需要运行下面的代码:

```
f[x_]=1/(1+25x^2);
(* 一阶插值 *)
n=50;xi=Table[i/n,{i,-n,n}]//N;
ps=Transpose[{xi,f[xi]}];
interp=Interpolation[ps,InterpolationOrder->1];
p1=Plot[{interp[x],f[x]},{x,-1,1},PlotRange->All,
PlotSty->{Blue,{Green,Dashed}},
PlotLegends->Placed["(最大误差)"
NMaximize[{Abs[interp[x]-f[x]],-1<=x<=1},x][[1]],
{0.5,1}],(*最大误差显示的位置 *)
Frame->True,AspectRatio->1/2,FrameSty->Black];
p2=ListPlot[ps,PlotStyle->{Red}];
Show[p1,p2,Axes->{True,True}]
```

如果把 InterpolationOrder 改为 2,就得到了分段三次插值(相关理论前面并没有专门介绍).但是,它的效果不如直接改为

```
Method->"Hermite"
```

这是**分段 Hermite 插值**,请自定对比.同样可设定**三次样条插值**

```
Method->"Spline"
```

请自行修改程序,并运行之.

5.6.2 利用 Mathematica 进行拟合

Mathematica 提供了**线性拟合函数** Fit 以及**非线性拟合函数** FindFit.

- Fit 的标准调用方式为

    Fit[data,{基函数},变量]

- FindFit 的标准调用方式为

    FindFit[data,拟合函数,拟合函数中的参数,变量]

数值验证:求下列数据

x	1.00	1.25	1.50	1.75	2.00
y	5.10	5.79	6.53	7.45	8.46

形如 $y = a\,e^{bx}$ 的拟合.

首先画出数据点的图形,代码如下:

```
x=Range[1,2,0.25];y={5.1,5.79,6.53,7.45,8.46};
data=Transpose[{x,y}];(*注意这个处理方式 *)
ListPlot[data,Joined->True,Mesh->All,
AspectRatio->1/2,Frame->True,FrameSty->Black]
```

得到的图形如图 5.37 所示:

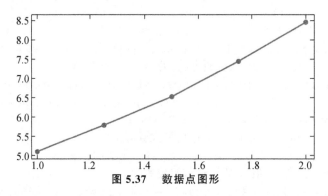

图 5.37   数据点图形

接下来要先对数据进行处理,再用最小二乘法.处理数据的代码如下:

```
ybar=Log[y];datanew=Transpose[{x,ybar}];
```

进而得到如图 5.38 所示新的数据图形:

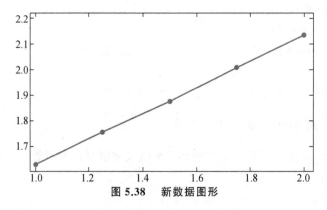

图 5.38   新数据图形

对比两个图形可以发现,处理过的图形更接近于直线.

运行代码:

```
p1[t_]=Exp[Fit[datanew,{1,t},t]]
err1=Norm[p1[x]-y]
```

得到拟合表达式以及误差为

$$3.07249e^{0.50572t}, \quad 0.034727.$$

如果直接使用非线性拟合函数,代码为

```
p2=FindFit[data,a*Exp[b*t],{a,b},t]
f2[t_]=a*Exp[b*t]/.p2
y2=f2[x];Norm[y2-y]
```

得到的拟合表达式和误差为

$$3.06658e^{0.506955t}, \quad 0.0341225.$$

注　上面的程序代码展示了这两个函数的使用方式.细心的读者可能会注意到,最终的拟合结果并不一样,并且 FindFit 得到的**误差范数更小**.这与最小二乘法解的存在且唯一性**矛盾吗**? 请读者仔细思考该问题.

5.6.3　利用 MATLAB 进行插值

1) 一维(1-D) 插值

MATLAB 提供的基本插值函数是 interp1,用于一维(1-D) 情形的插值.这个函数的调用格式为

```
yi=interp1(x,y,xi,'method')
```

- x(向量) 是插值节点.
- y 是各 x 点处的函数值,与 x 一起构成插值数据.
- xi 是要计算的数据点,yi 为分段插值多项式在 xi 处的取值.
- 它们可以是单点,也可以是向量.总之,interp1 的返回值是离散数据.
- 'method' 表示插值采用的方法,包括但不限于:
  —— 'nearest',最临近的插值,通过后面的程序可以直观理解;
  —— 'linear',线性插值(默认);
  —— 'spline',三次样条插值;
  —— 'cubic','pchip',分段三次 Hermite 插值多项式.

调用时,要求 x 的分量各不相同,y 与 x 要能对应起来.

为明确函数的用法,研究如下代码:

```
x=0:pi/4:2*pi;
v=sin(x);
xq=0:pi/16:2*pi;
figure
vq1=interp1(x,v,xq);
plot(x,v,'o',xq,vq1,':.');
xlim([0  2*pi]);
```

这里采用分段线性插值,请运行程序,并观察输出图形.再修改代码为

```
vq1=interp1(x,v,xq,'spline');
```

查看样条插值的结果,选用 'pchip' 查看 Hermite 插值的结果.

2) 三次样条插值

前面介绍三次插值样条时指出,它需要额外的边界条件.常见边界条件包括端点处 1 阶导数给定、端点处 2 阶导数给定以及周期边界条件.

- interp1 或者 spline 函数能实现样条插值,但均采用**默认的边界条件**,不能单独指定.
- 如果想要指定边界条件,需要使用函数 csape,其**标准调用格式**为

```
pp=csape(x,y,conds,valconds)
```
— x,y 是插值数据,conds 是边界类型,valconds 是具体的边界数据;

— pp 是一个**结构体(struct)**,包含各个节点间三次多项式的系数等内容.

为正确使用函数 csape,下面介绍一下 MATLAB 中对**边界条件的表述**.

- 固定边界条件,表述为 'complete',指的是
$$S'(x_0)=y_0', \quad S'(x_n)=y_n'.$$
- 自由边界条件,表述为 'second',指的是
$$S''(x_0)=y_0'', \quad S''(x_n)=y_n''.$$
- 自由边界条件的特例,也是自由边界条件的默认值,表述为 'variational',指的是
$$S''(x_0)=0, \quad S''(x_n)=0.$$
- 周期边界条件,表述为 'periodic',含义同前,无需具体的数值.
- 非扭结边界条件,表述为 'not-a-knot',指的是
$$S''(x_0)=S''(x_1), \quad S''(x_n)=S''(x_{n-1}).$$

并且在不指定边界条件时,它就是 MATLAB 默认的边界条件.

例 20 给定插值数据:

x	1	2	4	5
y	1	3	4	2

利用 MATLAB 计算 $[1,5]$ 上的自然三次样条插值 $S(x)$,并求 $S(3),S(4.5)$.

解 题目给定的是自然边界条件,利用 csape 完成求解,代码如下:

```
clear;clc;
x=[1 2 4 5];y=[1 3 4 2];
s=csape(x,y,'variational');
coefs=s.coefs
value=fnval(s,[3,4.5])
```

请直接运行程序代码获取具体结果.

注 输出中的 coefs 是一个矩阵,它的每一行存储一个小区间上的 3 次多项式的系数,并且系数按照**降幂**排列.根据输出系数矩阵,可知它在区间 $[1,2]$,$[4,5]$ 上的表达式为

$$S(x)=\begin{cases} -0.125(x-1)^3+2.125(x-1)+1, & x\in[1,2], \\ 0.375(x-4)^3-1.125(x-4)^2-1.25(x-4)+4, & x\in[4,5]. \end{cases}$$

例 21 已知函数

$$f(x)=\frac{1}{1+25x^2},$$

将 $[0,1]$ 作 4 等分,利用 MATLAB 求 $f(x)$ 的三次样条插值函数,使得

$$S'(0)=0, \quad S'(1)=-0.74.$$

解 题目给定的是固定边界条件,利用 csape 完成求解,代码如下:

```
clear;clc;
x=0:0.25:1;y=1./(1+25*x.^2);
s=csape(x,y,'complete',[0,-0.74])
fnplt(s,'r')
s.coefs
```

请直接运行程序代码获取具体结果.

5.6.4 利用 MATLAB 进行拟合

MATLAB 的拟合有如下几种方式:

- 直接调用函数 fit;
- 使用曲线拟合工具箱(Curve Fitting Toolbox,简称 cftool);
- 左除运算符 \ 能直接得到超定方程组的最小二乘解.

1) 左除运算符

比如说,前面的例 17 用 MATLAB 计算时,只需要运行代码:

```
A=[3,4;-4,8;6,3];
b=[5  1  3]';
x=A\b
```

2) fit 函数

fit 函数可以线性拟合也可以非线性拟合,它的标准调用方式为

```
fitobject=fit(x,y,fitType)
```

其中,fitType 有很多选项,具体可以在文档

"List of Library Models for Curve and Surface Fitting"

中查找.这里仅举一个例子:

```
a=1;b=2;x=-1:0.1:2;y=a*exp(b*x);
yy=y+(rand(size(x))-0.5)*3;
plot(x,y,'r',x,yy,'*')
fit(x',yy','exp1')
```

需要说明的是,由于**数据必须是列向量**,因此调用函数时用了 x′,yy′.

3) cftool 工具箱

cftool 是一个非常强大的工具箱,它的**基本操作流程**如下:

- **准备好拟合数据**;
- **选择拟合类型**;
- **进行数据拟合**.

另外,该工具箱还可以进行后续的处理及分析;它的拟合类型可以内置,也可

以自行定义.由于细节繁多,请读者自行探索.特别要提醒的是,在 MATLAB 的命令框中输入 cftool,即可调出此工具箱.

5.7 习题

1. 已知函数 $f(x) = e^x, 0 \leqslant x \leqslant 2$.

(1) 取节点为 $x_0 = 0, x_1 = 0.5$,采用线性插值计算 $f(0.25)$;

(2) 取节点为 $x_0 = 0, x_1 = 1, x_2 = 2$,采用 2 次插值计算 $f(0.25)$.

已知 $e^{0.25} \approx 1.28402541668774$,上面哪种方法的近似效果好?为什么?

2. 设函数 $y = \cos x, x \in [0, 1.2]$,考虑如下问题:

(1) 以 $0, 0.6, 1.2$ 为节点,构造插值多项式 $p_2(x)$ 并估算误差限;

(2) 以 $0, 0.4, 0.8, 1.2$ 为节点,构造插值多项式 $p_3(x)$ 并估算误差限.

3. 已知数据如下:

x	3	1	5	6	4
y	1	-3	2	4	3

请给出相应的 Newton 型插值多项式.

4. 证明方程 $x - 9^{-x} = 0$ 在 $[0, 1]$ 内有唯一的根.给出该方程左端函数在

$$0, \quad 0.5, \quad 1$$

上的插值多项式 $p_2(x)$,并以此计算方程根的近似值.

5. (Muller 法) 一个求解 $f(x) = 0$ 的迭代算法如下:设 $q_2(x)$ 是以

$$x_{n-2}, \quad x_{n-1}, \quad x_n$$

为节点的插值多项式,取 x_{n+1} 为 $q_2(x)$ 最靠近 x_n 的根.请推导具体公式.

6. 已知函数表如下:

x	0	0.2	0.4	0.6	0.8
$f(x)$	0.1995	0.3965	0.5881	0.7721	0.9461

试求方程 $f(x) = 0.4500$ 的根的近似值.

7. 确定次数不超过 4 的多项式 $p(x)$,使其满足

$$p(0) = p'(0) = 0, \quad p(1) = p'(1) = 1, \quad p(2) = 2.$$

8. 确定次数不超过 3 的多项式 $p(x)$,使其满足

$$p(0) = 1, \quad p(1) = 2, \quad p''(0) = 3, \quad p''(1) = 5.$$

9. 对函数 $f(x) = \cos x$ 进行等距节点上的分段线性插值,要使得误差不超过 0.5×10^{-7},则步长应当选为多大?

10. 确定 a,b,c,d, 使得 $S(x)$ 是定义在 $[0,2]$ 上的自然三次样条, 其中

$$S(x)=\begin{cases}1+2x-x^3, & x\in[0,1),\\ a+b(x-1)+c(x-1)^2+d(x-1)^3, & x\in[1,2].\end{cases}$$

11. 对于给定的插值条件:

x	0	1	2	3
y	0	1	1	0

试求满足 $S''(0)=1,S''(3)=2$ 的三次样条插值函数.

12. 求函数 $y=\cos x$ 在 $\left[0,\dfrac{\pi}{2}\right]$ 上的 1 次最佳一致逼近多项式.

13. 求 a,b, 使得 $\displaystyle\int_{-1}^{1}(\,|\,x\,|-a-bx^2)^2\,\mathrm{d}x$ 取最小值.

14. 证明:对于任意的一次多项式 $q(x)$, 必有

$$\int_{-1}^{1}(x^3-q(x))^2\,\mathrm{d}x\geqslant\frac{8}{175}.$$

15. 已知如下数据:

x_i	19	25	31	38	45
y_i	19.0	32.3	49.0	73.3	98.2

用最小二乘法求形如 $y=a+bx^2$ 的经验公式.

16. 给定数据表如下:

x	1	2	3	4
y	1.2	1.5	2	3

用最小二乘法求形如 $y=\ln(ax^2+b)$ 的经验公式.

17. 求下面超定方程组的最小二乘解:

$$\begin{bmatrix}1 & 0 & 0\\ 1 & 1 & 1\\ 1 & 2 & 4\\ 1 & 3 & 9\end{bmatrix}\begin{bmatrix}x\\ y\\ z\end{bmatrix}=\begin{bmatrix}3\\ 2\\ 4\\ 4\end{bmatrix}.$$

18. (上机题 1) 已知函数

$$f(x)=\frac{1}{1+x^2},\quad g(x)=\mathrm{e}^{-x^2}$$

具有相似的图像, 如果对它们进行不同数目的等距节点上的多项式插值, 过程也类似吗? 选取多个插值区间, 请给出数值结果, 并进行适当的理论分析.

19.（上机题 2）设平面上曲线 C 的方程为 $x=x(t),y=y(t),t\in[a,b]$.先将区间 $[a,b]$ 离散得到函数 $x(t),y(t)$ 的插值数据,然后分别用三次样条函数

$$S_x(t),\quad S_y(t)$$

将其近似表示,利用它们就可以近似地绘制曲线.设 C 分别为心脏线、摆线以及星形线,给出程序并完成曲线的近似绘制.

20.（上机题 3）一种商品的需求量和其价格有一定关系.对一定时期内的商品价格 x 与需求量 y 进行观察,取得如下的样本数据:

x	2	3	4	5	6	7	8	9	10	11
y	58	50	44	38	34	30	29	26	25	24

（1）对上述数据,分别求出其 $2,3,4$ 次最佳平方逼近多项式;画出图形,并比较拟合误差

$$Q=\sum_{k=1}^{n}(q(x_k)-y_k)^2.$$

（2）假设拟合函数分别为

$$a+\frac{b}{x},\quad a+b\ln x,\quad a\,\mathrm{e}^{bx},\quad \frac{1}{a+bx},$$

分别求出 a,b 的值;画出图形,计算误差并比较优劣.

21.（上机题 4）设平面上一个圆的方程为

$$(x-x_c)^2+(y-y_c)^2=r^2,$$

其中 (x_c,y_c) 是圆心坐标,r 是半径（确定一个圆,需要确定这三个量）,展开得

$$-2x_cx-2y_cy+x_c^2+y_c^2-r^2=-(x^2+y^2),$$

如果令 $a=-2x_c,b=-2y_c,c=x_c^2+y_c^2-r^2$,则得到

$$ax+by+c=-(x^2+y^2).$$

（1）给定某组数据,比如设 $x_c=1,y_c=10,r=3$,写出圆的参数方程,然后**把圆离散化**（等分不等分均可）,并加入适当扰动,得到一组数据点:

$$(x_i,y_i,-x_i^2-y_i^2);$$

（2）利用这组数据拟合出 a,b,c 的值,并求出对应的 x_c,y_c,r;

（3）编写程序完成上述问题,并绘图展示结果.

6 数值积分与数值微分

在实际应用中,大量的积分是无法解析求解的,只能进行数值计算.尤其是在解微分方程时,数值积分是一个非常重要的推导、分析、计算手段.本章简单介绍如何用数值方法求一元定积分,内容包括经典的 Newton-Cotes 公式、复化梯形公式、复化 Simpson 公式、Romberg 求积公式以及各种 Gauss 型求积公式等.在本章的最后,将给出数值微分的简单介绍.

6.1 积分与数值积分

6.1.1 定积分简介

定积分是高等数学中最重要的概念之一,它可以用来计算不规则区域的面积和体积等.定积分的严格定义由 Riemann 给出,具体内容如下:

定义 6.1(定积分) 给定有界函数 $f(x)$ 以及区间 $[a,b]$,任取一组分点
$$a = x_0 < x_1 < x_2 < \cdots < x_{n-1} < x_n = b,$$
把区间 $[a,b]$ 分成 n 个小区间 $[x_i, x_{i+1}]$,$i = 0 : n-1$,再任取 $\xi_i \in [x_i, x_{i+1}]$,令
$$R_n = \sum_{i=0}^{n-1} f(\xi_i)\Delta x_i, \quad \Delta x_i = x_{i+1} - x_i,$$
设 $\lambda = \max_{0 \leqslant i \leqslant n-1} \{\Delta x_i\}$,如果不论 $[a,b]$ 怎么分,不论 ξ_i 如何选取,只要 $\lambda \to 0$,和式的极限都存在,则把它称为函数 $f(x)$ 在 $[a,b]$ 上的定积分,记为
$$I = \int_a^b f(x)\mathrm{d}x = \lim_{\lambda \to 0} \sum_{i=0}^{n-1} f(\xi_i)\Delta x_i.$$
和式 $R_n = \sum_{i=0}^{n-1} f(\xi_i)\Delta x_i$ 称为 **Riemann 和**.

通常来说,函数 $f(x)$ 只要满足连续、分段连续、单调这三者之一,定积分总存在.为方便起见,随后都假设函数连续或者分段连续.

1) Riemann 和能否近似计算定积分

高等数学课程在讲完定积分的概念后,通常都会举例说明:可以通过构造特殊的 Riemann 和,再取极限求某些特殊的定积分.当然了,这种方法后来被一系列的解析方法代替了.那么,我们的问题是

Riemann 和能用来近似计算定积分吗?

这个问题的**答案是否定的**.原则上说,只要 n 充分大,R_n 与 I 是可以充分接近

的.但通常来说,该方法是不具有实际操作价值的.这是因为:

- 为了得到较好的近似效果,ξ_i 和 x_i 通常都要**有针对性地进行选取**.但没有方法能明确告诉我们,应该如何选点才能有好的效果.

- n 通常都会比较大,这意味着需要多次计算被积函数 $f(x)$ 的函数值,而数值计算的目的就在于如何用较低的成本得到较高精度的结果.**对积分来说,计算成本就是用被积函数 $f(x)$ 的函数值的计算次数来衡量的.**

综上所述,**Riemann 和不适合直接用来近似计算定积分.**

2) 牛顿–莱布尼茨公式等解析方法的局限性

牛顿–莱布尼茨公式

$$I(f) = \int_a^b f(x)\,\mathrm{d}x = F(b) - F(a) \quad (\text{其中 } F'(x) = f(x))$$

是微积分中最重要的公式.但实际应用中,它有很大的局限性.

- **一些函数找不到用初等函数表示的原函数.**比如:

$$\mathrm{e}^{-x^2}, \quad \frac{\sin x}{x}, \quad \frac{1}{\ln x}, \quad \frac{1}{\sqrt{1+x^4}}, \quad \cdots.$$

- 原函数可用初等函数表示,但过于复杂不便于计算.比如:

$$\int \sqrt{a + bx + cx^2}\,\mathrm{d}x = \frac{2cx + b}{4c}\sqrt{a + bx + cx^2}$$
$$-\frac{b^2 - 4ac}{8c^{3/2}}\ln|2cx + b + 2\sqrt{c}\sqrt{a + bx + cx^2}| + C,$$

其中 $c > 0$.

- $f(x)$ 还可能是一个表函数,**根本不知道具体的表达式.**

这些情况下使用牛顿–莱布尼茨公式计算积分都是不合适的,同时也意味着,随后的换元法、分部积分方法都有局限性.

6.1.2 数值积分

实际应用中,积分是无处不在的,并且早就超越了最初的几何学或者力学、物理学等领域.经常使用积分的领域包括但不限于:

- **概率统计**中许多基本概念,如概率分布、期望、方差等都是通过积分定义的;

- **应用数学或者数学物理领域**中许多**特殊函数**也都是通过积分表示的,如Gamma 函数、Beta 函数、Bessel 函数等;

- 求解**微分方程**(常微分或者偏微分)时,经常会用到一些重要的**积分变换**,如 Laplace 变换、Fourier 变换、Hankel 变换等;

- **积分方程**以及变分法;

- 一些重要的物理方程也都有相应的积分表示,如 Maxwell 方程等.

总之,在应用中我们要处理大量和积分相关的问题.如果无法得到相应积分的解析解,必然采用数值求积分的方法.

定积分

$$I(f) = \int_a^b f(x)\mathrm{d}x$$

的数值计算方法,通常被称为**数值求积(Numerical Quadrature)**.

在各种实际应用中,无论是直接使用积分还是把积分作为一个中间部分,我们都需要快速而高效的数值求积方案.

1) 积分问题的条件性

在讨论数值求积分之前,我们需要简单分析一下积分问题的条件性.

我们讨论的是 Riemann 积分,特别是当被积函数连续或者分段连续时,$I(f)$ 一定**存在且唯一**,下面只需研究积分问题对数据的连续依赖性.

对定积分问题来说,它的**输入**是 $a,b,f(x)$,**输出**则是 $I(f)$ 这个定积分.

假设 $\hat{f}(x)$ 是被积函数 $f(x)$ 的一个扰动,则

$$|I(f) - I(\hat{f})| = \left| \int_a^b f(x)\mathrm{d}x - \int_a^b \hat{f}(x)\mathrm{d}x \right|$$

$$\leqslant \int_a^b |f(x) - \hat{f}(x)| \mathrm{d}x \leqslant (b-a)\|f - \hat{f}\|_\infty.$$

由此可见,对积分问题来说,当被积函数具有扰动时,它的**绝对条件数**是

$$b - a.$$

因此,一般情况下积分的条件性都令人满意.有兴趣的读者可尝试分析一下相对条件数,但多数情况下我们都使用前者.**事实上,积分就是一个平均或者光滑的过程.**

如果考察 $\hat{b}$ 是 b 的一个扰动(a 的扰动类似分析),且不妨设 $\hat{b} \geqslant b$,则

$$\left| \int_a^b f(x)\mathrm{d}x - \int_a^{\hat{b}} f(x)\mathrm{d}x \right| \leqslant \left| \int_{\hat{b}}^b f(x)\mathrm{d}x \right| \leqslant |b - \hat{b}| \max_{x \in [b,\hat{b}]} |f(x)|.$$

由此可见,积分限扰动时,积分问题的绝对条件数

$$\max_{x \in [b,\hat{b}]} |f(x)|$$

的大小一般也是适中的.除非被积函数具有奇异点,而扰动又靠近奇异点.

2) 数值求积分的思路 1

一个非常自然的数值求积分思路:若 $\hat{f}(x) \approx f(x)$,是否成立

$$\int_a^b \hat{f}(x)\mathrm{d}x \approx \int_a^b f(x)\mathrm{d}x ?$$

如果这样是可以的,我们就要求:

- $\hat{f}(x)$ **本身形式相对简单**,其积分容易计算;
- $\hat{f}(x)$ 是对 $f(x)$ 的一个**较好逼近**.

按照上一章的内容,多项式或者分段多项式是可以考虑的对象.事实上,当 $f(x)$ 给定时,选取它在 $[a,b]$ 上的若干数据,使得

$$p_n(x):p_n(x_i)=f(x_i),$$

然后

$$\int_a^b p_n(x)\mathrm{d}x \approx \int_a^b f(x)\mathrm{d}x$$

就是一个常用的数值求积分思路.还有人总结给出了如下流程:

$$x_i \rightarrow f(x_i) \rightarrow p_n(x) \rightarrow \int_a^b p_n(x)\mathrm{d}x.$$

通常来说,我们不这么做.理由如下:

- 理由 1:对不同的 $f(x)$,**通常需要重新计算一遍**;
- 理由 2:**每次都要计算插值多项式,工作量较大**;
- 理由 3:计算 $\int_a^b p_n(x)\mathrm{d}x$ **的工作量也较大**.

那么一个问题就是,**如何更有效的利用插值多项式进行数值求积?**

事实上,只要注意到

$$p_n(x)=y_0 l_0(x)+\cdots+y_n l_n(x),$$

则

$$\int_a^b p_n(x)\mathrm{d}x=\sum_{k=0}^n y_k \int_a^b l_k(x)\mathrm{d}x=\sum_{k=0}^n A_k y_k,\quad 其中 A_k=\int_a^b l_k(x)\mathrm{d}x,$$

这里 A_k **只依赖于节点,不依赖于被积函数**,一旦被计算出来,乘以相应函数值再求和即可得数值积分.尽管计算所有 A_k 需要一定的工作量,但它们仅和区间有关,具有一定的可重复利用性,因此有可能比前面的流程好很多.

3) 数值求积分的思路 2

对 Riemann 和 R_n 做一点分析:

$$R_n=\sum_{i=0}^{n-1} f(\xi_i)\Delta x_i=(b-a)\sum_{i=0}^{n-1} f(\xi_i)\frac{\Delta x_i}{b-a}$$

$$=(b-a)\sum_{i=0}^{n-1} w_i f(x_i),\quad 其中 w_i=\frac{\Delta x_i}{b-a},\sum_{i=0}^{n-1} w_i=1,$$

即 R_n 可以视为 $b-a$ 与函数值的某个加权平均值之积.

基于此,我们可以假设有一种数值积分格式(**待定系数法**)为

$$I_n(f)=\sum_{k=0}^n B_k f(x_k) \approx \int_a^b f(x)\mathrm{d}x.$$

当我们猜测了某种求积格式时,应该对格式有一些**最低的要求**.我们至少可以期望上述格式能够对

$$1,\quad x,\quad x^2,\quad \cdots,\quad x^n$$

精确成立.即

$$\sum_{k=0}^{n} B_k x_k^i = \int_a^b x^i \mathrm{d}x , \quad i = 0, 1, \cdots, n.$$

这是一个关于 B_k 的线性系统,它的矩阵是 **Vandermonde 矩阵**.立即可以得到如下的**结论**:只要节点互不相同,这个系统一定有唯一解.换句话说,对 $x^i(i=0:n)$ 精确成立的**数值求积格式一定存在且唯一**.

事实上,如果被积函数 $f(x)$ 是次数不超过 n 的多项式,则 $p_n(x) \equiv f(x)$.这意味着,按照思路 1 算出来的

$$\sum_{k=0}^{n} A_k f(x_k) \approx I(f)$$

也对 $x^i(i=0:n)$ 精确成立.因此,必然有

$$A_k = B_k .$$

也就是说,**这两种思路是等价的**.事实上,它们**各有优缺点**.使用时,恰当的选取将有助于我们对后面介绍的数值求积公式的理解.

6.2 插值型求积公式

给定节点组 $a \leqslant x_0 < x_1 < \cdots < x_n \leqslant b$,则函数 $f(x)$ 在其上的 Lagrange 插值函数可以表示为

$$L_n(x) = \sum_{k=0}^{n} f(x_k) l_k(x) = \sum_{k=0}^{n} f(x_k) \prod_{\substack{j=0 \\ j \neq k}}^{n} \frac{x - x_j}{x_k - x_j} ,$$

那么

$$I(f) = \int_a^b f(x) \mathrm{d}x \approx \int_a^b L_n(x) \mathrm{d}x = \sum_{k=0}^{n} f(x_k) \int_a^b l_k(x) \mathrm{d}x = I_n(f) ,$$

其中 $I_n(f) = \sum_{k=0}^{n} f(x_k) \int_a^b l_k(x) \mathrm{d}x$ 称为**插值型求积公式**,而 $A_k = \int_a^b l_k(x) \mathrm{d}x$ 称为 $I_n(f)$ 的**权系数**.

利用插值多项式的误差余项公式:

$$R_n(x) = f(x) - p_n(x) = \frac{f^{(n+1)}(\xi)}{(n+1)!} W_{n+1}(x) ,$$

可以得到

$$I(f) - I_n(f) = \int_a^b (f - p_n) \mathrm{d}x = \int_a^b \frac{f^{(n+1)}(\xi(x))}{(n+1)!} \prod_{k=0}^{n} (x - x_k) \mathrm{d}x ,$$

这就是插值型求积公式的误差公式.

注 $\xi(x)$ 同 x 有关,**不能直接放到积分号的外面**.另外,由于

$$\prod_{k=0}^{n} (x - x_k)$$

在 $[a, b]$ 上一般不具备保号性,无法使用积分中值定理.

6.2.1 等距节点上的插值型求积公式

插值型求积公式具有一定的优势,它不依赖于被积函数,但依赖于积分区间和**具体的节点组**.

如果考察等距节点上的插值型求积公式,会发现它有更多的优势.所谓**等距节点**,即

$$x_k = a + kh, \quad k = 0{:}n, \quad h = \frac{b-a}{n},$$

在此情况下,**插值型求积分公式会变得非常简单**.

具体讨论如下:

- 将 $[a, b]$ 作 n 等分,步长为 $h = \dfrac{b-a}{n}$,节点为 $x_k = a + kh$,$k = 0{:}n$.

- 如果令 $x = a + th$,$t \in [0, n]$,注意到 $x_k = a + kh$,$x_j = a + jh$,则

$$A_k = \int_a^b l_k(x)\mathrm{d}x = \int_a^b \prod_{\substack{j=0 \\ j \neq k}}^n \frac{x - x_j}{x_k - x_j}\mathrm{d}x = h \int_0^n \prod_{\substack{j=0 \\ j \neq k}}^n \frac{t-j}{k-j}\mathrm{d}t$$

$$= \frac{(-1)^{n-k}h}{k!(n-k)!} \int_0^n \prod_{\substack{j=0 \\ j \neq k}}^n (t-j)\mathrm{d}t$$

$$= (b-a)\frac{(-1)^{n-k}}{n \cdot k!(n-k)!} \int_0^n \prod_{\substack{j=0 \\ j \neq k}}^n (t-j)\mathrm{d}t, \quad k = 0{:}n.$$

- 记

$$C_{n,k} = \frac{(-1)^{n-k}}{n \cdot k!(n-k)!} \int_0^n \prod_{\substack{j=0 \\ j \neq k}}^n (t-j)\mathrm{d}t, \quad k = 0{:}n.$$

- 则得到所谓的 **Newton-Cotes 公式**:

$$I_n(f) = (b-a)\sum_{k=0}^n C_{n,k}f(x_k).$$

- 权系数 $C_{n,k}$ 只依赖与 k 和 n.针对不同的 n, k,它**可以事先算好**.
- 通过简单的积分变换可以证明 $C_{n,k} = C_{n,n-k}$(请完成证明).

在 Newton-Cotes 公式中,最关键的系数 $C_{n,k}$

同被积函数 $f(x)$ 无关,**同积分区间 $[a, b]$ 以及插值节点无关**,

它仅仅由 n, k 决定.因此,这是一种高效的数值求积分方案.

6.2.2 常用求积公式

接下来讨论一些常用的数值求积公式,包括但不限于 Newton-Cotes 公式.

1) 单点型求积公式

如果用**一个点进行插值**,就会得到单点求积公式.它一般包含:

- **左矩形公式**:$\int_a^b f(x)\,dx \approx f(a)(b-a)$;

- **右矩形公式**:$\int_a^b f(x)\,dx \approx f(b)(b-a)$;

- **中点公式**:$\int_a^b f(x)\,dx \approx (b-a)f\left(\dfrac{a+b}{2}\right) = M(f)$.

这三个公式非常简单,几何意义也非常直观,它们的推导就不再赘述了.尽管公式十分简单,但它们在微分方程的数值求解中还是非常有用的.

2) 梯形公式

它是数值求积中最重要的公式之一,也是**两点的 Newton-Cotes 公式**.或者说,它采用左右端点进行一次插值,然后用一次函数的积分代替原积分.具体公式是

$$\int_a^b f(x)\,dx \approx \frac{b-a}{2}(f(a)+f(b)) = T(f).$$

该公式利用几何直观推导最为方便(见图 6.1):

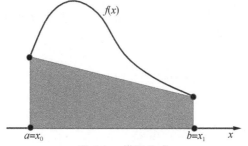

图 6.1　梯形公式

当然,也可以利用 $C_{n,k}$ 的表达式求得

$$C_{1,0} = \frac{1}{2}, \quad C_{1,1} = \frac{1}{2}.$$

3) Simpson 公式

如果采用 3 个等距节点进行多项式插值,就会得到 Simpson 公式.该公式在实际应用中非常重要,具体公式为

$$\int_a^b f(x)\,dx \approx \frac{b-a}{6}\left(f(a) + 4f\left(\frac{a+b}{2}\right) + f(b)\right) = S(f).$$

该公式的推导,首先可以根据它是三点的 Newton-Cotes 公式,直接利用 $C_{n,k}$ 的表达式求得

$$C_{2,0} = \frac{1}{6}, \quad C_{2,1} = \frac{2}{3}, \quad C_{2,2} = \frac{1}{6},$$

进而得到

$$S(f) = \frac{b-a}{6}\left(f(a) + 4f\left(\frac{a+b}{2}\right) + f(b)\right).$$

下面介绍一种直接计算方案.它不采用 Lagrange 或 Newton 插值公式,而是采用特殊的技巧处理.具体过程如下:

• 设函数

$$\hat{f}(x) = A\left(x - \frac{a+b}{2}\right)^2 + B\left(x - \frac{a+b}{2}\right) + C,$$

其中,参数 A,B,C 待定.

• 把函数值代入,可以求得

$$C = f\left(\frac{a+b}{2}\right), \quad A = \frac{2f(a) + 2f(b) - 4C}{h^2}, \quad h = b - a,$$

参数 B 的结果不用求.

• 计算积分得到

$$\int_a^b \hat{f}(x)\mathrm{d}x = \frac{h}{6}(f(a) + f(b) - 2C) + Ch,$$

参数 B 的数值没用到,因为 $x - \dfrac{a+b}{2}$ 在 $[a,b]$ 上的积分为 0.

• 进而

$$\int_a^b f(x)\mathrm{d}x \approx \int_a^b \hat{f}(x)\mathrm{d}x = \frac{h}{6}(f(a) + f(b) + 4C) = S(f).$$

4) Cotes 公式

如果取 $n = 4, h = \dfrac{b-a}{4}$,节点组为

$$x_0 = a, \quad x_1 = \frac{3a+b}{4}, \quad x_2 = \frac{a+b}{2}, \quad x_3 = \frac{a+3b}{4}, \quad x_4 = b,$$

进而计算得到

$$C_{4,0} = \frac{7}{90}, \quad C_{4,1} = \frac{32}{90}, \quad C_{4,2} = \frac{12}{90}, \quad C_{4,3} = \frac{32}{90}, \quad C_{4,4} = \frac{7}{90},$$

可得 5 个等距节点的插值型求积公式 ——**Cotes 公式**为

$$C(f) = \frac{b-a}{90}\left(7f(a) + 32f\left(\frac{3a+b}{4}\right) + 12f\left(\frac{a+b}{2}\right) + 32f\left(\frac{a+3b}{4}\right) + 7f(b)\right).$$

例 1 分别用中点公式、梯形公式、Simpson 公式、Cotes 公式求积分

$$I = \int_0^1 \mathrm{e}^{-x^2}\mathrm{d}x$$

的近似值.已知 $I \approx 0.746824$,试比较你的计算结果.

解 分别计算如下:

$$M(f) = (1-0) \cdot \mathrm{e}^{-0.25} \approx 0.778801,$$

$$T(f) = \frac{1}{2} \cdot (1 + \mathrm{e}^{-1}) \approx 0.683940,$$

$$S(f) = \frac{1}{6} \cdot (1 + 4\mathrm{e}^{-0.25} + \mathrm{e}^{-1}) \approx 0.747180,$$

$$C(f) = \frac{1}{90} \cdot (7 + 32\mathrm{e}^{-\frac{1}{16}} + 12\mathrm{e}^{-\frac{1}{4}} + 32\mathrm{e}^{-\frac{9}{16}} + 7\mathrm{e}^{-1}) \approx 0.746834,$$

误差分别为

$$e_{\mathrm{M}} = -0.031977, \quad e_{\mathrm{T}} = 0.062884,$$

$$e_{\mathrm{S}} = -0.000356, \quad e_{\mathrm{C}} = -0.971 \times 10^{-5}.$$

注 1 Simpson公式的误差达到了 10^{-3} 级别,Cotes公式更是达到了 10^{-5} 级别. 由于仅仅采用了几个点上的函数值,这样的结果是让人满意的.

注 2 中点公式和梯形公式的误差量级是一样的,但中点公式的误差差不多只有梯形公式的一半,后续会介绍其原因.

注 3 事实上,可以绘出如下图形(见图 6.2):

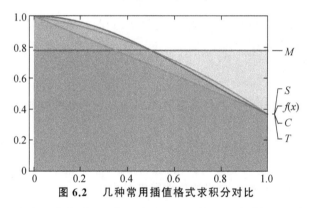

图 6.2 几种常用插值格式求积对比

以上就是几个常见的插值型求积公式,下面将对它们做进一步的分析.

6.2.3 代数精度及误差分析

由前可知,不同公式的计算效果是有差别的.为衡量一个求积公式的精确程度,我们引入**代数精度**的概念,它和求积公式的精确程度之间**有一定的**相关性.先给定数值积分格式:

$$I_n(f) = \sum_{k=0}^{n} A_k f(x_k) \approx I(f) = \int_a^b f(x)\mathrm{d}x.$$

定义 6.2(代数精度) 如果当函数 $f(x)$ 是任意次数不超过 m 的多项式时,求积公式精确成立,而至少对 $f(x)$ 的某一个 $m+1$ 次多项式不精确成立,称求积公式的**代数精度**是 m.

代数精度即是使求积格式全部精确成立的多项式空间 P_n 维数最大时的 n.

根据误差估计:

$$R(f) = \int_a^b \frac{f^{(n+1)}(\xi(x))}{(n+1)!} \prod_{k=0}^n (x - x_k) \mathrm{d}x,$$

一个直接的**推论**是

$n+1$ 个节点的插值型求积公式的代数精度至少是 n.

反之,**可以证明**:如果一个数值求积公式的代数精度至少为 n,则它**一定是插值型的**.这只需要取

$$f(x) = l_i(x) \in P_n \Rightarrow \int_a^b l_i(x) \mathrm{d}x = \sum_{k=0}^n A_k l_i(x_k) = A_i.$$

因此,求积公式

$$I_n(f) = \sum_{k=0}^n A_k f(x_k)$$

至少具有 n 次代数精度 $\Leftrightarrow$ 该求积公式是插值型的,即

$$A_k = \int_a^b l_k(x) \mathrm{d}x, \quad k = 0, 1, \cdots, n.$$

在前面的定义中,多项式是任意的.实际上,判断代数精度时有如下定理:

定理 6.1　求积公式

$$I(f) \approx I_n(f) = \sum_{k=0}^n A_k f(x_k)$$

的**代数精度**是 m 的充分必要条件是它对 $1, x, x^2, \cdots, x^m$ 精确成立,而恰恰对 x^{m+1} 不精确成立.即

$$I(x^k) = I_n(x^k), \quad k = 0, 1, \cdots, m,$$
$$I(x^{m+1}) \neq I_n(x^{m+1}).$$

例 2　请说明 Simpson 公式的代数精度是多少.

解　因为 Simpson 公式

$$S(f) = \frac{b-a}{6}\left(f(a) + 4f\left(\frac{a+b}{2}\right) + f(b)\right)$$

是 3 个等距节点的插值型求积公式,故其代数精度至少是 2.

当 $f(x) = x^3$ 时,

$$I(f) = \int_a^b x^3 \mathrm{d}x = \frac{b^4 - a^4}{4},$$

$$S(f) = \frac{b-a}{6}\left[a^3 + 4\left(\frac{a+b}{2}\right)^3 + b^3\right] = \frac{b^4 - a^4}{4} = I(f).$$

当 $f(x) = x^4$ 时,

$$I(f) = \int_a^b x^4 \mathrm{d}x = \frac{b^5 - a^5}{5},$$

$$S(f) = \frac{b-a}{6}\left[a^4 + 4\left(\frac{a+b}{2}\right)^4 + b^4\right]$$

$$\neq \frac{b^5 - a^5}{5} \quad \left(\text{因为 } b^5 \text{ 的系数为 } \frac{1}{6} \times \left(1 + \frac{4}{2^4}\right) \neq \frac{1}{5}\right).$$

综上, Simpson 公式的代数精度是 3.

注 1　读者可以验证如下结果:

- 中点公式, $n=0$, 代数精度是 1;
- 梯形公式, $n=1$, 代数精度是 1;
- Simpson 公式, $n=2$, 代数精度是 3;
- Cotes 公式, $n=4$, 代数精度是 5.

为什么中点公式和 Simpson 公式的代数精度比 n 大呢? 它们的几何解释分别如图 6.3 和图 6.4 所示:

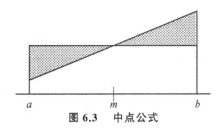

图 6.3　中点公式

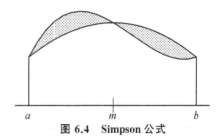

图 6.4　Simpson 公式

在上面的图形中, 它们**少计算的面积和多计算的面积相等**.

注 2　不加证明地给出定理:

定理 6.2　$n+1$ 个节点的 Newton-Cotes 公式的代数精度为

$$\begin{cases} n, & n \text{ 是奇数}; \\ n+1, & n \text{ 是偶数}. \end{cases}$$

接下来, 我们讨论数值求积公式的**截断误差**.

1) 左、右矩形公式的截断误差

根据 Taylor 公式(或者 Lagrange 中值定理), 有

$$f(x) = f(a) + f'(\xi)(x-a),$$

$$\int_a^b f(x)\mathrm{d}x = f(a)(b-a) + \int_a^b f'(\xi)(x-a)\mathrm{d}x$$

$$= f(a)(b-a) + f'(\eta)\int_a^b (x-a)\mathrm{d}x \quad \textbf{(见注)}$$

$$= f(a)(b-a) + \frac{f'(\eta)}{2}(b-a)^2,$$

因此左矩形公式的截断误差为

$$\int_a^b f(x)\mathrm{d}x - f(a)(b-a) = \frac{f'(\eta)}{2}(b-a)^2, \quad \eta \in (a,b).$$

注 在 Lagrange 中值定理或 Taylor 公式中，$\xi = \xi(x)$ 未必是连续函数，因此复合函数 $f'(\xi)$ 也未必是连续的，故不能直接采用积分中值定理.处理如下：

- 设 $f'(x) \in C[a,b]$，则存在 m,M 满足 $m \leqslant f'(x) \leqslant M$，$x \in [a,b]$.
- 利用保号性，得到

$$m\int_a^b (x-a)\,\mathrm{d}x \leqslant \int_a^b f'(\xi)(x-a)\,\mathrm{d}x \leqslant M\int_a^b (x-a)\,\mathrm{d}x,$$

进而

$$m \leqslant \frac{\displaystyle\int_a^b f'(\xi)(x-a)\,\mathrm{d}x}{\displaystyle\int_a^b (x-a)\,\mathrm{d}x} \leqslant M.$$

- 根据 $f'(x)$ 的连续性，存在 $\eta \in [a,b]$，使得 $f'(\eta) = \dfrac{\displaystyle\int_a^b f'(\xi)(x-a)\,\mathrm{d}x}{\displaystyle\int_a^b (x-a)\,\mathrm{d}x}$.

- 事实上，还可以证明存在 $\eta \in (a,b)$，使得 $f'(\eta) = \dfrac{\displaystyle\int_a^b f'(\xi)(x-a)\,\mathrm{d}x}{\displaystyle\int_a^b (x-a)\,\mathrm{d}x}$.

以上证明比较繁琐，由于其形式与积分中值定理一样，后面再有类似的处理，我们**直接说采用了积分中值定理**.

同理，可以求出右矩形公式的截断误差为

$$\int_a^b f(x)\,\mathrm{d}x - f(b)(b-a) = -\frac{f'(\eta)}{2}(b-a)^2, \quad \eta \in (a,b).$$

2) 中点(中矩形)公式的截断误差

根据 Taylor 公式可得

$$f(x) = f\left(\frac{a+b}{2}\right) + f'\left(\frac{a+b}{2}\right)\left(x - \frac{a+b}{2}\right) + \frac{f''(\theta)}{2}\left(x - \frac{a+b}{2}\right)^2,$$

因此，中点公式的截断误差为

$$\begin{aligned}
R_{\mathrm{M}}(f) = I(f) - M(f) &= \int_a^b \frac{f''(\theta)}{2}\left(x - \frac{a+b}{2}\right)^2 \mathrm{d}x \\
&= \frac{f''(\xi)}{2}\int_a^b \left(x - \frac{a+b}{2}\right)^2 \mathrm{d}x \\
&= \frac{(b-a)^3}{24}f''(\xi), \quad \xi \in (a,b).
\end{aligned}$$

中点公式截断误差还有一种证明方法，学习完 Simpson 公式的截断误差后，请仿照其过程给出该截断误差相应的证明.

3) 梯形公式的截断误差

梯形公式的截断误差可以直接用前面的积分误差公式.截断误差为

$$R_{\mathrm{T}}(f) = I(f) - T(f) = \int_a^b \frac{f''(\xi)}{2}(x-a)(x-b)\mathrm{d}x$$

$$= \frac{f''(\eta)}{2}\int_a^b (x-a)(x-b)\mathrm{d}x$$

$$= -\frac{(b-a)^3}{12}f''(\eta), \quad \eta \in (a,b).$$

注　观察发现,中点公式和梯形公式截断误差中 2 阶导数外的部分,中点公式是梯形公式的一半,故当 2 阶导数变化不大时,中点公式的截断误差差不多就是梯形的一半,并且符号相反.因此,有人考虑其**线性组合**

$$\frac{2M + T}{3}$$

可能会有更高的精度.请验证这就是 Simpson 公式.

4) Simpson 公式的截断误差

Simpson 公式的截断误差不可以通过

$$R_{\mathrm{S}}(f) = \int_a^b \frac{f'''(\xi)}{6}(x-a)\left(x - \frac{a+b}{2}\right)(x-b)\mathrm{d}x$$

得到,因为 $(x-a)\left(x - \dfrac{a+b}{2}\right)(x-b)$ 在 $[a,b]$ 上不保号.

注意到,即便我们把高阶导数部分提出去,剩余部分的积分结果也是 0.事实上,由于 Simpson 公式的代数精度为 3,因此它对任何次数不超过 3 的多项式都精确成立.据此,有如下过程:

- 作 $f(x)$ 的 3 次 Hermite 插值多项式 $H(x)$,满足

$$H(a) = f(a), \quad H\left(\frac{a+b}{2}\right) = f\left(\frac{a+b}{2}\right), \quad H(b) = f(b),$$

$$H'\left(\frac{a+b}{2}\right) = f'\left(\frac{a+b}{2}\right),$$

则其余项为

$$f(x) - H(x) = \frac{f^{(4)}(\xi)}{4!}(x-a)\left(x - \frac{a+b}{2}\right)^2(x-b), \quad \xi \in (a,b).$$

- 由于 Simpson 公式的代数精度为 3,即

$$\int_a^b H(x)\mathrm{d}x = S(H),$$

所以有

$$\int_a^b H(x)\mathrm{d}x = S(H) = \frac{b-a}{6}\left(H(a) + 4H\left(\frac{a+b}{2}\right) + H(b)\right)$$

$$= \frac{b-a}{6}\left(f(a) + 4f\left(\frac{a+b}{2}\right) + f(b)\right) = S(f).$$

- 截断误差为

$$R_S(f) = I(f) - S(f) = \int_a^b f(x)\,\mathrm{d}x - \int_a^b H(x)\,\mathrm{d}x$$

$$= \int_a^b (f(x) - H(x))\,\mathrm{d}x$$

$$= \int_a^b \frac{f^{(4)}(\xi)}{4!}(x-a)\left(x - \frac{a+b}{2}\right)^2 (x-b)\,\mathrm{d}x$$

$$= \frac{f^{(4)}(\eta)}{4!}\int_a^b (x-a)\left(x - \frac{a+b}{2}\right)^2 (x-b)\,\mathrm{d}x$$

$$= -\frac{b-a}{180}\left(\frac{b-a}{2}\right)^4 f^{(4)}(\eta), \quad \eta \in (a,b).$$

整个证明的关键点，除了代数精度为 3 之外，还有 Hermite 插值多项式的构造. 这样构造 Hermite 插值多项式的原因在于要使 $W(x)$ **具有保号性.**

5) Cotes 公式的截断误差

不加证明，直接给出 Cotes 公式的截断误差为

$$R_C(f) = -\frac{2(b-a)}{945}\left(\frac{b-a}{4}\right)^6 f^{(6)}(\eta), \quad \eta \in (a,b).$$

从以上公式可以粗略地看出：**截断误差和代数精度之间具有相关性.**

6.2.4　精度与数值稳定性

1) 如何提高精度

根据插值型求积公式的误差公式，很容易得到

$$|I(f) - I_n(f)| \leqslant \int_a^b |f(x) - p_n(x)|\,\mathrm{d}x \leqslant (b-a)\|f - p_n\|_\infty.$$

这意味着，控制了插值多项式的误差即控制了求积公式的误差.

为讨论方便，给出如下一个更方便的估计：

$$\|I(f) - I_n(f)\| \leqslant \frac{b-a}{4(n+1)}h^{n+1}\|f^{(n+1)}\|_\infty,$$

这里 h 指的是 $\max\limits_{0 \leqslant i \leqslant n-1}\{\Delta x_i\}$. 它同前面的估计式略有不同，但相比

$$\frac{(b-a)^{n+1}}{(n+1)!}\|f^{(n+1)}\|_\infty,$$

它是更好的误差限. 有兴趣的读者请利用插值误差余项公式证明它.（提示：估算 h 同 $|W_{n+1}(x)|$ 的关系）

由此可见，要提高精度，可以使 n 增大，或使 h 减小，或二者同时. 如果 $f^{(n+1)}$ 性质较好，可以期望 $I_n(f) \to I(f)(n \to \infty)$. 进一步的讨论如下：

- n 的增大会引起算法稳定性的变化，这点在 Runge 现象的数值验证实验中已经观察到，所以单纯的增加 n（h 会随之减小）并不一定能增加精度（随后的稳定

性分析也会证明这一点).

• 但是,节点的增加依旧有可能提高数值求积公式的精度,关键在于增加什么样的节点.**Gauss 型求积公式**就可以使用更多的节点,同时保证算法的稳定性.

• h 的减少也可以提高数值求积公式的精度.比如利用积分的**区间可加性**,把大区间变成若干小区间,在小区间上应用求积公式,则从公式可以看出,单个小区间上求积分的误差一定很小.这相当于使用**分段多项式插值**,对应得到**复化型求积公式**.随后我们将讨论这种方法.

2) 数值求积公式的稳定性

如果 $\hat{f}(x)$ 是对 $f(x)$ 的一个扰动,那么有估计:

$$
|I_n(f) - I_n(\hat{f})| = \left| \sum_{k=0}^{n} A_k(f(x_k) - \hat{f}(x_k)) \right|
$$

$$
\leqslant \sum_{k=0}^{n} (|A_k| \cdot |f(x_k) - \hat{f}(x_k)|)
$$

$$
\leqslant \left(\sum_{k=0}^{n} |A_k| \right) \|f - \hat{f}\|_\infty,
$$

即求积公式的**绝对条件数**为 $\sum_{k=0}^{n} |A_k|$.根据待定系数法的方程:

$$
\sum_{k=0}^{n} A_k = \int_a^b 1 \mathrm{d}x = b - a,
$$

所以,结论如下:

• 若所有的权系数都不小于 **0**,条件数为 $b-a$,**算法是稳定的**;

• 如果有**负的权系数**,条件数可能会很大,**算法不稳定**.

因此,我们总是期待全部为正的权系数.

6.2.5 Newton-Cotes 公式的总结

Newton-Cotes 公式的**优点**是导出容易,应用简单方便.但它的缺点更多:

• **缺点 1**:高阶插值时有振荡现象,**收敛性得不到保证**.

• **缺点 2**:$n \geqslant 10$ 时,**每个公式都至少有一个负的权系数**.

— $n \leqslant 7$ 时所有的权系数都是正数,**公式具有好的数值稳定性**;

— $n = 8$ 时开始出现负的权系数;

— $n \geqslant 10$ 时每个公式都至少有一个负的权系数,甚至可以证明:

$$
\sum_{k=0}^{n} |A_k| \to \infty \quad (n \to \infty).
$$

• **缺点 3**:具有较大的正或者负权系数还说明,计算积分时可能要对数值较大的异号数进行求和,**容易出现抵消现象**.

基于以上原因,多个节点的 Newton-Cotes 公式的精度并一定高.事实上,

它往往被限制在适当的节点个数以内.

也就是说,一般仅能使用我们前面介绍的那几个公式.

此外,前面的 Newton-Cotes 公式是一种**闭形式公式**(Close Formulas),还有一种**开形式公式**(Open Formulas).二者的区别:闭形式考虑左右端点,而开形式只考虑内点.比如中点公式就可以算作一种开形式.

当端点具有奇异性的时候,闭形式就不能用了,但开形式依旧可以使用.不过,开形式 Newton-Cotes 公式的负权系数出现得更早.因此,我们

一般也不使用高阶的开形式 Newton-Cotes 公式.

Newton-Cotes 公式的改进方案有两种,一种是 Gauss 型求积公式,另一种是复化型求积公式,随后讨论.

6.3 复化求积公式

根据前面的分析可知,**截断误差依赖区间长度,要减小误差,可减小区间长度**.若我们把积分区间细分成多个小区间,**在每个小区间上应用简单的数值求积公式**,当小区间上的误差累加和小于单个公式产生的误差时,则该方法是有效的.

这等价于求出被积函数的**分段插值多项式**,进而**使用分段插值多项式的积分代替目标积分**.简单起见,我们把原区间作 n 等分,则

$$h = \frac{b-a}{n}, \quad x_k = a + kh, \quad k = 0{:}n,$$

$$I(f) = \sum_{k=0}^{n-1} \int_{x_k}^{x_{k+1}} f(x)\,\mathrm{d}x = \sum_{k=0}^{n-1} I_k(f),$$

利用数值积分公式计算出 $I_k(f)$,最后求和即可.

这就是复化型求积公式的基本思想.

6.3.1 复化梯形公式

等分情况下,在 $[x_k, x_{k+1}]$ 上应用梯形公式得到

$$\int_{x_k}^{x_{k+1}} f(x)\,\mathrm{d}x \approx T_k(f) = \frac{h}{2}(f(x_k) + f(x_{k+1})),$$

因此,$[a,b]$ 上的**复化梯形公式**为

$$T_n(f) = \sum_{k=0}^{n-1} T_k(f) = h\left(\frac{f(x_0)}{2} + f(x_1) + \cdots + f(x_{n-1}) + \frac{f(x_n)}{2} \right).$$

1）复化梯形公式的误差分析

利用梯形公式的截断误差,在 $[x_k , x_{k+1}]$ 上,有

$$\int_{x_k}^{x_{k+1}} f(x)\mathrm{d}x - T_k(f) = -\frac{h^3}{12}f''(\eta_k), \quad \eta_k \in (x_k , x_{k+1}),$$

把小区间上的误差累加,得到 $[a , b]$ 上的误差为

$$\int_a^b f(x)\mathrm{d}x - T_n(f) = -\frac{h^3}{12}\sum_{k=0}^{n-1} f''(\eta_k).$$

如果假设 $f(x) \in C^2[a , b]$,则根据连续函数的**介值定理**,$\exists \eta \in (a , b)$,使

$$\frac{1}{n}\sum_{k=0}^{n-1} f''(\eta_k) = f''(\eta),$$

进而可以得到

$$\int_a^b f(x)\mathrm{d}x - T_n(f) = -\frac{b-a}{12}h^2 f''(\eta).$$

记 $M_2 = \max_{a \leqslant x \leqslant b} |f''(x)|$,对于给定的 ε,只要

$$\frac{b-a}{12}M_2 h^2 \leqslant \varepsilon,$$

就有

$$|I(f) - T_n(f)| = \frac{b-a}{12}h^2 |f''(\eta)| \leqslant \frac{b-a}{12}M_2 h^2 \leqslant \varepsilon.$$

它称为复化梯形公式的**先验误差估计**.

又注意到

$$\frac{I(f) - T_n(f)}{h^2} = -\frac{1}{12}h\sum_{k=0}^{n-1} f''(\eta_k),$$

利用 Riemann 和,右边取极限得到

$$\frac{I(f) - T_n(f)}{h^2} \approx -\frac{1}{12}\int_a^b f''(x)\mathrm{d}x = \frac{1}{12}[f'(a) - f'(b)],$$

即

$$I(f) - T_n(f) \approx \frac{1}{12}[f'(a) - f'(b)]h^2.$$

如果把步长减为原来的一半,则

$$I(f) - T_{2n}(f) \approx \frac{1}{12}[f'(a) - f'(b)]\left(\frac{h}{2}\right)^2.$$

比较上面两个关系式得到

$$I(f) - T_{2n}(f) \approx \frac{1}{3}[T_{2n}(f) - T_n(f)].$$

给定精度 ε,只要

$$\frac{1}{3}\mid T_{2n}(f)-T_n(f)\mid\leqslant\varepsilon,$$

就有

$$\mid I(f)-T_{2n}(f)\mid\leqslant\varepsilon.$$

它称为复化梯形公式的**后验误差估计**.

先验误差估计在计算开始前就可以知道需要多少节点或者等分多少次,而后验误差估计要在实际计算过程中才能终止程序;先验误差估计可以算出任意等分数,而后验误差估计算出的等分数都是 2 的幂次.

例 3 用 $n=4,8$ 的复化梯形公式求

$$I=\int_0^1 \mathrm{e}^{-x^2}\,\mathrm{d}x$$

的近似值.已知 $I\approx0.746824$,分析结果具有几位有效数字.

解 设 $f(x)=\mathrm{e}^{-x^2}$,则

$$T_4=\frac{1}{4}\left(\frac{1}{2}f(0)+f(0.25)+f(0.5)+f(0.75)+\frac{1}{2}f(1.0)\right)$$
$$\approx0.742984,$$
$$T_8=\frac{1}{8}\left(\frac{1}{2}f(0)+f(0.125)+\cdots+f(0.875)+\frac{1}{2}f(1.0)\right)$$
$$\approx0.745866.$$

计算误差得到

$$\mid e_4\mid=0.00384004<0.5\times10^{-2},$$
$$\mid e_8\mid=0.000958518<0.5\times10^{-2},$$

因此,T_4,T_8 都具有 2 位有效数字.

例 4 用复化梯形公式 T_n 计算

$$I=\int_0^1 \mathrm{e}^{-x^2}\,\mathrm{d}x,$$

要使误差不超过 $\frac{1}{2}\times10^{-6}$,n 至少取多大?

解 设 $f(x)=\mathrm{e}^{-x^2}$,则 $f''(x)=\mathrm{e}^{-x^2}(4x^2-2)$.容易验证在 $[0,1]$ 上,

$$\max_{x\in[0,1]}\mid f''(x)\mid\leqslant\mid f''(0)\mid=2.0,$$

要满足误差要求,则

$$\frac{1}{12}\times2.0\times\frac{1}{n^2}\leqslant\frac{1}{2}\times10^{-6}\Rightarrow n\geqslant577.35,$$

即 $n=578$.

注 1 我们也可以利用

$$I(f)-T_n(f)\approx\frac{1}{12}\big[f'(a)-f'(b)\big]h^2$$

来估算误差,此时

$$f'(x) = -2x\,\mathrm{e}^{-x^2},$$

要满足误差要求,则

$$\frac{1}{12} \times 2\mathrm{e}^{-1} \times \frac{1}{n^2} \leqslant \frac{1}{2} \times 10^{-6} \Rightarrow n \geqslant 350.181,$$

即 $n = 351$.

注 2 事实上,$n=578$ 时误差为 0.184×10^{-6},$n=351$ 时误差为 0.498×10^{-6}.可以看出,**先验误差估计求出的节点数偏大**.

注 3 由于题目没有要求计算积分值,我们也就没有采用后验误差估计.

2) 递推关系式

上一个算例表明,用先验误差估计得到的 n 一般都偏大.这同时意味着,先验误差估计是**一种悲观的估计**.实际计算中,我们更青睐于后验误差估计.

使用后验误差估计时,先计算序列

$$T_1,\ T_2,\ T_4,\ T_8,\ T_{16},\ T_{32},\ \cdots,$$

且边计算边用

$$\frac{T_{2n} - T_n}{3}$$

估算误差,以确定何时计算可以停止.一旦估算出的误差满足要求,计算停止.

事实上,相比直接计算这个序列,有一种**更为有效的递归方案**.

考察 $[x_k, x_{k+1}]$,在其上使用复化梯形公式得到 T_n,再将该区间对分,并记

$$x_{k+\frac{1}{2}} = \frac{x_k + x_{k+1}}{2},$$

则 T_{2n} 可以用下面的公式计算:

$$T_{2n}(f) = \sum_{k=0}^{n-1} \left\{ \frac{1}{2}\frac{h}{2}\left[f(x_k) + f(x_{k+\frac{1}{2}})\right] + \frac{1}{2}\frac{h}{2}\left[f(x_{k+\frac{1}{2}}) + f(x_{k+1})\right] \right\}$$

$$= \frac{1}{2}T_n(f) + \frac{h}{2}\sum_{k=0}^{n-1} f(x_{k+\frac{1}{2}}).$$

注 1 据此公式,$T_{2n}(f)$ 的值等于 $T_n(f)$ 的一半,再加上**所有新增加节点的函数值之和与新步长的乘积**.

注 2 仔细观察会发现

$$\frac{h}{2}\sum_{k=0}^{n-1} f(x_{k+\frac{1}{2}}) = \frac{1}{2} \times \left(h\sum_{k=0}^{n-1} f(x_{k+\frac{1}{2}}) \right) = \frac{1}{2}M_n(f),$$

其中 $M_n(f)$ 是 n 个小区间上的复化中点公式.也就是说,$T_{2n}(f)$ 是区间 n 等分时
复化梯形公式和复化中点公式的平均.

前面提到,数值求积公式的工作量可以通过其计算的函数值的个数来衡量.利用递归关系,使得**每一个节点的函数值仅仅计算一次**,这与知道 $2n$ 的值,直接计算

T_{2n} 的工作量是一致的. 但利用这个递归关系,可以使得复化梯形公式的使用效率大为提高,其**关键在于**能估计误差限并自动停止计算,从而找到更合理的 n.

例 5 计算 $I = \int_0^1 e^{-x^2} dx$ 时,用递归关系计算 T_4, T_8.

解 设 $f(x) = e^{-x^2}$,则根据递归关系得到

$$T_1 = 0.5 \times (f(0.0) + f(1.0)) = 0.68394,$$

$$T_2 = 0.5 \times T_1 + 0.5 \times f(0.5) = 0.73137,$$

$$T_4 = 0.5 \times T_2 + 0.25 \times (f(0.25) + f(0.75)) = 0.742984,$$

$$T_8 = 0.5 \times T_4 + 0.125 \times (f(0.125) + f(0.375) + f(0.625) + f(0.875))$$

$$= 0.745866.$$

不难验证,这与直接计算的结果是一致的.

6.3.2 复化 Simpson 公式

在 $[x_k, x_{k+1}]$ 上,记 $x_{k+\frac{1}{2}} = \dfrac{x_k + x_{k+1}}{2}$,应用 Simpson 公式得到

$$\int_{x_k}^{x_{k+1}} f(x) dx \approx S_k(f) = \frac{h}{6}(f(x_k) + 4f(x_{k+\frac{1}{2}}) + f(x_{k+1})),$$

进而得到**复化 Simpson 公式**:

$$S_n(f) = \sum_{k=0}^{n-1} \frac{h}{6}(f(x_k) + 4f(x_{k+\frac{1}{2}}) + f(x_{k+1})).$$

注 复化 Simpson 公式一般不能通过直接编程来实现,故不再整理公式.

下面我们直接给出复化 Simpson 公式的误差分析公式.

在小区间 $[x_k, x_{k+1}]$ 上,有

$$I_k(f) - S_k(f) = -\frac{h}{180}\left(\frac{h}{2}\right)^4 f^{(4)}(\eta_k), \quad \eta_k \in (x_k, x_{k+1}),$$

按照与复化梯形公式类似的推导过程,得到**先验误差估计**为

$$I(f) - S_n(f) = -\frac{b-a}{180}\left(\frac{h}{2}\right)^4 f^{(4)}(\eta), \quad \eta \in (a, b),$$

后验误差估计为

$$I(f) - S_{2n}(f) \approx \frac{1}{15}(S_{2n}(f) - S_n(f)).$$

例 6 用复化 Simpson 公式 S_n 计算积分

$$I = \int_0^1 e^{-x^2} dx$$

时,要使误差不超过 0.5×10^{-6},n 至少取多大?

解 设 $f(x) = e^{-x^2}$,则

$$f^{(4)}(x) = 4e^{-x^2}(4x^4 - 12x^2 + 3).$$

很容易验证 $\max\limits_{x \in [0,1]} |f^{(4)}(x)| = 12.0$，则令

$$12 \times \frac{1}{180}\left(\frac{1}{2n}\right)^4 \leqslant \frac{1}{2} \times 10^{-6},$$

解得 $n \geqslant 9.55443$，取 $n = 10$.

注 1　此时，误差大概为 -0.5×10^{-7}，我们猜测计算得到的 n 偏大.

注 2　**数值实验**发现其实 $n = 6$ 就足够了，它的误差大概为 0.4×10^{-6}.

例 7　用复化 Simpson 公式 S_4 和 S_8 计算 $I = \int_0^1 e^{-x^2} dx$，并估计误差.

解　设 $f(x) = e^{-x^2}$，将区间 $[0,1]$ 作 4 等分，得

$$S_4 = \sum_{i=0}^3 \frac{1}{4 \times 6}(f(x_i) + 4f(x_{i+\frac{1}{2}}) + f(x_{i+1})) \approx 0.746826,$$

将区间 $[0,1]$ 作 8 等分，得

$$S_8 = \sum_{i=0}^7 \frac{1}{8 \times 6}(f(x_i) + 4f(x_{i+\frac{1}{2}}) + f(x_{i+1})) \approx 0.746824257.$$

根据后验误差估计，误差近似为

$$I - S_8 \approx \frac{1}{15}(S_8 - S_4) \approx -1.162 \times 10^{-7}.$$

注　实际的误差大约是 -1.24623×10^{-7}，估值可谓相当精确.

6.3.3　复化 Cotes 公式

在 $[x_k, x_{k+1}]$ 上应用 Cotes 公式得到

$$\int_{x_k}^{x_{k+1}} f(x) dx \approx \frac{h}{90}(7f(x_k) + 32f(x_{k+\frac{1}{4}}) + 12f(x_{k+\frac{1}{2}})$$
$$+ 32f(x_{k+\frac{3}{4}}) + 7f(x_{k+1})),$$

进而得到复化 Cotes 公式为

$$C_n(f) = \sum_{k=0}^{n-1} \frac{h}{90}(7f(x_k) + 32f(x_{k+\frac{1}{4}}) + 12f(x_{k+\frac{1}{2}})$$
$$+ 32f(x_{k+\frac{3}{4}}) + 7f(x_{k+1})).$$

它的**先验误差估计**为

$$I(f) - C_n(f) = -\frac{2(b-a)}{945}\left(\frac{h}{4}\right)^6 f^{(6)}(\eta), \quad \eta \in (a,b),$$

后验误差估计为

$$I - C_{2n}(f) \approx \frac{1}{63}(C_{2n}(f) - C_n(f)).$$

例 8　用复化 Cotes 公式 C_4 和 C_8 计算 $I = \int_0^1 e^{-x^2} dx$，并估计误差.

解　设 $f(x) = e^{-x^2}$，将区间 $[0,1]$ 作 4 等分，得

$$C_4 = \sum_{i=0}^{3} \frac{1}{4 \times 90} (7f(x_i) + 32f(x_{i+\frac{1}{4}}) + 12f(x_{i+\frac{1}{2}})$$
$$+ 32f(x_{i+\frac{3}{4}}) + 7f(x_{i+1}))$$
$$\approx 0.7468241332296146,$$

将区间 $[0,1]$ 作 8 等分，得

$$C_8 = \sum_{i=0}^{7} \frac{1}{8 \times 90} (7f(x_i) + 32f(x_{i+\frac{1}{4}}) + 12f(x_{i+\frac{1}{2}})$$
$$+ 32f(x_{i+\frac{3}{4}}) + 7f(x_{i+1}))$$
$$\approx 0.7468241328184022.$$

因此，误差估计是

$$I - C_8 \approx \frac{1}{63}(C_8 - C_4) \approx -0.653 \times 10^{-11}.$$

注　实际的误差大约是 -0.597×10^{-11}，估值可谓十分精确.

6.3.4　复化公式的阶

复化公式对应分段多项式插值，**代数精度的概念不再合适**.为此引入：

定义 6.3(复化求积公式的阶)　若

$$\lim_{h \to 0} \frac{I(f) - I_n(f)}{h^p} = C,$$

或者当 h 很小时，

$$I(f) - I_n(f) \approx Ch^p,$$

则称求积公式是 p 阶的.

根据各公式的先验误差估计式，**复化梯形公式为 2 阶的，复化 Simpson 公式为 4 阶的，复化 Cotes 公式为 6 阶的**.

另外，关于复化公式的收敛性和稳定性，有如下结论：

- **当原算法数值稳定时，复化算法也是数值稳定的.**
- 可以证明，当 $n \to \infty$ 时上述几种复化求积公式都收敛到 $I(f)$.
- 原则上，只要区间充分细分，复化公式可以达到**任意的精度**.但区间细分的太小，**舍入误差的影响会变大**，这会导致精度并不能持续提升.

6.3.5　Romberg 求积公式

复化 Simpson 公式和复化 Cotes 公式的精度、效率都已经相当不错，但我们**还可以做得更好**，这也是我们更推崇数值求积分的原因.

接下来，我们介绍由**低阶复化求积公式构造高阶复化求积公式的方法**.

1) 复化梯形公式的加速

根据复化梯形公式的后验误差估计：

$$I(f) - T_{2n}(f) \approx \frac{1}{3}[T_{2n}(f) - T_n(f)],$$

利用**误差修正**的思想，构造：

$$\widetilde{T}_{2n}(f) = T_{2n}(f) + \frac{1}{3}[T_{2n}(f) - T_n(f)] = \frac{4}{3}T_{2n}(f) - \frac{1}{3}T_n(f),$$

那么，**求积公式 $\widetilde{T}_{2n}$ 的阶如何？**

事实上，可以有如下推导：

$$\widetilde{T}_{2n}(f) = \frac{4}{3}T_{2n}(f) - \frac{1}{3}T_n(f)$$

$$= \frac{4}{3}\left(\frac{1}{2}T_n(f) + \frac{h}{2}\sum_{k=0}^{n-1}f(x_{k+\frac{1}{2}})\right) - \frac{1}{3}T_n(f)$$

$$= \frac{1}{3}T_n(f) + \frac{2h}{3}\sum_{k=0}^{n-1}f(x_{k+\frac{1}{2}})$$

$$= \frac{1}{3}\frac{h}{2}\sum_{k=0}^{n-1}(f(x_k) + f(x_{k+1})) + \frac{2h}{3}\sum_{k=0}^{n-1}f(x_{k+\frac{1}{2}})$$

$$= \sum_{k=0}^{n-1}\frac{h}{6}(f(x_k) + 4f(x_{k+\frac{1}{2}}) + f(x_{k+1}))$$

$$= S_n(f).$$

即把 $T_{2n}(f)$ 与 $T_n(f)$ 进行线性组合，得到了复化 Simpson 公式：

$$S_n(f) = \frac{4}{3}T_{2n}(f) - \frac{1}{3}T_n(f).$$

也即**低阶算法通过线性组合得到了高阶算法.**

我们可以按照如下流程进行计算：

对分次数	梯形	Simpson
0	T_1	—
1	T_2	S_1
2	T_4	S_2
3	T_8	S_4
4	T_{16}	S_8
5	T_{32}	S_{16}
⋮	⋮	⋮

例 9 计算 $I = \int_0^1 e^{-x^2}dx$，用复化梯形公式计算 S_4 和 S_8.

解 前面已经计算出

$$T_4 = 0.742984, \quad T_8 = 0.745866,$$

则根据上面的公式可得

$$S_4 = \frac{4}{3}T_8 - \frac{1}{3}T_4 \approx 0.7468266666666667,$$

与之前的结果 0.746826 基本一致.

另外,计算得到 $T_{16} = 0.746585$,因此

$$S_8 = \frac{4}{3}T_{16} - \frac{1}{3}T_8 \approx 0.7468246666666667,$$

与前面算出的 0.746824257 一样很接近.

注 二者之间的差别是由梯形公式先舍入后代入计算引起的.

2) Romberg 算法

根据 Simpson 公式的后验误差估计

$$I(f) - S_{2n}(f) \approx \frac{1}{15}(S_{2n}(f) - S_n(f)),$$

构造并验证可得

$$\widetilde{S}_{2n}(f) = S_{2n}(f) + \frac{1}{15}(S_{2n}(f) - S_n(f))$$

$$= \frac{16}{15}S_{2n}(f) - \frac{1}{15}S_n(f) = C_n(f),$$

即通过复化 Simpson 公式组合出了复化 Cotes 公式,后者是 6 阶的.又

$$I(f) - C_{2n}(f) \approx \frac{1}{63}(C_{2n}(f) - C_n(f)),$$

再次进行误差修正就会得到所谓 **Romberg 求积公式**:

$$R_n(f) = \frac{64}{63}C_{2n}(f) - \frac{1}{63}C_n(f).$$

这种数值思想前面已经提到过,称之为**外推**.可以证明:

$$I(f) - R_n(f) \approx Ch^8,$$

即 **Romberg 求积公式是 8 阶**的.它是一个广泛应用的数值求积分方法,拥有非常高的计算精度以及方便的误差控制.很容易就能得到

$$I(f) - R_{2n}(f) \approx \frac{1}{255}(R_{2n}(f) - R_n(f)).$$

Romberg 算法可以看作是一种**加速技巧**,计算效果非常显著,在达到同样精度的前提下可以**大大节省计算量**.当然,还有更一般的外推公式,因为 Romberg 公式只需要很少的节点(或者很少的对分次数)即可达到精度要求(实际应用中加速到 8 阶停止计算即可),所以就不再介绍这些公式了,有兴趣的读者可自行查阅相关文献.

利用 Romberg 公式数值求积时,可以按照如下表格进行计算:

对分次数	梯形	Simpson	Cotes	Romberg
0	T_1	—	—	—
1	T_2	S_1	—	—
2	T_4	S_2	C_1	—
3	T_8	S_4	C_2	R_1
4	T_{16}	S_8	C_4	R_2
⋮	⋮	⋮	⋮	⋮

上表中,每对分一次增加一行. 下面我们不考虑对分次数低于 4 的情形.

设给定的**误差限**为 ε,如果 $n = 2^4$ 时,

$$\frac{1}{255}\mid R_2 - R_1 \mid \leqslant \varepsilon,$$

则 R_2 为对应的积分值.否则取 $n = 2^5$,通过递归关系由 T_{16} 计算 T_{32},然后求

$$S_{16}, \quad C_8, \quad R_4,$$

判断 R_4 是否符合要求.如果符合则停止计算,否则重复上述过程.

注 按照上述介绍,该表格中只有复化梯形公式那一列需要计算函数值,其它的数据都可以通过前一列的线性组合得到.因此,Romberg 公式需要的工作量并**不大,以函数值计算次数度量,它的工作量是**

$$2^n + 1, \quad 其中 n 是对分次数.$$

例 10 利用 Romberg 公式计算 $\displaystyle\int_0^1 e^{-x^2} dx$,计算到 R_2 并估计误差.

解 前面已经计算出来了如下数据:

$$T_1 = 0.683940, \quad T_2 = 0.731370, \quad T_4 = 0.742984,$$
$$T_8 = 0.745866, \quad T_{16} = 0.746585,$$

则组合出复化 Simpson 公式的数据如下:

$$S_1 = \frac{4T_2}{3} - \frac{T_1}{3} \approx 0.74718, \quad S_2 = \frac{4T_4}{3} - \frac{T_2}{3} \approx 0.746855,$$

$$S_4 = \frac{4T_8}{3} - \frac{T_4}{3} \approx 0.746826, \quad S_8 = \frac{4T_{16}}{3} - \frac{T_8}{3} \approx 0.746824,$$

继续组合出复化 Cotes 公式的数据如下:

$$C_1 = \frac{16S_2}{15} - \frac{S_1}{15} \approx 0.7468337098497524,$$

$$C_2 = \frac{16S_4}{15} - \frac{S_2}{15} \approx 0.7468241699098982,$$

$$C_4 = \frac{16S_8}{15} - \frac{S_4}{15} \approx 0.7468241332296146,$$

最后组合出 Romberg 公式的数据为

$$R_1 = \frac{64C_2}{63} - \frac{C_1}{63} \approx 0.7468240184822815,$$

$$R_2 = \frac{64C_4}{63} - \frac{C_2}{63} \approx 0.7468241326473878.$$

按照后验误差估计,误差大概为

$$\frac{1}{255} \mid R_2 - R_1 \mid \approx 4.47706 \times 10^{-10}.$$

注　实际的误差为 $I - R_2 \approx 1.6504 \times 10^{-10}$,后验误差略微偏大.

例 11　用复化梯形公式、复化 Simpson 公式、复化 Cotes 公式、Romberg 公式求

$$I = \int_1^5 \frac{\sin x}{x} \mathrm{d}x,$$

精确至 7 位有效数,已知积分的近似值为 0.603848.

解　请读者自行编写 Romberg 公式的程序,最后的数值结果如下:

- 复化梯形公式要求

$$\frac{1}{3} \mid T_{2n} - T_n \mid \leqslant \frac{1}{2} \times 10^{-7},$$

计算得 $n = 4096$,即要求 4097 个节点.

- 复化 Simpson 公式要求

$$\frac{1}{15} \mid S_{2n}(f) - S_n(f) \mid \leqslant \frac{1}{2} \times 10^{-7},$$

计算得 $n = 32$,即要求 65 个节点.

- 复化 Cotes 公式要求

$$\frac{1}{63} \mid C_{2n}(f) - C_n(f) \mid \leqslant \frac{1}{2} \times 10^{-7},$$

计算得 $n = 8$,即要求 33 个节点.

- Romberg 求积公式要求

$$\frac{1}{255} \mid R_{2n}(f) - R_n(f) \mid \leqslant \frac{1}{2} \times 10^{-7},$$

计算得 $n = 2$,即要求 17 节点.

3) 总结

目前为止,我们所讨论的数值求积公式和复化求积公式都基于**等距节点**.

- 当被积函数 $f(x)$ 在积分区间 $[a,b]$ 上变化不太剧烈或者它的低阶导数变化比较平缓时,Romberg 求积公式有着非常好的计算效果.

- 但是,当被积函数在 $[a,b]$ 上变化比较大时,应该在区间的不同部分使用**不同的步长(变步长)**,甚至使用不同的求积公式.

• 事实上,如果我们写

$$\int_a^b = \int_a^{c_1} + \int_{c_1}^{c_2} + \cdots + \int_{c_k}^b ,$$

每个积分都可以单独处理.

同 Romberg 求积公式一样有着重要应用的是一种被称为**自适应数值积分法**
(Adaptive Quadrature) 的方法,它基于复化 Simpson 公式.我们不准备在本篇中叙
述它.看一个例子:考虑积分

$$\int_{-1}^1 \frac{1}{10^{-4} + x^2} \mathrm{d}x ,$$

它的被积函数图像如图 6.5 所示:

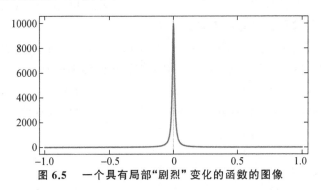

图 6.5   一个具有局部"剧烈"变化的函数的图像

从图上可以看出函数在 $[-0.1, 0.1]$ 上变化非常大,其它地方变化则小得多.如果采
用统一的步长,为了整体的精度控制必须采用很小的步长.但是,对于平缓的部分
来说,小步长是不需要的,它只会增加运算量.其实,只要将它简单拆分为

$$\int_{-1}^1 = \int_{-1}^{-0.1} + \int_{-0.1}^{0.1} + \int_{0.1}^1$$

即可解决问题,甚至不需要使用自适应求积.请考虑如下数值实验:

数值实验 6.1   考虑积分

$$I = \int_{-1}^1 \frac{\mathrm{d}x}{10^{-4} + x^2}.$$

(1)用 Romberg 求积公式计算 I 的近似值,使误差不超过 $\frac{1}{2} \times 10^{-9}$.

(2)把积分拆成

$$\int_{-1}^1 = \int_{-1}^{-0.1} + \int_{-0.1}^{0.1} + \int_{0.1}^1 ,$$

再用Romberg 求积公式计算,使误差不超过 $\frac{1}{2} \times 10^{-9}$.

(3)把积分写成

$$I = 2\int_0^1 \frac{\mathrm{d}x}{10^{-4}+x^2} = 2\left(\int_0^{0.1} \frac{\mathrm{d}x}{10^{-4}+x^2} + \int_{0.1}^1 \frac{\mathrm{d}x}{10^{-4}+x^2}\right),$$

再用 Romberg 求积公式计算,使误差不超过 $\frac{1}{2}\times10^{-9}$.

(4) 通过以上算例,你理解了什么?

6.4 Gauss 型求积公式

6.4.1 Fejér 公式和 Clenshaw-Curtis 公式

考虑 Gauss 型公式之前,先简单介绍下 Fejér 公式和 Clenshaw-Curtis 公式.

关于插值型求积公式有两点需要注意:

• 等距节点上的高次插值可能会引发 Runge 现象,这将导致插值多项式和被插值函数**在部分区域有较大差别**,从而引起二者积分值的差别;

• Chebyshev 正交多项式零点上的高次插值具有相对好的插值效果.

因此,**Fejér 建议把 Chebyshev 多项式的零点作为节点**,寻求如下公式:

$$\int_{-1}^1 f(x)\mathrm{d}x \approx \sum_{k=1}^n w_k f(x_k),$$

其中 x_k 是正交多项式的零点,而 w_k 是待定的权系数.

Chebyshev 多项式分为第一型和第二型,对应的 **Fejér 公式**也如此.

• **第一型 Fejér 公式**:采用 $T_n(x)=\cos(n\arccos x)$ 的零点

$$x_k=\cos\theta_k, \quad \theta_k=\frac{(2k-1)\pi}{2n}, \quad k=1{:}n$$

作为插值节点,它的权系数由公式

$$w_k^{f_1}=\frac{2}{n}\left(1-2\sum_{j=1}^{\lfloor n/2\rfloor}\frac{\cos(2j\theta_k)}{4j^2-1}\right), \quad k=1{:}n$$

给出,其中 $\lfloor\ \rfloor$ 是向下取整的意思.

• **第二型 Fejér 公式**:

$$x_k=\cos\theta_k, \quad \theta_k=\frac{k\pi}{n},$$

$$w_k^{f_2}=\frac{4\sin\theta_k}{n}\sum_{j=1}^{\lfloor n/2\rfloor}\frac{\sin(2j-1)\theta_k}{2j-1}, \quad k=1{:}n-1.$$

• **Clenshaw-Curtis 公式**是第二型 Fejér 公式的**闭形式**,它的节点组包含左右端点 $x_0=1, x_n=-1$,以及 $T_n(x)$ 的极值点,权系数则为

$$w_k^{cc}=\frac{c_k}{n}\left(1-\sum_{j=1}^{\lfloor n/2\rfloor}\frac{b_j}{4j^2-1}\cos(2j\theta_k)\right), \quad k=0{:}n,$$

其中

$$b_j = \begin{cases} 1, & j = \dfrac{n}{2}, \\ 2, & j < \dfrac{n}{2}, \end{cases} \qquad c_k = \begin{cases} 1, & k = 0, n, \\ 2, & \text{其它}. \end{cases}$$

关于这三个公式,需要了解下列事项:

• 三个公式的权系数都是非负的,n 足够大时,$I_n(f)$ 可以充分接近 $I(f)$.因此,**基于 Chebyshev 点的数值求积公式都是数值稳定的**.

• **使用同样数目的节点,它们的精度要明显高于 Newton-Cotes 公式**.

• 特别的,当 Clenshaw-Curtis 公式节点个数从 $n+1$ 增加至 $2n+1$ 时,只需要计算 n 个新增加节点的函数值,即公式具有一定的**递归性**.

需要指出的是,尽管 Clenshaw-Curtis 公式具稳定性、精确性、递归性等优点,但 $n+1$ **个节点公式的代数精度只有** n,因此它**并不是最优的**.

接下来,我们将从代数精度最优的角度来介绍 Gauss 型求积公式.

6.4.2　待定系数法

无论 Newton-Cotes 公式还是 Clenshaw-Curtis 公式,$n+1$ 个节点公式的代数精度都没有超过 $n+1$,这是不够的.

给定一个数值求积公式:

$$I_n(f) = \sum_{k=0}^{n} A_k f(x_k) \approx \int_a^b f(x)\,\mathrm{d}x,$$

其代数精度能否再提高?要回答这个问题,首先要明确 Newton-Cotes 公式的**限制**是什么.

在前面介绍的插值型求积公式中,**节点是事先给定的**.回顾一下前面介绍的方程组:

$$\sum_{k=0}^{n} A_k x_k^i = \int_a^b x^i\,\mathrm{d}x, \quad i = 0, 1, \cdots, n.$$

• 节点给定导致这是一个**线性方程组**,对应的 Vandermonde 矩阵可逆.因此,对应的求积公式存在且唯一.

• 节点给定会有一定优势,但同时也限制了数值求积公式的代数精度.

我们**换一种思路考虑问题**:如果权系数、节点都是未知的,能否找到一组**最优的权系数和节点**,使其代数精度尽可能高?即

$$I_n(f) = I(f), \quad f(x) = x^{n+1}, x^{n+2}, \cdots, x^m, \quad m \text{ 尽可能大}.$$

例 12　考虑求积公式

$$\int_{-1}^{1} f(x)\,\mathrm{d}x \approx A_0 f(x_0) + A_1 f(x_1),$$

求系数 A_0, A_1 和节点 x_0, x_1 使其代数精度尽可能高,并估计误差.

解　要确定 4 个未知数,需要 4 个方程,代数精度可期望为 3.因为

$$f(x) = 1, \quad A_0 + A_1 = \int_{-1}^{1} 1 \mathrm{d}x = 2,$$

$$f(x) = x, \quad A_0 x_0 + A_1 x_1 = \int_{-1}^{1} x \, \mathrm{d}x = 0,$$

$$f(x) = x^2, \quad A_0 x_0^2 + A_1 x_1^2 = \int_{-1}^{1} x^2 \mathrm{d}x = \frac{2}{3},$$

$$f(x) = x^3, \quad A_0 x_0^3 + A_1 x_1^3 = \int_{-1}^{1} x^3 \mathrm{d}x = 0,$$

求得

$$A_0 = A_1 = 1, \quad x_0 = -\frac{1}{\sqrt{3}}, \quad x_1 = \frac{1}{\sqrt{3}},$$

故 $[-1,1]$ 上的这个求积公式为

$$\int_{-1}^{1} f(x) \mathrm{d}x \approx f\left(-\frac{1}{\sqrt{3}}\right) + f\left(\frac{1}{\sqrt{3}}\right),$$

其代数精度确为 3(请验证).因此,对任何次数不超过 3 的多项式,均有

$$I_n(p_3) = I(p_3).$$

给定任意光滑函数 $f(x)$,构造一个 $p_3(x)$ 满足:

$$p_3(x_0) = f(x_0), \quad p_3'(x_0) = f'(x_0),$$
$$p_3(x_1) = f(x_1), \quad p_3'(x_1) = f'(x_1).$$

这是一个 Hermite 插值,$p_3(x)$ 一定存在,且

$$f(x) - p_3(x) = \frac{f^{(4)}(\xi)}{4!}\left(x + \frac{1}{\sqrt{3}}\right)^2 \left(x - \frac{1}{\sqrt{3}}\right)^2,$$

则

$$R = I(f) - I_n(f) = I(f) - I_n(p_3) = I(f) - I(p_3)$$

$$= \int_{-1}^{1} f(x) \mathrm{d}x - \int_{-1}^{1} p_3(x) \mathrm{d}x = \int_{-1}^{1} (f(x) - p_3(x)) \mathrm{d}x$$

$$= \int_{-1}^{1} \frac{f^{(4)}(\xi)}{4!}\left(x + \frac{1}{\sqrt{3}}\right)^2 \left(x - \frac{1}{\sqrt{3}}\right)^2 \mathrm{d}x$$

$$= \frac{f^{(4)}(\eta)}{4!} \int_{-1}^{1} \left(x + \frac{1}{\sqrt{3}}\right)^2 \left(x - \frac{1}{\sqrt{3}}\right)^2 \mathrm{d}x$$

$$= \frac{f^{(4)}(\eta)}{135}, \quad \eta \in (-1, 1).$$

本例中 2 个节点公式的代数精度达到了 3,表明**代数精度的确可以再提高**.同时也应该注意到,我们求解的是非线性方程组,其求解需要一定的技巧性.

注 待定系数法还可以**推广到更一般的形式**,比如:

$$I_{\text{numerical}}(f) = \sum_{i=1}^{p} a_i f(x_i) + \sum_{j=1}^{q} b_j f(z_j),$$

其中 x_i 是给定的节点,z_j 是待定的节点,a_i,b_j 都是待定的系数.更有甚者,在求积公式中允许出现导数,我们会在习题中遇到它.

6.4.3 Gauss 型求积公式的定义

前面的问题中,权系数和节点都是未知的,也即总的自由度为 $2n+2$.因此,它可期望的最高精度为 $2n+2-1=2n+1$.上一小节算例也正是 $2\times 2-1=3$.

定义 6.4 设

$$I(f) = \int_a^b f(x)\mathrm{d}x, \quad I_n(f) = \sum_{k=0}^{n} A_k f(x_k),$$

其中 $I_n(f)$ 是积分 $I(f)$ 的数值求积公式.如果 $I_n(f)$ 的代数精度是 $2n+1$,则称该求积公式是 **Gauss-Legendre 公式**,对应的求积节点 $x_k(k=0{:}n)$ 称为 **Gauss 点**.

根据定义,Gauss 求积公式 $I_n(f) \approx I(f)$ 的代数精度为 $2n+1$ 的充要条件是

$$\int_a^b x^i \mathrm{d}x = \sum_{k=0}^{n} A_k x_k^i, \quad i = 0,1,\cdots,2n+1.$$

它是一个**非线性方程组**,**一般来说无法直接求解**,而只能采用数值方法求解.事实上,Gauss 求积公式能够得到广泛应用,非常重要的两点如下:

- 利用正交多项式,可以把这些节点先给算出来;
- 相应的**权系数都是非负数**,数值稳定性非常好.

6.4.4 Gauss 求积公式的核心定理

在 Guass 求积公式中,**节点和权系数地位等同**,但它们可以**先计算出来**,进而转化为节点确定情况下的插值型求积公式.这得益于如下定理:

定理 6.3 设

$$I(f) = \int_a^b f(x)\mathrm{d}x, \quad I_n(f) = \sum_{k=0}^{n} A_k f(x_k),$$

其中 $I_n(f)$ 是计算积分 $I(f)$ 的插值型求积公式,记

$$W_{n+1}(x) = (x-x_0)(x-x_1)\cdots(x-x_n),$$

则 $I_n(f)$ 是 Gauss 求积公式(代数精度为 $2n+1$ 或 $\{x_k\}_{k=0}^{n}$ 为 Gauss 点)的充要条件为 $W_{n+1}(x)$ 与任意一个次数不超过 n 的多项式 $p(x)$ **正交**,即

$$\int_a^b p(x)W_{n+1}(x)\mathrm{d}x = 0.$$

连续函数的正交性通过积分来定义.在连续函数空间中,**内积的定义**为

$$(p,q) = \int_a^b w(x)p(x)q(x)\mathrm{d}x,$$

其中，$w(x)$ 是**权函数（Weight Function）**，它的**基本要求**如下：

- $w(x)$ 在 (a,b) 上连续，且 $w(x) \geqslant 0$；
- $\int_a^b w(x)\mathrm{d}x > 0$（权函数的积分大于 0）；
- 对 $k = 0, 1, 2, \cdots$，

$$\mu_k = \int_a^b x^k w(x)\mathrm{d}x$$

存在（称为 **k 阶矩**）.

权函数 $w(x) = 1$ 时的求积公式由 Gauss 于 1814 年得到，而更一般的权函数对应的求积公式，由 Christoffel 于 1858 年提出.

上述**定理的证明**如下：

- **必要性**的证明

设 $I_n(f)$ 是 Gauss 公式，则其代数精度为 $2n+1$，$I_n(f) = I(f)$ 对任意次数不超过 $2n+1$ 的多项式精确成立.设 $p(x)$ 是任意一个次数不超过 n 的多项式，则 $p(x)W_{n+1}(x)$ 就是一个次数不超过 $2n+1$ 的多项式.因此，有

$$\int_a^b p(x)W_{n+1}(x)\mathrm{d}x = \sum_{k=0}^n A_k p(x_k)W_{n+1}(x_k) = 0,$$

这里用到了代数精度的定义以及 $W_{n+1}(x_k) = 0$.

- **充分性**的证明

设对任意次数不超过 n 的多项式 $p(x)$，有

$$\int_a^b p(x)W_{n+1}(x)\mathrm{d}x = 0.$$

又设 $f(x)$ 是任意一个次数不超过 $2n+1$ 的多项式，利用多项式的除法可得

$$f(x) = s(x)W_{n+1}(x) + r(x),$$

显然商 $s(x)$，余项 $r(x)$ 都是次数不超过 n 的多项式.因此有

$$\int_a^b f(x)\mathrm{d}x = \int_a^b s(x)W_{n+1}(x)\mathrm{d}x + \int_a^b r(x)\mathrm{d}x$$

$$= \int_a^b r(x)\mathrm{d}x = \sum_{k=0}^n A_k r(x_k)$$

$$= \sum_{k=0}^n A_k s(x_k)W_{n+1}(x_k) + \sum_{k=0}^n A_k r(x_k) = \sum_{k=0}^n A_k f(x_k),$$

这说明求积公式的代数精度至少为 $2n+1$.

另取 $q_{2n+2}(x) = W_{n+1}^2(x)$，则

$$0 < \int_a^b W_{n+1}^2(x)\mathrm{d}x \neq \sum_{k=0}^n A_k W_{n+1}^2(x_k) = 0.$$

因此求积公式**代数精度**确为 $2n+1$，即为 Gauss 公式.

证毕.

6.4.5 正交多项式

核心定理表明,由 Gauss 点构造出来的多项式 $W_{n+1}(x)$ 满足
$$W_{n+1}(x) \perp p_n,$$
而这恰恰是正交多项式具有的特点.

下面给出正交多项式的定义.

定义 6.5 设
$$g_n(x) = a_{n,0} x^n + a_{n,1} x^{n-1} + \cdots + a_{n,n-1} x + a_{n,n}, \quad n = 0,1,2,\cdots,$$
其中 $a_{n,0} \neq 0$,如果对任意的 $i,j = 0,1,\cdots$ 且 $i \neq j$,有
$$(g_i, g_j) = \int_a^b g_i(x) g_j(x) \mathrm{d}x = 0,$$
则称 $\{g_k(x)\}_{k=0}^{\infty}$ 为区间 $[a,b]$ 上的**正交多项式序列**,而称 $g_n(x)$ 为区间 $[a,b]$ 上的 **n 次正交多项式**.

关于正交多项式,说明如下:

- **正交性依赖于区间和权函数**,定义中权函数 $w(x) \equiv 1$.
- 设 $\{g_k(x)\}_{k=0}^{\infty}$ 为区间 $[a,b]$ 上的正交多项式序列,则对任意的 n,
$$g_0(x), \quad g_1(x), \quad \cdots, \quad g_n(x)$$

一定是**线性无关的**.即若 $\sum_{k=0}^{n} \alpha_k g_k(x) = 0$,则

$$\sum_{k=0}^{n} \alpha_k \int_a^b g_k(x) g_i(x) \mathrm{d}x = 0 \Rightarrow \alpha_i(g_i, g_i) = 0$$
$$\Rightarrow \alpha_i = 0, \quad i = 0 : n.$$

- 由该结论知,如果 $\{g_k(x)\}_{k=0}^{\infty}$ 为区间 $[a,b]$ 上的正交多项式序列,则
$$g_0(x), \quad g_1(x), \quad \cdots, \quad g_n(x)$$

构成 n 次多项式空间 P_n 的一组基底.

因此,$g_{n+1}(x)$ 与任意一个次数不超过 n 的多项式都正交.

1) 正交多项式的零点

既然 $g_{n+1}(x)$ 同 p_n 正交,所以要研究其零点的情况.

事实上,设 $\{g_k(x)\}_{k=0}^{\infty}$ 为区间 $[a,b]$ 上的正交多项式序列,则

$$g_{n+1}(x) \text{ 在 } (a,b) \text{ 内有 } n+1 \text{ 个不同的实零点}.$$

这可以通过下面三步来说明:

- 说明在 (a,b) 内有根(反正法).

假设 $g_{n+1}(x)$ 在 (a,b) 内没有根,则不妨设 $g_{n+1}(x) > 0$,那么
$$0 < \int_a^b g_{n+1}(x) \mathrm{d}x = \int_a^b g_{n+1}(x) \cdot 1 \mathrm{d}x = 0, \quad \text{矛盾}.$$

- 说明在 (a,b) 内只有单根(反正法).

假设在 (a,b) 内有重根,设 $g_{n+1}(x)=(x-x^*)^s h(x), s\geqslant 2$,则

— 当 $s=2k$ 时,取 $q(x)=h(x)$,则

$$0=\int_a^b g_{n+1}(x)q(x)\mathrm{d}x=\int_a^b (x-x^*)^s h^2(x)\mathrm{d}x>0, \qquad \textbf{矛盾}.$$

— 当 $s=2k+1$ 时,取 $q(x)=(x-x^*)h(x)$,则

$$0=\int_a^b g_{n+1}(x)q(x)\mathrm{d}x=\int_a^b (x-x^*)^{s+1} h^2(x)\mathrm{d}x>0, \qquad \textbf{矛盾}.$$

- 说明在 (a,b) 内根的个数为 $n+1$(反正法).

假设有少于 $n+1$ 个实根,不妨设为 $r+1$ 个,则

$$g_{n+1}(x)=(x-x_0)(x-x_1)\cdots(x-x_r)h(x),$$

其中 $h(x)$ 在 (a,b) 上一定保号.取 $q(x)=(x-x_0)(x-x_1)\cdots(x-x_r)$,则

$$0=\int_a^b g_{n+1}(x)q(x)\mathrm{d}x=\int_a^b q^2(x)h(x)\mathrm{d}x>0 \quad (\text{或}<0), \qquad \textbf{矛盾}.$$

以上证明都利用了正交性以及非零非负连续函数积分大于 0 这两个性质.
该结论表明:

$$g_{n+1}(x)=a_{n+1,0}W_{n+1}(x).$$

2) Legendre 正交多项式

正交性依赖于权函数和积分区间.事实上,一旦它们给定,任意一组线性无关的多项式都可以通过 Gram-Schmidt 过程化为该区间上的正交多项式.

常用正交多项式都是在求解二阶变系数常微分方程时发现的.简单起见,这里我们跳过它们的发现过程,直接给出 $[-1,1]$ 上的 Legendre 多项式的**一个定义**:

定义 6.6 称

$$p_n(t)=\frac{1}{2^n n!}\frac{\mathrm{d}^n (t^2-1)^n}{\mathrm{d}t^n}, \quad n=0,1,2,\cdots$$

为 **n 次 Legendre 多项式**.

这个定义是 Legendre 多项式的**微分形式定义**,还有其它的定义方式.
直接计算可得

$$p_0(t)=1, \quad p_1(t)=t, \quad p_2(t)=\frac{1}{2}(3t^2-1),$$

$$p_3(t)=\frac{1}{2}(5t^3-3t), \quad p_4(t)=\frac{1}{8}(35t^4-30t^2+2), \quad \cdots.$$

下面证明:$\{p_k(t)\}_{k=0}^{\infty}$ 是**区间 $[-1,1]$ 上 $w(x)=1$ 时的正交多项式序列**.
当 $m>n$ 时,

$$(p_m(t),p_n(t))=\frac{1}{2^{m+n}m!n!}\int_{-1}^1 \frac{\mathrm{d}^m}{\mathrm{d}t^m}(t^2-1)^m \cdot \frac{\mathrm{d}^n}{\mathrm{d}t^n}(t^2-1)^n \mathrm{d}t$$

$$= \frac{1}{2^{m+n} m! \, n!} \int_{-1}^{1} \frac{\mathrm{d}^{n}}{\mathrm{d}t^{n}} (t^{2}-1)^{n} \, \mathrm{d}\left(\frac{\mathrm{d}^{m-1}}{\mathrm{d}t^{m-1}} (t^{2}-1)^{m} \right)$$

$$= \frac{1}{2^{m+n} m! \, n!} \left[\frac{\mathrm{d}^{n}}{\mathrm{d}t^{n}} (t^{2}-1)^{n} \cdot \frac{\mathrm{d}^{m-1}}{\mathrm{d}t^{m-1}} (t^{2}-1)^{m} \Big|_{-1}^{1} \right.$$

$$\left. - \int_{-1}^{1} \frac{\mathrm{d}^{m-1}}{\mathrm{d}t^{m-1}} (t^{2}-1)^{m} \cdot \frac{\mathrm{d}^{n+1}}{\mathrm{d}t^{n+1}} (t^{2}-1)^{n} \, \mathrm{d}t \right]$$

$$= \frac{-1}{2^{m+n} m! \, n!} \int_{-1}^{1} \frac{\mathrm{d}^{m-1}}{\mathrm{d}t^{m-1}} (t^{2}-1)^{m} \cdot \frac{\mathrm{d}^{n+1}}{\mathrm{d}t^{n+1}} (t^{2}-1)^{n} \, \mathrm{d}t$$

$$= \frac{(-1)^{n+1}}{2^{m+n} m! \, n!} \int_{-1}^{1} \frac{\mathrm{d}^{m-n-1}}{\mathrm{d}t^{m-n-1}} (t^{2}-1)^{m} \cdot \frac{\mathrm{d}^{2n+1}}{\mathrm{d}t^{2n+1}} (t^{2}-1)^{n} \, \mathrm{d}t$$

$$= 0.$$

当 $m < n$ 时,类似可证.

注 以上证明还需要补充一点:± 1 均是

$$\frac{\mathrm{d}^{m-k}}{\mathrm{d}t^{m-k}} (t^{2}-1)^{m}, \quad k \geqslant 1$$

的根.**请读者根据高阶导数的莱布尼茨公式直接验证.**

正交多项式都具有**递归关系**,Legendre 多项式的**三项递归关系式**为

$$(n+1) p_{n+1}(x) - (2n+1) x p_{n}(x) + n p_{n-1}(x) = 0.$$

利用这个关系式可以证明:$p_{2n}(x)$ **是偶函数**,$p_{2n+1}(x)$ **是奇函数**.

6.4.6 区间 $[-1, 1]$ 上的 Gauss-Legendre 公式

设有 Gauss 求积格式:

$$I(g) = \int_{-1}^{1} g(t) \, \mathrm{d}t \approx \sum_{k=0}^{n} \widetilde{A}_{k} g(t_{k}).$$

根据前面的分析,$n+1$ 次 Legendre 多项式 $P_{n+1}(t)$ 的零点

$$t_{0}, \, t_{1}, \, \cdots, \, t_{n}$$

就是 Gauss 公式的**节点(Gauss 点)**.接下来,根据插值型求积公式的系数公式得到 Gauss 求积公式的**权系数**:

$$\widetilde{A}_{k} = \int_{-1}^{1} \prod_{\substack{j=0 \\ j \neq k}}^{n} \frac{t - t_{j}}{t_{k} - t_{j}} \, \mathrm{d}t, \quad k = 0, 1, \cdots, n.$$

因此,**首先要求出正交多项式的零点**,这是最重要的一个问题.节点和权也可以通过求解**三对角矩阵的特征值问题**得到,但我们并不准备如此.这是因为:

• 对于 Gauss 求积公式来说,节点和权系数只要求出来就**可以重复使用**.因此不必在意它们的计算量,关心精度即可.

• 大部分情况下,Gauss 公式也不会采用过多节点的高阶公式.这样,只要求出低阶公式足够精确的节点和权系数即可.

- 通过数学软件(数值或者符号计算),很容易得到低阶公式节点和权系数**足够精确的近似值**.因此,完全可以借助数学软件来完成这一部分工作.

Mathematica 可以直接生成一些正交多项式.比如:

```
p=LegendreP[n,x]
```

生成我们定义的那种 **Legendre 多项式**,其中 n 是多项式次数,x 是自变量.

注   Legendre 多项式也分为第一类和第二类,前面定义的属于第一类.

至于求 Legendre 多项式的根,我们推荐使用 Solve 函数.比如:

```
p[n_,x_]:=LegendreP[n,x];
n=50;sol=Solve[p[n,x]==0,x];
r=N[sol];
xr=x/.r;
Max[Abs[p[n,xr]]]
```

前面指出过,它比直接用 NSolve 函数效果好.当 $n=50$ 时,输出的最大误差为 2.6×10^{-14},而当 $n=100$ 时,输出的最大误差只有 1.50766×10^{-13}.这说明,使用这段代码能求出 Legendre 多项式足够精确的根.

根一旦求出,权系数就可以直接计算(请给出节点和系数的一个表格).

注   如非特别说明,默认 Gauss 公式指的就是 Gauss-Legendre 公式.

接下来,讨论几个具体的公式:

- $n=0$ 时,$t_0=0$,$\widetilde{A}_0=2$,得到 **1 个节点的 Gauss 公式**:

$$\int_{-1}^{1}g(t)\,\mathrm{d}t\approx2g(0),$$

即 $[-1,1]$ 上的**中点公式**.这也是中点公式比左右矩形公式好的缘由.

- $n=1$ 时,

$$t_0=-\frac{1}{\sqrt{3}},\quad t_1=\frac{1}{\sqrt{3}},\quad \widetilde{A}_0=1,\quad \widetilde{A}_1=1,$$

得到 **2 个节点的 Gauss 公式**:

$$\int_{-1}^{1}g(t)\,\mathrm{d}t\approx g\left(-\frac{1}{\sqrt{3}}\right)+g\left(\frac{1}{\sqrt{3}}\right).$$

- $n=2$ 时,

$$t_0=-\sqrt{\frac{3}{5}},\quad t_1=0,\quad t_2=\sqrt{\frac{3}{5}},\quad \widetilde{A}_0=\frac{5}{9},\quad \widetilde{A}_1=\frac{8}{9},\quad \widetilde{A}_2=\frac{5}{9},$$

得到 **3 个节点的 Gauss 公式**:

$$\int_{-1}^{1}g(t)\,\mathrm{d}t\approx\frac{5}{9}g\left(-\sqrt{\frac{3}{5}}\right)+\frac{8}{9}g(0)+\frac{5}{9}g\left(\sqrt{\frac{3}{5}}\right).$$

观察这些公式可以发现,Gauss 公式的**节点具有对称性**(请直接证明它).

注   从这三个公式依旧可以看出，**Gauss 求积公式节点不具有递推性**：

$$p_n(x), \quad p_m(x) \quad (m > n)$$

各自的零点中一般没有公共点（除了奇函数时都包含零点 0）.

这意味着，Gauss 公式采用的节点从 n 增加到 m 时，

新增加的函数值计算的数目是 m，而不是 $m - n$.

这势必会影响 Gauss 公式的效率，而一些改进的方案都是以牺牲代数精度为代价的.不过在修正 Gauss 公式的缺点之后，还是得到了一些非常实用的结果，比如 Gauss-Kronrod 公式，有兴趣的读者自行查阅相关文献.

例 13   用 3 点 Gauss 公式求 $I = \int_0^1 e^{-x^2} dx$，并与精确值 0.746824 比较.

解   首先注意到

$$I = \frac{1}{2} \int_{-1}^1 e^{-x^2} dx,$$

则根据 3 点 Gauss 公式得

$$I \approx \frac{1}{2}\left(\frac{5}{9} e^{-\frac{3}{5}} + \frac{8}{9} + \frac{5}{9} e^{-\frac{3}{5}}\right) \approx 0.74934,$$

计算误差为 -0.00251567.

注   这个结果比梯形公式好一些，但比 Simpson 公式略差.可见**代数精度并不是决定数值求积公式误差的唯一因素**.

• 如果被积函数改为 $f(x) = \cos x, x \in [-1, 1]$，则 3 点 Gauss 公式的误差为 -0.0000615781，Simpson 公式的误差为 -0.0105929，此时 Gauss 公式占优.

• 同样对函数 $f(x) = \cos x$，如果先根据对称性，在 $[0, 1]$ 上使用 Simpson 公式，则最终的误差为 -0.000602215.由于积分区间变小了，所以误差也变小了.

这说明：函数、求积公式及使用公式的方式都会影响最终的计算结果.因此，一定要理论和实际计算相结合！

6.4.7   区间 $[a, b]$ 上的 Gauss 公式

实际应用中，经常要使用区间 $[a, b]$ 上的 Gauss 公式.考虑积分：

$$I(f) = \int_a^b f(x) dx,$$

作变换

$$x = \frac{a+b}{2} + \frac{b-a}{2} t,$$

可得

$$I(f) = \int_{-1}^1 \frac{b-a}{2} f\left(\frac{a+b}{2} + \frac{b-a}{2} t\right) dt,$$

则由$[-1,1]$上的 Gauss 公式得$[a,b]$上的 Gauss 公式为

$$I_n(f) = \sum_{k=0}^{n} \frac{b-a}{2} \widetilde{A}_k f\left(\frac{a+b}{2} + \frac{b-a}{2} t_k\right).$$

再令

$$x_k = \frac{a+b}{2} + \frac{b-a}{2} t_k, \quad A_k = \frac{b-a}{2} \widetilde{A}_k, \quad k = 0:n,$$

得$[a,b]$上的 **Gauss 积分公式**：

$$I_n(f) = \sum_{k=0}^{n} A_k f(x_k).$$

例 14　用 3 点 Gauss 公式求 $I = \displaystyle\int_0^1 e^{-x^2} dx$，并与精确值 0.746824 比较.

解　令 $x = \dfrac{1+t}{2}$，则

$$I = \frac{1}{2} \int_{-1}^{1} e^{-\frac{(1+t)^2}{4}} dt,$$

对函数 $g(t) = e^{-\frac{(1+t)^2}{4}}$ 应用 3 点 Gauss 公式得到

$$I \approx \frac{1}{2}\left(\frac{5}{9} e^{-(1-\sqrt{3/5})^2/4} + \frac{8}{9} e^{-\frac{1}{4}} + \frac{5}{9} e^{-(1+\sqrt{3/5})^2/4}\right) = 0.746815,$$

它的误差为 9.54862×10^{-6}.

注　该结果比例 13 的结果要好很多.(**请说明原因**)

例 15　给出计算积分

$$I = \int_a^b f(x) dx$$

的复化 2 点 Gauss 公式 G_n，并用 G_4 计算$\displaystyle\int_0^1 e^{-x^2} dx$，与精确值 0.746824 比较.

解　将区间$[a,b]$作 n 等分，记 $h = \dfrac{b-a}{n}$，$x_k = a+kh$，$k = 0:n$.

在$[x_k, x_{k+1}]$上应用 2 点 Gauss 公式并结合

$$\frac{x_{k+1} + x_k}{2} = a + \left(k + \frac{1}{2}\right)h, \quad \frac{x_{k+1} - x_k}{2} = \frac{h}{2}, \quad I_k = \int_{x_k}^{x_{k+1}} f(x) dx,$$

得到

$$I_k \approx \frac{h}{2}\left[f\left(a + \left(k + \frac{1}{2}\right)h - \frac{h}{2}\frac{\sqrt{3}}{3}\right) + f\left(a + \left(k + \frac{1}{2}\right)h + \frac{h}{2}\frac{\sqrt{3}}{3}\right)\right],$$

从而复化 2 点 Gauss 公式为

$$G_n = \sum_{k=0}^{n-1} \frac{h}{2}\left[f\left(a + \left(k + \frac{1}{2}\right)h - \frac{h}{2}\frac{\sqrt{3}}{3}\right) + f\left(a + \left(k + \frac{1}{2}\right)h + \frac{h}{2}\frac{\sqrt{3}}{3}\right)\right].$$

令 $a = 0, b = 1, n = 4, f(x) = e^{-x^2}$，计算得到

$$G_4 \approx 0.7468228080379324, \quad e_G = 1.191962 \times 10^{-6}.$$

6.4.8 Gauss-Legendre 公式的收敛性与稳定性

1) 截断误差与收敛性

接下来,我们给出 Gauss-Legendre 公式的截断误差公式.

定理 6.4 设 $f(x) \in C^{2n+2}[a,b]$,则 Gauss-Legendre 公式

$$\int_a^b f(x)\mathrm{d}x \approx \sum_{k=0}^n A_k f(x_k)$$

的截断误差为

$$R(f) = \int_a^b f(x)\mathrm{d}x - \sum_{k=0}^n A_k f(x_k) = \frac{f^{(2n+2)}(\xi)}{(2n+2)!}\int_a^b W_{n+1}^2(x)\mathrm{d}x,$$

其中,$W_{n+1}(x) = \prod_{j=0}^n (x - x_j), \xi \in (a,b)$.

注 1 定理的证明需要构造一个 Hermite 插值多项式 $H(x)$,满足

$$H(x_k) = f(x_k), \quad H'(x_k) = f'(x_k), \quad k = 0,1,\cdots,n.$$

由于这是一个 $2n+1$ 阶多项式,则

$$\int_a^b H(x)\mathrm{d}x = \sum_{i=0}^n w_i H(x_k) = \sum_{i=0}^n w_i f(x_k) = I_n(f),$$

再利用 Hermite 插值多项式的余项估计公式即可证明.

注 2 不能通过该公式来确定到底需要多少个节点才能满足误差要求,这是因为 $f(x)$ 的高阶导数并不容易得到.

定义 6.7(求积公式的收敛性) 给定求积公式

$$\int_a^b f(x)\mathrm{d}x \approx \sum_{k=0}^n x_k^{(n)} f(x_k^{(n)}),$$

如果对任意 $\varepsilon > 0$,存在正整数 N,当 $n > N$ 时,有

$$|I(f) - I_n(f)| < \varepsilon,$$

则称该求积公式收敛.

我们不加证明地给出如下定理:

定理 6.5 设 $f(x) \in C[a,b]$,则 **Gauss 求积公式收敛**.

2) 权系数与稳定性

已经证明,当权系数都大于 0 时,数值求积公式的**绝对条件数**为 $b-a$.

事实上,有如下定理:

定理 6.6 Gauss 公式

$$\int_a^b f(x)\mathrm{d}x \approx \sum_{k=0}^n A_k f(x_k)$$

的求积系数 $A_k > 0(k = 0,1,\cdots,n)$.

证明 只需要取

$$p_{2n,k}(x) = l_k^2(x),$$

即可,其中 $l_k(x)$ 是 Lagrange 插值基.**证毕**.

利用 $I_n(f) = \sum_{k=0}^{n} A_k f(x_k)$ 计算时,由于舍入误差的影响,$f(x_k)$ 带有误差.即计算时用的是 $f(x_k)$ 的近似值 $\widetilde{f}_k$,因而实际求得的定积分近似值为

$$I_n(\widetilde{f}) = \sum_{k=0}^{n} A_k \widetilde{f}_k.$$

定义 6.8 已知求积公式 $I_n(f) = \sum_{k=0}^{n} A_k(f(x_k))$,其近似值为

$$I_n(\widetilde{f}) = \sum_{k=0}^{n} A_k \widetilde{f}_k,$$

如果对任意 $\varepsilon > 0$,存在 $\delta > 0$,当 $\max_{0 \leqslant k \leqslant n} |f(x_k) - \widetilde{f}_k| < \delta$ 时,有

$$|I_n(f) - I_n(\widetilde{f})| < \varepsilon,$$

则称该求积公式是**数值稳定的**.

因此,有如下定理:

定理 6.7 Gauss 求积公式 $\int_a^b f(x)\mathrm{d}x \approx \sum_{k=0}^{n} A_k f(x_k)$ 是数值稳定的.

6.4.9 带权积分的 Gauss 公式

前面已经指出,正交性依赖于区间和权函数.

1) 带权积分

形如 $I(f) = \int_a^b w(x) f(x)\mathrm{d}x$ 的积分称为**带权积分**,其中 $w(x)$ 为**权函数**(基本要求见第 6.4.4 节).实际应用时,**权函数都有一定的意义**,比如为某种密度函数.

另外,如果把 $f(x)w(x)$ 作为整体处理,它往往具有一定的**奇异性**.我们也可以把具有奇异性的部分作为 $w(x)$,剩余的 $f(x)$ 则**具有较好的光滑性**,因此可以**较好的被多项式近似**.

在考虑带权积分时,(a,b) 甚至允许是无穷区间.

带权积分的求积公式定义如下:

定义 6.9 设

$$\int_a^b w(x) f(x)\mathrm{d}x \approx \sum_{k=0}^{n} A_k f(x_k) = I_n(f).$$

如果当

$$f(x) = 1, x, x^2, \cdots, x^m$$

时,求积公式精确成立,而当 $f(x) = x^{m+1}$ 时,求积公式不精确成立,则称它的代数精度是 m.当其代数精度是 $2n+1$ 时,称之为 **Gauss 公式**.

例 16 给定积分 $I(f) = \int_0^1 \dfrac{f(x)}{\sqrt{x}} \mathrm{d}x$ 及对应的求积公式

$$I(f) \approx A f\left(\frac{1}{5}\right) + B f(1).$$

（1）求 A, B 使上述求积公式的代数精度尽量高,并指出最高次代数精度;

（2）设 $f(x) \in C^3[0,1]$,求该求积公式的截断误差.

解　先求系数 A, B:

- 当 $f(x) = 1$ 时,左边 $= \int_0^1 \dfrac{1}{\sqrt{x}} \mathrm{d}x = 2$,右边 $= A + B$;

- 当 $f(x) = x$ 时,左边 $= \int_0^1 \dfrac{x}{\sqrt{x}} \mathrm{d}x = \dfrac{2}{3}$,右边 $= \dfrac{1}{5}A + B$;

- 要使代数精度尽量高,则至少

$$A + B = 2, \quad \frac{1}{5}A + B = \frac{2}{3},$$

求得 $A = \dfrac{5}{3}, B = \dfrac{1}{3}$.

再研究**代数精度**:此时求积公式为

$$I(f) \approx \frac{5}{3} f\left(\frac{1}{5}\right) + \frac{1}{3} f(1).$$

- 当 $f(x) = x^2$ 时,左边 $= \int_0^1 \dfrac{x^2}{\sqrt{x}} \mathrm{d}x = \dfrac{2}{5}$,右边 $= \dfrac{5}{3}\left(\dfrac{1}{5}\right)^2 + \dfrac{1}{3}(1)^2 = \dfrac{2}{5}$;

- 当 $f(x) = x^3$ 时,左边 $= \int_0^1 \dfrac{x^3}{\sqrt{x}} \mathrm{d}x = \dfrac{2}{7}$,右边 $= \dfrac{5}{3}\left(\dfrac{1}{5}\right)^3 + \dfrac{1}{3}(1)^3 = \dfrac{26}{75}$,

此时左边 $\neq$ 右边,所以求积公式的代数精度为 2.

最后研究**截断误差**:

- 作一个 2 次 Hermite 插值多项式 $H(x)$,满足

$$H\left(\frac{1}{5}\right) = f\left(\frac{1}{5}\right), \quad H(1) = f(1), \quad H'\left(\frac{1}{5}\right) = f'\left(\frac{1}{5}\right).$$

- 该多项式存在唯一,且

$$f(x) - H(x) = \frac{f^{(3)}(\xi)}{3!}\left(x - \frac{1}{5}\right)^2 (x - 1), \quad \xi \in \left(\frac{1}{5}, 1\right).$$

- 所以

$$R(f) = I(f) - \left(\frac{5}{3} f\left(\frac{1}{5}\right) + \frac{1}{3} f(1)\right)$$

$$= \int_0^1 \frac{f(x)}{\sqrt{x}} \mathrm{d}x - \left(\frac{5}{3} H\left(\frac{1}{5}\right) + \frac{1}{3} H(1)\right) \quad \text{(由插值条件)}$$

$$= \int_0^1 \frac{f(x)}{\sqrt{x}} \mathrm{d}x - \int_0^1 \frac{H(x)}{\sqrt{x}} \mathrm{d}x \quad （利用代数精度为 2）$$

$$= \int_0^1 \frac{f^{(3)}(\xi)}{3!} \frac{1}{\sqrt{x}} \left(x - \frac{1}{5}\right)^2 (x-1) \mathrm{d}x$$

$$= \frac{f^{(3)}(\eta)}{3!} \int_0^1 \frac{1}{\sqrt{x}} \left(x - \frac{1}{5}\right)^2 (x-1) \mathrm{d}x \quad （"积分中值定理"）$$

$$= -\frac{16}{1575} f^{(3)}(\eta), \quad \eta \in (0,1).$$

2) Gauss-Chebyshev 求积公式

首先，

$$w(x) = \frac{1}{\sqrt{1-x^2}}, \quad a = -1, \quad b = 1$$

时的正交多项式正是 Chebyshev 正交多项式

$$T_n = \cos(n \arccos x).$$

此时，求积公式很简单，因为它的**节点和权系数都可以直接求出**.具体为

$$\int_{-1}^1 f(x) w(x) \mathrm{d}x \approx \sum_{k=0}^n w_k f(x_k), \quad w(x) = \frac{1}{\sqrt{1-x^2}},$$

其中，节点 x_k 和权系数 w_k 分别是

$$x_k = -\cos \frac{2k+1}{2(n+1)}, \quad w_k = \frac{\pi}{n+1}, \quad k = 0, 1, \cdots, n.$$

注 1 要注意节点的写法.上面这种写法，节点从小到大排列.使用时还会发现：对于**不同的 n，节点集合绝不相交！**

注 2 Chebyshev 公式和 Legendre 公式的权函数都是

$$w(x) = (1-x)^\alpha (1+x)^\beta, \quad x \in [-1,1], \quad \alpha, \beta > -1$$

的特例，选择这个权函数时会得到 **Jacobi 正交多项式**.

3) Gauss-Hermite 求积公式

当

$$w(x) = \mathrm{e}^{-x^2}, \quad a = -\infty, \quad b = +\infty$$

时的正交多项式是 Hermite 正交多项式.存在**无穷区间上的求积公式**：

$$\int_{-\infty}^{+\infty} \mathrm{e}^{-x^2} f(x) \mathrm{d}x \approx \sum_{k=0}^n w_k f(x_k),$$

其中 x_k 是 Hermite 多项式 $H_{n+1}(x)$ 的零点，权系数 w_k 则为

$$w_k = \frac{2^{n+2}(n+1)! \sqrt{\pi}}{H_{n+2}^2(x_k)}.$$

Hermite 正交多项式 $H_n(x)$ 的定义为

$$H_n(x) = (-1)^n \mathrm{e}^{x^2} \frac{\mathrm{d}^n}{\mathrm{d}x^n}(\mathrm{e}^{-x^2}) \quad (n \geqslant 0),$$

它也满足**三项递归关系**:

$$H_{n+1}(x) = 2x H_n(x) - 2n H_{n-1}(x), \quad n \geqslant 0, \quad H_{-1} = 0, \quad H_0 = 1.$$

注 1　可以用 Mathematica 的 HermiteH 给出 Hermite 多项式,比如:

```
f[x_]=HermiteH[10,x]
Plot[f[x],{x,-3.5,3.5}]
```

注 2　一些无穷区间上的积分可以这么算:

$$\int_{-\infty}^{+\infty} f(x)\mathrm{d}x = \int_{-\infty}^{+\infty} \mathrm{e}^{-x^2}(\mathrm{e}^{x^2} f(x))\mathrm{d}x = \int_{-\infty}^{+\infty} \mathrm{e}^{-x^2} \varphi(x)\mathrm{d}x$$

$$\approx \sum_{k=0}^{n} w_k \varphi(x_k).$$

注 3　求区间 $(0, +\infty)$ 上的积分时,可以考虑 Laguerre 正交多项式,它的权函数是 $w(x) = \mathrm{e}^{-x}$,对应的 Gauss 公式是 **Gauss-Laguerre 求积公式**.

6.4.10　包含区间端点的 Gauss 公式

前面介绍的 Gauss 公式所采用的节点都位于积分区间内,也就是**内点**.但有时也需要 1 个或者 2 个端点作为节点,比如某 $n+1$ 个节点的求积公式为

$$\int_{-1}^{1} f(x)\mathrm{d}x \approx w_0 f(-1) + \sum_{k=1}^{n} w_k f(x_k),$$

这里 $x_1, x_2, \cdots, x_n, w_0, w_1, \cdots, w_n$ 待定,自由度为 $2n+1$,**可期望的代数精度为** $2n$.

1) Gauss-Lobatto 公式

如果**同时使用两个端点**,对应的 Gauss 公式为 **Gauss-Lobatto 公式**:

$$\int_{-1}^{1} f(x)\mathrm{d}x \approx w_0 f(-1) + w_n f(1) + \sum_{k=1}^{n-1} w_k f(x_k),$$

公式的自由度为 $2 + 2(n-1) = 2n$,可期望的代数精度为 $2n-1$.

仿照前面的 Gauss 公式,有如下**两种 Gauss-Lobatto 公式**:

- **Legendre-Gauss-Lobatto 公式**:令 $p_n(x)$ 是 n 次 Legendre 多项式,则

$$\int_{-1}^{1} f(x)\mathrm{d}x \approx \sum_{k=0}^{n} w_k f(x_k),$$

其中 $x_0 = -1, x_n = 1, x_k$ 是 $p_n'(x)$ 的根($1 \leqslant k \leqslant n-1$),权系数则是

$$w_k = \frac{2}{n(n+1)} \frac{1}{p_n^2(x_k)}.$$

- **Chebyshev-Gauss-Lobatto 公式**:

$$\int_{-1}^{1} f(x) w(x)\mathrm{d}x \approx \sum_{k=0}^{n} w_k f(x_k), \quad w(x) = \frac{1}{\sqrt{1-x^2}},$$

其中 $x_k = -\cos\dfrac{\pi k}{n}(0 \leqslant k \leqslant n)$，权系数则是

$$w_0 = w_n = \frac{\pi}{2n}, \quad w_k = \frac{\pi}{n}, \quad 1 \leqslant k \leqslant n-1.$$

可以证明，上述公式的**代数精度都为 $2n-1$**.除此之外，它们其它的性质同平常的 Gauss 求积公式都类似.

2) Gauss-Radau 公式

如果只使用一个端点(可以是左或右端点)，得到 **Gauss-Radau 公式**，它也有如下两种形式：

- **Legendre-Gauss-Radau 公式**：令 $p_n(x)$ 是 n 次 Legendre 多项式，则

$$\int_{-1}^{1} f(x)\mathrm{d}x \approx w_0 f(-1) + \sum_{k=1}^{n} w_k f(x_k),$$

其中，x_k 是 $\dfrac{p_{n+1}(x) + p_n(x)}{1+x}$ 的零点；相应的权则是

$$w_0 = \frac{2}{(n+1)^2}, \quad w_k = \frac{1-x_k}{(n+1)^2 \left[p_n(x_k)\right]^2}, \quad 1 \leqslant k \leqslant n.$$

而如果考虑包含右端点 1 的公式，只需要进行如下变换：

$$\int_{-1}^{1} g(t)\mathrm{d}t = \int_{-1}^{1} g(-x)\mathrm{d}x = \int_{-1}^{1} f(x)\mathrm{d}x = w_0 f(-1) + \sum_{k=1}^{n} w_k f(x_k).$$

- **Chebyshev-Gauss-Radau 公式**：

$$\int_{-1}^{1} f(x)w(x)\mathrm{d}x \approx \sum_{k=0}^{n-1} w_k f(x_k) + w_n f(1), \quad w(x) = \frac{1}{\sqrt{1-x^2}},$$

其中节点 x_k 和权 w_k 分别是

$$x_k = \cos\frac{2k+2}{2n+1}\pi, \quad w_k = \frac{2\pi}{2n+1}, \quad 0 \leqslant k \leqslant n-1; \quad w_n = \frac{\pi}{2n+1}.$$

这是将 1 作为一个节点的情形，类似可以给出 -1 作为节点的结论.

可以证明，上述公式的**代数精度都为 $2n$**.除此之外，它们其它的性质同平常的 Gauss 求积公式都类似.

6.5　数值微分

6.5.1　数值微分方法

1) 微分的条件性

前面已经提到微分和积分的对比：

- 积分是一个相对平滑的过程，具有很强的稳定性；
- 微分则是非常敏感的，微小扰动会使结果产生很大变化.

甚至有下面的定理：

定理 6.8　微分是无限病态（Infinitely Ill-Conditioned）的.

证明　假设 $f(x)$ 具有扰动 $\Delta f(x)$，特别地取

$$\Delta f(x) = \varepsilon \cos \omega x,$$

其中 ε 是一个很小的数.根据求导法则可得

$$(f(x) + \Delta f(x))' = f'(x) + (\Delta f)'(x) = f'(x) - \varepsilon \omega \sin \omega x,$$

则绝对条件数

$$\frac{\parallel (\Delta f)'(x) \parallel_\infty}{\parallel \Delta f(x) \parallel_\infty} = \omega$$

可以任意的大.

注 1　即使当函数值的变化很小时，导数值也有可能会发生很大的变化.但某种意义上来说，这个结论又是平凡的，没有太大的价值.

注 2　换个角度考虑问题.在计算机中函数都是分段常数化的，因此当计算

$$f'(x) = \lim_{h \to 0} \frac{f(x+h) - f(x)}{h}$$

时，只要 $\left| \dfrac{h}{x} \right|$ 足够小，计算机都会得到 $f'(x) = 0$，而不是我们想要的结果.

尽管如此，我们**依旧想要知道 $f'(x)$ 的近似值**.

一个结果是可以接受的：只要不进入 h 足够小、舍入误差占据主要地位的陷阱即可.但也要时刻记着，

求导数的近似值时，不要对精度抱有太高的期望.

2）问题与方法

问题：当我们仅仅知道函数在一些离散点上的值，或者在仅仅利用函数在一些离散点上的值的情况下，如何求出函数导数的近似值？

一个很好的方法应该是找到**拟合这些点的光滑函数**，**用光滑函数的导数代替原来的导数**.具体如下：

* 如果**数据点是足够光滑的**，可以选择插值函数.
* 如果**数据点含有噪音**，可以选择最佳逼近多项式之类的拟合函数.
* 如果数据点较多，可以直接进行高次多项式插值.但对插值多项式求导的过程将极不稳定，会多次发生符号改变，而且对数据变化非常敏感.
* 相反的，**低阶插值多项式**的导数性态较好，对数据变化相对稳定.因此，我们可以考虑分段多项式插值，如三次样条插值等.

求导数的近似值是一个非常古老的话题，有非常多的数学手段，比如**微分算子、微分矩阵、留数**等，现在还有**自动求导算法**等非常成熟的技术手段.这些内容暂时还无法涉及，我们仅讨论有限差分公式以及插值型求导公式.

6.5.2　有限差分公式

有限差分公式是数值微分中的基础公式，它可能对离散或者含噪音数据并不合适，但对于理论上光滑的函数，可以用来计算导数的近似值.特别的，它在微分方程数值求解时很有价值.

采用 Taylor 级数作为我们的分析工具，过程如下：

- 根据 **Taylor 级数**可得

$$f(x_0 + h) = f(x_0) + f'(x_0)h + \frac{f''(x_0)}{2}h^2 + \frac{f'''(x_0)}{6}h^3 + \cdots. \tag{1}$$

- 同样的，根据 **Taylor 级数**还可以得到

$$f(x_0 - h) = f(x_0) - f'(x_0)h + \frac{f''(x_0)}{2}h^2 - \frac{f'''(x_0)}{6}h^3 + \cdots. \tag{2}$$

- 在级数(1)中，**可以解出**

$$f'(x_0) = \frac{f(x_0 + h) - f(x_0)}{h} - \frac{f''(x_0)}{2}h - \frac{f'''(x_0)}{6}h^2 - \cdots,$$

如果丢掉高阶项，则得到**向前差商（Forward Difference）**公式：

$$f'(x_0) \approx \frac{f(x_0 + h) - f(x_0)}{h}.$$

- 类似的，考虑级数(2)，得到**向后差商（Backward Difference）**公式：

$$f'(x_0) \approx \frac{f(x_0) - f(x_0 - h)}{h}.$$

- 如果用级数(1)减去级数(2)，并求解 1 阶导数，得到

$$f'(x_0) = \frac{f(x_0 + h) - f(x_0 - h)}{2h} - \frac{f'''(x_0)}{6}h^2 - \frac{f^{(5)}(x_0)}{5!}h^4 - \cdots,$$

丢掉高阶项，则得到**中心差商（Central Difference）**公式：

$$f'(x_0) \approx \frac{f(x_0 + h) - f(x_0 - h)}{2h} = D(h).$$

- 如果级数(1)和(2)相加，则消去 1 阶导数，求解可得 **2 阶导数公式**：

$$f''(x_0) \approx \frac{f(x_0 + h) - 2f(x_0) + f(x_0 - h)}{h^2}.$$

比较余项可知，**中心差商**一般更接近于 $f'(x_0)$，因为它的余项是 $O(h^2)$ 的，而向前、向后差商的余项都是 $O(h)$ 的.很容易认为，**h 越小计算结果越准确**.但是，当 h 太小时，

$$f(x_0 + h) \quad \text{和} \quad f(x_0 - h)$$

太接近，会形成相邻的数相减的情况.同时，小数做除数也不太好.

如何选择合适的 h 呢？可采用**二分法**以及**误差事后估计法**.

- 给定误差限 ε，选定一个 h，计算并比较 $D(h)$ 和 $D\left(\frac{h}{2}\right)$，如果

$$\left| D\left(\frac{h}{2}\right) - D(h) \right| < \varepsilon,$$

则 $D\left(\dfrac{h}{2}\right) \approx f'(x_0)$.

- 否则继续计算 $D\left(\dfrac{h}{4}\right)$，并比较 $D\left(\dfrac{h}{2}\right)$ 和 $D\left(\dfrac{h}{4}\right)$.

例 17 考虑函数 $y = f(x) = \mathrm{e}^x$, $x_0 = 1$, 取 $h = 0.01$, 分别用向前差商、向后差商以及中心差商计算 $f'(x_0)$, 并比较误差.

解 根据公式可得

$$f'_{\mathrm{F}}(1) \approx \frac{f(1+h) - f(1)}{h} = \frac{\mathrm{e}^{1.01} - \mathrm{e}}{0.01} \approx 2.73192,$$

$$f'_{\mathrm{B}}(1) \approx \frac{f(1) - f(1-h)}{h} = \frac{\mathrm{e} - \mathrm{e}^{0.99}}{0.01} \approx 2.70474,$$

$$f'_{\mathrm{C}}(1) \approx \frac{f(1+h) - f(1-h)}{2h} = \frac{\mathrm{e}^{1.01} - \mathrm{e}^{0.99}}{0.02} \approx 2.71833,$$

误差分别为

$$e_{\mathrm{F}} = -0.0136368, \quad e_{\mathrm{B}} = 0.0135462, \quad e_{\mathrm{C}} = -0.0000453049.$$

注 从例题可以看出，**中心差商公式的误差更小一些**，而向前差商公式和向后差商公式**误差的正负刚好相反**.

6.5.3 一个令人吃惊的公式

Squire 和 Trapp 于 1998 年提出了一个公式：

$$f'(x_0) = \frac{\mathrm{Im}(f(x_0 + \mathrm{i}h))}{h} + O(h^2),$$

其中 f 是一个实值函数.该公式可有效减少中心差商公式中出现的**过度抵消现象**.

公式来自于 Taylor 展开：

$$f(x_0 + \mathrm{i}h) = f(x_0) + f'(x_0)\mathrm{i}h - \frac{h^2}{2}f''(x_0) + O(h^3),$$

则

$$f(x_0 + \mathrm{i}h) = \left(f(x_0) - \frac{h^2}{2}f''(x_0) \right) + \mathrm{i}f'(x_0)h + O(h^3),$$

再把两边的虚部对应起来即得

$$\frac{\mathrm{Im}(f(x_0 + \mathrm{i}h))}{h} = f'(x_0) + \mathrm{Im}(O(h^2)) = f'(x_0) + O(h^2).$$

例 18（上机题目） 考虑函数

$$y = \frac{\mathrm{e}^x}{\sin^3 x + \cos^3 x},$$

设 $x_0 = 0$, 选择不同的 h, 对比中心差商公式和 Squire-Trapp 公式的误差.

解 在 MATLAB 中运行如下程序：

```
f=@(x) exp(x)./(sin(x).^3+cos(x).^3);
c=@(h) (f(h/2)-f(-h/2))./h;
st=@(h) imag(f(1i*h))./h;
phi=(1+sqrt(5))/2;
% Fibonacci spaced h
h=1.0./((2+2/sqrt(5))*(phi.^[5:50]));
ce=c(h)-1;se=st(h)-1;
% S-T formula gives exact result for small enough h
se(end);
loglog(h,abs(ce),'*',h,abs(se),'o')
set(gca,'fontsize',16)
h=1.0./((2+2/sqrt(5))*(phi.^[5:50]));
axis([1.0e-10,1,1.0e-16,1.0e-2])
xlabel('h');ylabel('error')
```

这段程序可以直接查看关于误差走势的图形(见图 6.6)：

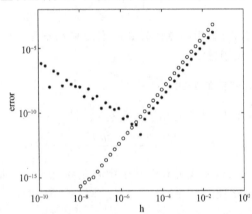

图 6.6 Squire-Trapp 公式和中心差商公式的误差对比

由图可以看出，中心差商公式的误差走势呈现"V"字形，误差先随 h 的减小而减小；但当 h 减小到了一定程度后，误差受舍入误差的影响反而开始变大．与之不同的是，Squire-Trapp 公式的误差一直在减少．

也可以用 Mathematica 完成数值实验，**直接查看误差数据对比**．Mathematica 的程序代码如下：

```
f[x_]=Exp[x]/(Sin[x]^3+Cos[x]^3);
x0=0.0;df0=D[f[x],x]/.x->x0;
errC=Table[0.5*(f[x0+1/10^i]-f[x0-1/10^i])*10^i-df0,
{i,1,14}]
errST=Table[Im[f[x0+I/10^i]]*10^i-df0,{i,1,14}]
```

6.5.4   Richardson 外推方法

对中心差商公式直接利用 Taylor 展开,可以写出其截断误差.

- 假设 $f(x)$ 在 x_0 处的某邻域内 3 阶连续可导,则得到如下两个展开:

$$f(x_0 + h) = f(x_0) + f'(x_0)h + \frac{f''(x_0)}{2}h^2 + \frac{f'''(\xi_1)}{6}h^3,$$

$$f(x_0 - h) = f(x_0) - f'(x_0)h + \frac{f''(x_0)}{2}h^2 - \frac{f'''(\xi_2)}{6}h^3.$$

- 两个展开相减得到

$$f(x_0 + h) - f(x_0 - h) = 2f'(x_0)h + \frac{h^3}{6}(f'''(\xi_1) + f'''(\xi_2)).$$

- 根据连续函数的介值定理并整理得到

$$f'(x_0) - \frac{f(x_0 + h) - f(x_0 - h)}{2h} = -\frac{f'''(\xi)}{6}h^2.$$

这就是**中心差商公式的截断误差**,或者说 $f'(x_0) - D(h) \approx Ch^2$.

所谓 **Richardson 外推方法**,就是如下一个过程:

- $f'(x_0) - D(h) \approx Ch^2$;
- $f'(x_0) - D(2h) \approx 4Ch^2$;
- $D(h) - D(2h) \approx 3Ch^2$;
- $f'(x_0) \approx \dfrac{4D(h)}{3} - \dfrac{D(2h)}{3}$.

最后得到一个差商公式:

$$D^*(h) = \frac{-f(x_0 + 2h) + 8f(x_0 + h) - 8f(x_0 - h) + f(x_0 - 2h)}{12h},$$

可以直接验证它的误差为(借助 Mathematica 完成)

$$f'(x_0) - D^*(h) = \frac{f^{(5)}(x_0)}{30}h^4 + O(h^5),$$

即是**一个 4 阶差商公式**.

例 19   考虑 $f(x) = e^x$, $x_0 = 1$,取 $h = 0.01$,计算 $D^*(h)$ 并比较误差.

解   直接计算得到

$$D^*(h) = 2.7182818275529526,$$

$$e_{D^*} = 9.06093 \times 10^{-10}.$$

注   从例题可以看出,精度效果非常好.此外,得到的 $D^*(h)$ **可以继续外推**得到更高阶的公式.需要说明的是,尽管外推对导数的计算的确有所改进,但其结果依然是近似的,**最终结果的精度还要受到步长和所使用运算精度的限制**.

6.5.5　插值型求导公式

利用 Taylor 展开的方法导出高阶导数的近似计算公式并对其进行误差分析，一般都**很麻烦**.下面我们介绍一种**更流程化**的导数计算方法.

给定数据点 $(x_i, y_i), i = 0:n$，计算插值多项式 $p_n(x):p_n(x_i) = y_i$，令

$$p'_n(x) \approx f'(x).$$

这是一种很自然的思路,不过先要分析这么做的效果才行.

已知插值误差为

$$f(x) - p_n(x) = \frac{f^{(n+1)}(\xi(x))}{(n+1)!} W_{n+1}(x),$$

据此,导数的误差为

$$f'(x) - p'_n(x) = \frac{f^{(n+1)}(\xi(x))}{(n+1)!} W'_{n+1}(x) + W_{n+1}(x) \frac{\mathrm{d}}{\mathrm{d}x} \frac{f^{(n+1)}(\xi(x))}{(n+1)!}.$$

对一般的 x,没有办法继续计算.但**插值节点处的误差**可以求出,具体为

$$f'(x_k) - p'_n(x_k) = \frac{f^{(n+1)}(\xi(x))}{(n+1)!} W'_{n+1}(x_k) = \frac{f^{(n+1)}(\xi)}{(n+1)!} \prod_{\substack{j=0 \\ j \neq k}}^{n} (x_k - x_j).$$

注　请验证 $W'_{n+1}(x_k)$ 的结果.

1) 两点公式

如果给定插值数据:

x	x_0	x_1
$f(x)$	$f(x_0)$	$f(x_1)$

则对应的线性插值为

$$p_1(x) = \frac{x - x_1}{x_0 - x_1} f(x_0) + \frac{x - x_0}{x_1 - x_0} f(x_1).$$

那么,在节点处得到

- $p'_1(x_0) = \dfrac{1}{x_1 - x_0} [f(x_1) - f(x_0)] \approx f'(x_0)$,即**向前差商公式**;

- $p'_1(x_1) = \dfrac{1}{x_1 - x_0} [f(x_1) - f(x_0)] \approx f'(x_1)$,即**向后差商公式**.

利用一般插值点误差公式得到**向前差商公式的截断误差**为

$$f'(x_0) - p'_1(x_0) = \frac{f''(\xi_0)}{2}(x_0 - x_1) = -\frac{f''(\xi_0)}{2}h.$$

同理,向后差商公式的截断误差为

$$f'(x_1) - p'_1(x_1) = \frac{f''(\xi_1)}{2}(x_1 - x_0) = \frac{f''(\xi_1)}{2}h.$$

2) 三点公式

如果给定插值数据:

x	x_0	x_1	x_2
$f(x)$	$f(x_0)$	$f(x_1)$	$f(x_2)$

设 $p_2(x)$ 是对应的 2 次插值多项式.实际中,$p_2(x)$ 既可以用 Lagrange 型表示,也可以用 Newton 型表示,我们选择前者,结果为

$$p_2(x) = f(x_0)\frac{(x-x_1)(x-x_2)}{(x_0-x_1)(x_0-x_2)} + f(x_1)\frac{(x-x_0)(x-x_2)}{(x_1-x_0)(x_1-x_2)}$$
$$+ f(x_2)\frac{(x-x_0)(x-x_1)}{(x_2-x_0)(x_2-x_1)},$$

对 $p_2(x)$ 求导得到

$$p_2'(x) = f(x_0)\frac{2x-x_1-x_2}{(x_0-x_1)(x_0-x_2)} + f(x_1)\frac{2x-x_0-x_2}{(x_1-x_0)(x_1-x_2)}$$
$$+ f(x_2)\frac{2x-x_0-x_1}{(x_2-x_0)(x_2-x_1)}.$$

如果采用的是等距节点,则得到

$$p_2'(x_0) = \frac{1}{2h}(-3f(x_0) + 4f(x_1) - f(x_2)),$$

$$p_2'(x_1) = \frac{1}{2h}(f(x_2) - f(x_0)),$$

$$p_2'(x_2) = \frac{1}{2h}(f(x_0) - 4f(x_1) + 3f(x_2)),$$

其中,第二个公式就是前面讨论的中心差商公式.

类似于两点情形,很快可以得到相应公式的**截断误差**公式为

$$f'(x_0) = \frac{1}{2h}(-3f(x_0) + 4f(x_1) - f(x_2)) + \frac{f'''(\xi_0)}{3}h^2,$$

$$f'(x_1) = \frac{1}{2h}(f(x_2) - f(x_0)) - \frac{f'''(\xi_1)}{6}h^2,$$

$$f'(x_2) = \frac{1}{2h}(f(x_0) - 4f(x_1) + 3f(x_2)) + \frac{f'''(\xi_2)}{3}h^2,$$

其中,中心差商的误差公式同 Taylor 级数分析中的结果是一致的.

更复杂的情况不再讨论.

注 1 样条函数插值也是数值微分的一个很好的工具.已知

$$\| f^{(k)} - S^{(k)} \|_\infty \leqslant c_k h^{4-k} \| f^{(4)} \|_\infty,$$

因此,当 $k = 1, 2, h \to 0$ 时,

$$\max | f'(x) - S'(x) | = O(h^3), \quad \max | f''(x) - S''(x) | = O(h^2),$$

可见三次样条插值函数求导相当可靠,只是工作量略大.

注 2　这里讨论的都是单点导数值的估算.如果要**同时计算大量节点处的导数值**,将是一个完全不同的问题,需要仔细考虑才能达到整体精度都很高而工作量尽可能少的目标.

6.6　习题

1. 分别用中点公式、梯形公式、Simpson 公式、Cotes 公式求

$$I = \int_0^1 \frac{\sin x}{x} \mathrm{d}x$$

的近似值.若已知 $I \approx 0.946083070367183$,比较你的计算结果.

2. 给定求积公式

$$\int_0^1 f(x)\mathrm{d}x \approx \frac{1}{2}f(x_0) + cf(x_1),$$

试确定 x_0, x_1, c 使求积公式的代数精度尽可能高,并指出具体的次数.

3. 给定求积公式

$$\int_a^b f(x)\mathrm{d}x \approx \frac{b-a}{2}\big[f(a) + f(b)\big] + \alpha(b-a)^2\big[f'(b) - f'(a)\big],$$

试确定 α 使求积公式的代数精度尽可能高,并指出代数精度的次数.

4. 设函数 $f(x) \in C^2[0,2]$,给定求积公式

$$\int_0^2 f(x)\mathrm{d}x \approx Af(0) + Bf(x_0).$$

(1) 试确定 A, B, x_0 使求积公式的代数精度尽可能高,并指出次数;

(2) 给出参数后,确定该求积公式的截断误差表达式.

5. 用复化梯形公式 T_n 计算

$$I = \int_2^8 \frac{1}{2x} \mathrm{d}x,$$

要使误差不超过 $\frac{1}{2} \times 10^{-5}$,$n$ 至少取多大?

6. 用复化 Simpson 公式计算 $I = \int_0^1 \mathrm{e}^x \mathrm{d}x$,精确至 6 位有效数字.

7. 给定数据:

x	1.30	1.32	1.34	1.36	1.38
$f(x)$	3.60	3.91	4.26	4.67	5.18

用复化 Simpson 公式计算 $\int_{1.30}^{1.38} f(x)\mathrm{d}x$ 的近似值,并估计误差.

8. 用 Romberg 公式计算 $I = \int_2^8 \frac{1}{x}\mathrm{d}x$,要求误差不超过 $\frac{1}{2} \times 10^{-5}$.

9. 利用 3 点 Gauss 公式计算积分 $\int_3^6 \mathrm{e}^{-x}\,\mathrm{d}x$ 的近似值.

10. 用 $n=2$ 的两点复化 Gauss 公式计算

$$I = \int_0^1 \frac{\sqrt{1-\mathrm{e}^{-x}}}{x}\,\mathrm{d}x$$

的近似值.(**提示:请注意奇点**)

11. (1) 设 $f(x)=\cos x$,利用中心差商公式及其外推公式,取步长分别为

$$h = 0.1, 0.01, 0.001, 0.0001,$$

计算 $f'(0.8)$ 的近似值,结果保留小数点后 9 位数字;

(2) 将所求结果与真实值 $f'(0.8)=-\sin 0.8$ 进行比较.

12. (上机题 1) 用不同的数值计算方法计算

$$\int_0^1 \sqrt{x}\,\ln x\,\mathrm{d}x = -\frac{4}{9}.$$

(1) 取不同的步长 h,分别采用复化梯形公式和复化 Simpson 公式计算积分.

(2) 给出(拟合出)误差关于 h 的函数.

(3) 与精确积分比较,是否存在一个最小的 h,使得精度不能再被改善?

(4) 用 Romberg 求积公式计算该积分,是否存在这样的 h?

13. (上机题 2) 已知积分

$$I = \int_0^1 \frac{\arctan x}{x^{\frac{3}{2}}}\,\mathrm{d}x.$$

(1) 用 Romberg 公式计算该积分,使误差不超过 $\frac{1}{2}\times 10^{-7}$;

(2) 用复化 3 点 Gauss-Legendre 公式计算该积分,使误差不超过 $\frac{1}{2}\times 10^{-7}$.

14. (上机题 3) 给定第一类 Bessel 函数

$$J_\nu(x) = \left(\frac{1}{2}x\right)^\nu \sum_{k=0}^{\infty} (-1)^k \frac{\left(\frac{1}{4}x^2\right)^k}{k!\,\Gamma(\nu+k+1)},$$

设 $f(x)=J_0(x)$,在 $x=1.0$ 处选择不同的步长并分别用 Squire-Trapp 公式和中心差商公式计算它的导数值,比较误差并绘图(参见**例 18**).

(提示:MATLAB 和 Mathematica 中都内置有 Bessel 函数,可以使用)

参考文献

［1］孙志忠，袁慰平，闻震初.数值分析［M］.3 版.南京：东南大学出版社，2011.

［2］王同科，张东丽，王彩华.Mathematica 与数值分析实验［M］.北京：清华大学出版社，2011.

［3］丁大正.Mathematica 基础与应用［M］.北京：电子工业出版社，2013.

［4］Heath Michael T. Scientific Computing：An Introductory Survey［M］. 2th ed. New York：McGraw-Hill Companies，2001.

［5］Burden Richard L，Faires Douglas J，Burden Annette M. Numerical Analysis［M］. 10th ed. Stanford：Cengage Learning，2015.

［6］Dahlquist Germund，Björck Åke. Numerical Methods in Scientific Computing：Volume Ⅰ ［M］. Philadelphia：Society for Industrial and Applied Mathematic，2008.

［7］Corless Robert M，Fillion Nicolas.A Graduate Introduction to Numerical Methods：From the Viewpoint of Backward Error Analysis［M］. New York：Springer，2013.

［8］Quarteroni Alfio，Sacco Riccardo，Saleri Fausto .Numerical Mathematics ［M］. New York：Springer，2000.

［9］Mathews John H，Fink Kurtis K.数值方法：MATLAB 版［M］.4 版.周璐，陈渝，钱方，等译.北京：电子工业出版社，2017.

［10］Golub Gene H，Van Loan Charles F.矩阵计算：英文版［M］.4 版.北京：人民邮电出版社，2014.